U0316020

菱镁矿选矿
及矿区土壤生态修复

代淑娟　王倩倩　贾春云　郭小飞　韩佳宏　著

北　京
冶　金　工　业　出　版　社
2019

内 容 提 要

本书共分 9 章，主要内容包括：菱镁矿的资源概况、选矿技术现状、矿区土壤污染及生态修复现状，菱镁矿除硅、除钙、除铁及其除杂机理，菱镁矿区土壤结皮及破壳，菱镁矿提纯、矿区环境污染控制与土地复垦技术实践等。本书内容突出应用性、新颖性，力求全面、实用，注重理论与实际相结合，着力解决菱镁矿除杂及矿区土壤生态修复问题。

本书可供矿物加工工程及环境工程等专业的高等院校师生参考，也可供科研机构、矿山企业的科研人员、技术人员及管理人员等阅读。

图书在版编目（CIP）数据

菱镁矿选矿及矿区土壤生态修复/代淑娟等著 . —北京：
冶金工业出版社，2019.9
ISBN 978-7-5024-8229-9

Ⅰ.①菱…　Ⅱ.①代…　Ⅲ.①菱镁矿—非金属矿床—
选矿　②菱镁矿—矿区—土壤污染—生态恢复—研究
Ⅳ.①TD97　②X53

中国版本图书馆 CIP 数据核字 （2019）第 183449 号

出 版 人　谭学余
地　　址　北京市东城区嵩祝院北巷 39 号　邮编　100009　电话　(010)64027926
网　　址　www.cnmip.com.cn　电子信箱　yjcbs@cnmip.com.cn
责任编辑　王梦梦　美术编辑　郑小利　版式设计　禹　蕊
责任校对　卿文春　责任印制　牛晓波
ISBN 978-7-5024-8229-9
冶金工业出版社出版发行；各地新华书店经销；北京建宏印刷有限公司印刷
2019 年 9 月第 1 版，2019 年 9 月第 1 次印刷
169mm×239mm；15.5 印张；299 千字；235 页
88.00 元
冶金工业出版社　投稿电话　(010)64027932　投稿信箱　tougao@cnmip.com.cn
冶金工业出版社营销中心　电话　(010)64044283　传真　(010)64027893
冶金工业出版社天猫旗舰店　yjgycbs.tmall.com
（本书如有印装质量问题，本社营销中心负责退换）

前　言

我国菱镁矿资源储量丰富，约占世界总量的1/4，其中85%分布于辽宁省。由于镁质耐火材料对菱镁矿原料的质量要求高，镁质耐火材料生产企业在生产中选择性使用富矿，将大量低品位矿石废弃；竖窑工艺只能使用菱镁矿块状矿石，导致大量的低品位菱镁矿粉矿废弃堆存。此外，炉窑生产也产生大量粉尘。仅辽宁省海城地区废弃的菱镁矿粉矿及粉尘就达数千万吨，且呈年均数百万吨递增，不仅造成资源浪费且占用土地，还对当地的土壤及生态环境造成严重污染。辽南地区已形成80km宽污染带，污染土壤面积约$8×10^4hm^2$，严重危害矿区周围土壤及居民身体健康。因此，推广低品位菱镁矿粉矿的除杂提纯和综合利用技术以及镁矿区污染土壤的修复技术具有重要意义。

本书的撰写基于国家自然科学基金资助项目"菱镁矿石中碳酸盐矿物的溶解特性及对浮选影响的调控"，国家科技支撑计划项目"典型矿业城市受损生态系统恢复技术及示范"及辽宁省科技厅、辽宁省工业特种资源保护办公室及鞍山市科技局等相关项目的研究成果。本书内容主要包括菱镁矿选矿和菱镁矿除硅、除铁、除钙及其除杂机理，菱镁矿区土壤结皮及破壳，菱镁矿区环境污染控制与土地复垦技术等。本书内容新颖、实用性强，对高等院校矿物加工工程、环境工程等专业的师生及其他相关领域的科研与技术人员都有很大的借鉴意义和参考价值。

本书出版得到了辽宁科技大学学术著作出版基金和辽宁科技大学院士专家工作站资助，在此表示衷心的感谢。

本书由代淑娟、王倩倩、贾春云、郭小飞、韩佳宏撰写，代淑娟对全书进行统稿。李鹏程完成书中部分图的绘制，杨树勇、于连涛、方玥蒙、徐铭特、刘国振、孙文瀚等参与了本书内容对应的试验研究工作，李鹏程、张作金协助校对工作；在本书撰写过程中，作者参阅了多位专家学者和相关研究人员的研究成果论文和著作。在此对参与工作的相关人员、参考文献的作者及冶金工业出版社的编审人员等一并表示感谢。

由于作者水平有限，书中不妥之处，敬请广大读者批评指正。

作　者
2019 年 8 月

目　　录

1 绪 论

1.1 菱镁矿概述

1.1.1 菱镁矿主要性质

菱镁矿，又称菱镁石，是碳酸盐矿物的一种，化学组分为 $MgCO_3$，晶体属三方晶系。自然界中菱镁矿含铁杂质较少，矿石中约 73%～97% 为菱镁矿，脉石矿物种类较多，主要为硅、钙等。自然结晶类型可分为晶质和隐晶质。菱镁矿经高温煅烧后，在不同温度时性质不同，在煅烧温度达到 640℃ 以上时，菱镁矿分解成 MgO 和 CO_2，体积显著减小；在煅烧温度达到 700～1000℃ 时，一部分 CO_2 逸出，变成轻烧镁，其有较强的耐火性和黏结性，在工业生产中常作耐火材料使用。

1.1.2 世界菱镁矿资源分布概况

全世界菱镁矿已探明储量约为 130 亿吨，我国已探明储量居世界首位，占世界已探明总量的 25%，其次是朝鲜、苏联等，详细见表 1-1。

表 1-1　世界主要菱镁矿储量分布情况

国家和地区	中国	新西兰	苏联	朝鲜	捷克斯洛伐克	印度
储量/亿吨	31	6	> 22	30	5	1
国家和地区	奥地利	美国	加拿大	巴西	希腊	原南斯拉夫地区
储量/亿吨	0.75	0.66	0.6～1	0.4	0.3	0.14

1.1.3 我国菱镁矿分布情况

我国所拥有的菱镁矿相当富裕，其有着品位高、开采利用率高的特点，菱镁矿的消耗量、镁质产品的产量以及对外出口量都位列世界前列。我国菱镁矿储量较大省份为辽宁和山东，辽宁省储量约为 30.52 亿吨，居我国首位，占总储量的 80% 以上；山东储量 3.48 亿吨，约占我国总储量的 9.8%，其他省区是西藏、新疆、甘肃等。

1.1.4　菱镁矿矿床类型

世界上菱镁矿矿床有三种类型：（1）沉积变质矿床，从远古代碳酸镁变质岩中产出，产状与围岩中常夹杂白云岩等，类型为晶质，矿体为层状，形成矿床规模为大、中型，例如辽宁下房身、桦子峪、偏岭子、金家堡子，山东粉子山等菱镁矿矿床。此矿床类型开采量占我国开采总量的99%；（2）热液交代矿床，产于白云岩或大理岩中沿层或断裂附近，矿体与围岩渐变，常取代相应的白云岩或其透镜体，伴有白云石共生，以晶质菱镁矿为主，矿体呈透镜状、囊状，形成矿床规模较小，如四川贵贤、甘肃别盖等矿床；（2）风华残积矿床（蛇纹岩类矿床），产于超基性岩风华壳下部距地表深10~20m处，受地表淋滤生成或在蛇纹岩断带中经水解变蚀作用而成。矿体呈脉状等，水平分布，以非晶质菱镁矿为主，与脉石矿物蛋白石及含水硅酸镍矿物等共生，均为小型矿床，如内蒙古汉奴鲁乌舒尔菱镁矿矿床等。

1.1.5　我国菱镁矿开发利用现状及存在的问题

在1934年，我国就有少量菱镁矿矿石被开采运至日本。少量开采主要集中在辽南地区。新中国成立后，随着开采技术和加工技术的逐渐成熟，且钢铁工业大力发展，菱镁矿开采量有小幅度增加，其中海城、大石桥地区在20世纪50年代增长速度较为明显。20世纪80、90年代在大型国有矿山企业和小型矿山的共同开采下，菱镁矿矿石产量已达到1800万吨，生产镁质材料的菱镁矿矿石利用率达到83.3%以上。

目前，菱镁矿较为广泛地应用在工业生产中，其中生产耐火材料用量约占总量的80%~90%，也是消耗量最大的领域。当将硬烧镁制成冶金用镁砂或镁粉时，其耐火性变得较高，黏结性变得较强，可广泛应用在冶金工业中。菱镁矿在建材工业中作为黏结剂使用，菱镁矿经高温煅烧后形成的轻烧镁，既可应用在装饰材料和建筑材料中，也可与石棉或代用石棉混合使用；通过氧化法、外热法、氯化电解法、焙烧法等从菱镁矿石中提炼出金属镁，也是镁的最主要来源之一，而且这些方法获得金属镁的效率和利用率也较高；菱镁矿经更高温度煅烧后得到的电熔氧化镁在绝缘材料和陶瓷工业中也较常用；菱镁矿同时还广泛应用于生产人造纤维、农肥原料、药用镁化合物等。

我国拥有的菱镁矿资源主要特点是品质高，MgO含量高于43%的占菱镁矿总量的50%，可为一级品和二级品，而且其中37%的菱镁石品质都可高于一级品，部分可达到特级品标准。特级品可用来制高纯镁砂和特殊耐火材料，一级品和二级品可用来制镁砖等。虽然我国菱镁矿资源量较多、质量较好，但作为一种不可再生的矿产资源，部分优质菱镁矿矿山不规则开采，存在采富弃贫现象，资源浪费严重,直接影响优质高档镁石和镁质材料的质量和生产。所以,高效开发和综合利用菱镁矿资源,特别是低品级菱镁矿和废弃资源,研究新型设备和技术,提高产品质量是当前必须要解决的问题。

1.2 菱镁矿选矿发展现状

1.2.1 国外菱镁矿选矿的发展

19世纪初,由于钢产量很低,镁质耐火材料用量不大,故选择性开采天然优质菱镁矿即可满足要求。但随着冶金工业的高速发展,对菱镁矿的需求猛增,同时在质量上也提出了更高的要求,因此从19世纪50年代起,各国开始了菱镁矿选矿试验。工业生产中用于菱镁矿分选的方法有洗矿、拣选法(手选、光选)、重介质选矿、浮选等,洗矿、脱泥和筛分多用作菱镁矿重介质分选、光选和浮选的准备作业。粗粒级菱镁矿的选矿方法主要是重介质分选和光选(代替手选),细粒级矿石分选或生产优质精矿常采用浮选。

拣选法是利用矿石与脉石外观颜色的差别进行分选。希腊卡斯特尔菱镁矿矿体是一大型菱镁矿矿床的一部分,该矿从南斯拉夫起,经希腊南部向土耳其延伸。在可开采的含蛇纹石的菱镁矿块矿中,菱镁矿占25%~35%,基本采用手选方法。希腊许多菱镁矿选矿厂至今还保留着手选作业,这是因为粗粒级原矿中,含有一定量解离的纯菱镁矿块矿。近年来,希腊许多菱镁矿选矿厂进行了技术改造,用M-16激光拣选机取代手选,光选机处理平均含菱镁矿20%的矿石,可获得含菱镁矿92%~93%的精矿,精矿再选后含菱镁矿98%~99%。

重选一般采用的是重介质选矿法。如苏联菱镁矿公司第二选厂采用重悬浮液选矿法处理萨特金矿床的矿石;希腊埃维厄岛的卡克沃斯选厂采用重悬浮液、光选和磁选流程,处理隐晶形菱镁矿石;捷克斯洛伐克的叶里沙夫选厂、鲁宾尼克选厂、科尔希茨选厂用重悬浮液方法分选菱镁矿;奥地利里丁托英选厂的分选流程有重悬浮液分选和浮选,重悬浮液选矿和浮选车间分别于1952年和1958年投产。

浮选是利用矿石表面物理化学性质的差异对矿石进行分选。细粒级矿石分选一般采用浮选,该方法可得到品位较高的精矿。捷克斯洛伐克的科尔希茨选厂采用浮选法处理细粒级菱镁矿石,从CaO含量为5.2%、SiO_2含量为2.5%的原矿中,可获得含CaO 1.45%、SiO_2 0.3%的精矿,精矿产率为50%;希腊埃维厄岛的卡克沃斯选厂为了获得高纯度的菱镁矿,采用阳离子反浮选处理细粒级矿石,精矿烧减(IL)为0时,MgO品位可达96%。

苏联西伯利亚矿业研究所采用浮选流程对MgO品位为44.6%、CaO含量为2.02%、SiO_2含量为1.69%的塔立矿床的原矿样进行了半工业试验。获得的精矿指标为:精矿1和精矿2的产率分别为36.6%、9.0%,MgO品位分别为46.9%、

45.7%，CaO 含量分别为 0.69%、1.31%，SiO_2 含量分别为 0.22%、0.46%，该流程被推荐用于塔立矿建厂流程。苏联选矿研究设计院对萨特金矿床的菱镁矿进行浮选工艺的研究。试验采用脂肪酸类捕收剂，在碱性介质中进行，获得的精矿指标为：MgO 含量为 46.1%、CaO 含量为 0.8%、SiO_2 含量为 0.56%。

南斯拉夫科研单位对杜波瓦茨矿床的菱镁矿矿样进行了反浮选实验室试验。采用阳离子反浮选，将 SiO_2 含量为 6.0%、CaO 含量为 1.5% 的矿样分选出 MgO 含量为 46.55%、SiO_2 含量为 0.60%、CaO 含量为 1.35% 的精矿，精矿产率为 40%。20 世纪 70 年代日本采用静电选矿方法进行了菱镁矿选矿试验。希腊采用选择性增强矿物磁性的方法进行磁选菱镁矿的试验。

苏联为了进一步提高天然菱镁矿的纯度，进行了化学选矿试验，如盐酸法和碳酸氢盐法等。上述各种选矿方法所获得的菱镁矿精矿，煅烧后镁砂中 MgO 含量可达 97.14%。

20 世纪 80 年代，日本、美国等国家从海水中提纯 MgO 含量高达 98.60% 的超高纯镁砂，使镁砂提纯工艺技术推向了新的高峰。但缺点是海水提纯镁砂工艺技术复杂，能源（石油）耗费多，投资高，且镁砂中含有 0.06% 的杂质硼，对冶炼不利（硼对耐火材料抗高温性能的影响是铁的 60 倍）。此外镁砂结构呈圆粒状，压实成砖性能较差，也影响耐火性能和寿命。

1.2.2 国内菱镁矿选矿的发展

1.2.2.1 洗矿法

洗矿法是利用机械力或水力擦洗含泥量较多或被黏土胶结的矿石，从而洗下矿石表面的细泥并将其分开的方法。洗矿和筛分多用作菱镁矿重介质分选、光选和浮选的准备作业，可对磨矿中易泥化的脉石矿物进行有效分选，从而提高菱镁矿的选别效率。矿石经过脱泥，浮选药剂用量减少，泡沫脱水过滤效果将得到明显改善。对于含滑石等疏水性强的脉石矿物的矿石，通常用洗矿法脱除。

1.2.2.2 重选法

重选法是根据菱镁矿与脉石矿物密度间的差异进行提纯的。应用重选法可以处理原矿品位较低且粒度大于 3mm 的块矿，用来代替拣选法可明显提高菱镁矿的回收率；将菱镁矿煅烧 30min 后，菱镁矿体密度可由 $2.7 \sim 2.8g/cm^3$ 降低到 $1.3 \sim 1.4g/cm^3$，脉石的体密度由 $2.4 \sim 2.6g/cm^3$ 降低到 $2.25g/cm^3$，在水中浸湿后，菱镁矿重量增加 25% ~ 30%，体密度为 $1.7 \sim 1.9g/cm^3$，脉石矿物吸水 5% ~ 10%，体密度稍有增加。因此，可采用干式或湿式重选法将两者分开。

1.2.2.3 热选法

热选法是先将菱镁矿石焙烧，使菱镁矿分解出二氧化碳生成轻烧氧化镁，从而使其质地变得疏松易碎，形成多孔、体轻、抗压强度低的颗粒，粉碎后易碎成粉状，而与有用矿物菱镁矿共生的滑石、白云石等脉石矿物变硬、难碎，呈现粗颗粒状，经过筛分，将细粉的氧化镁与含硅脉石矿物的粗颗粒分开，得到较高纯度的轻烧氧化镁。菱镁矿、白云石和滑石受热后抗压强度变化见表1-2。

表1-2 菱镁矿、滑石和白云石受热后抗压强度变化

温度/℃		100	300	500	600	700	800	900	1000
抗压强度 /MPa	菱镁矿	103.1	97.9	85.3	74.0	30.8	4.1	2.7	1.5
	白云石	197.4	194.1	195.7	196.4	178.2	140.2	97.3	29.2
	滑石	9.8~24.5	—	—	—	—	—	—	49

由表1-2知，菱镁矿经800℃焙烧后，强度降到4.1MPa，此温度下白云石的强度为140.2MPa，比菱镁矿高出34倍多；此外，硅酸盐矿物如绿泥石、滑石的抗压强度均有提高，有利于菱镁矿与含硅矿物分离。

热选法的投资少，工序简单易行，对轻烧菱镁矿粉碎后添加分级作业或者在磨粉后增加空气吹扫，即可去除部分脉石矿物，提高轻烧氧化镁品位；热选提纯方法对于处理结构简单、结晶粒度较粗、脉石以柱状滑石为主的菱镁矿石效果较好。由于工艺本身的限制，热选法对薄膜状滑石和组成复杂的矿石处理效果较差，一般将此法作为预处理或预富集作业。

1.2.2.4 化学选矿法

对于微细嵌布且杂质呈类质同象存在的菱镁矿石，用常规的选矿方法进行处理很难获得令人满意的分选指标，对这类矿石常常应用化学选矿方法进行分选。菱镁矿石的化学选矿方法，主要是先对原矿煅烧，以增加表面活性和溶解度，然后用盐酸、铵盐或碳酸氢盐等浸取，再依据氧化镁与杂质浸取程度的差异，采用相应的方法将杂质沉淀、分离出来，最后得到高纯度的氧化镁产品。用化学处理法提纯菱镁矿，根据浸取液的不同，化学法分为盐酸法、碳化法、铵盐法等。

化学选矿法对菱镁矿品位和粒度没有特殊要求，并可得到较高品位的MgO，但通常选别工艺流程长，效率较低，成本较高，同时也会引发环境问题，因此只有少数选厂应用此方法。

1.2.2.5 浮选法

浮选作为处理菱镁矿的主要方法，越来越被研究者重视并进行了大量研究。

菱镁矿脉石主要有石英、滑石等含硅脉石矿物，白云石、方解石等含钙脉石矿物以及少量含铁脉石矿物。

在我国，菱镁矿浮选试验研究工作始于 1965 年，辽宁省地质局中心实验室在半工业性试验装置上，用浮选法回收了海城范家堡子滑石浮选尾矿中的菱镁矿。1977 年 8 月，武汉钢铁学院（现为武汉科技大学）对大石桥镁矿级外矿石进行了实验室浮选提纯研究，试验获得的高纯镁精矿指标为：SiO_2 含量为 0.06%、MgO 含量为 47.16%、产率为 32.87%，同时还得到一级镁精矿：SiO_2 含量为 0.29%、MgO 含量为 46.67%、产率为 38.01%。浮选技术是提纯大石桥菱镁矿等矿石的有效方法。

菱镁矿选矿技术的发展和冶金生产的需要，引起了我国相关部门及人员的高度重视，近 30 年来，在菱镁矿浮选流程及浮选药剂等方面做了大量研究工作，取得了许多研究成果。

A 浮选除硅

硅是菱镁矿石的主要杂质。在浮选除硅方面，王金良等人为了提高反浮选中菱镁矿和石英的分离效率，研制新型调整剂 KD-1（含钙的盐类化合物），研究了在纯矿物和菱镁矿石浮选过程中 KD-1 的作用效果。结果表明，在醚胺为捕收剂条件下，KD-1 在反浮选时可明显改善分离效果。且 KD-1 的加入量适宜时，可使捕收剂的用量大幅度减少，并且精矿产率的提高也较为明显。机理分析中得出结论，KD-1 的加入增大了泡沫的表面积和流动性，泡沫均匀，可较好地分离石英和菱镁矿。王倩倩等人采用合成的新型捕收剂 120g/t、六偏磷酸钠 150g/t 对辽宁海城地区 MgO 含量为 46.34%、CaO 含量为 1.02%、SiO_2 含量为 0.76% 的菱镁矿开展了反浮选试验研究，得到 MgO 品位大于 47%，SiO_2 含量小于 0.2% 的菱镁矿精矿。魏茜等人针对某 MgO 含量为 44.16%、SiO_2 含量为 5.88%、CaO 含量为 1.37% 的低品位菱镁矿，在细磨条件下采用"先反浮选后正浮选"的工艺流程，以十二胺和油酸钠为捕收剂、2 号油为起泡剂进行浮选，获得了 MgO 含量为 46.85%、SiO_2 含量为 1.21% 的分选指标。李晓安等人采用自主研制的 KD-Ⅰ新型捕收剂对十二胺无法分选的海城菱镁矿选矿厂风化粉矿进行了分选研究。在实验室仅通过单一反浮选流程，在原矿 SiO_2 含量为 1.34%、MgO 含量为 93.41% 条件下，获得浮选精矿 SiO_2 含量为 0.15%、品位（烧减为 0 时 MgO 含量）为 97.11%，精矿产率为 71.36% 的试验指标。在实验室研究结果的基础上，辽宁科技大学与海城镁矿耐火材料总厂共同组织进行了新浮选工艺技术应用的工业试验。试验在海城镁矿耐火材料总厂浮选分厂进行，对原矿 SiO_2 含量约 1.2% 的海城镁矿耐火材料总厂菱镁矿开展了反浮选试验研究，获得了精矿 SiO_2 含量小于 0.2%、MgO 含量（IL=0）大于 97%、产率大于 70% 的技术指标，与现场使用的捕收剂（十二胺）相比，新型捕收剂具有选择性好、耐低温、反浮选泡沫均匀、可操作性和稳定性好、精矿指标稳定等优点。

B 浮选除钙

钙并非菱镁矿作为耐火材料的有害元素，甚至含钙高有利于焙烧成优质的二钙砂。但钙含量过高时，菱镁矿的品位就低，因此，对菱镁矿精矿中钙的含量要求并不是钙越低越好，而是满足 CaO/SiO₂ 大于或等于 2 时，钙越低越好。即当原矿中钙含量不高时，无须除钙；而当菱镁矿中存在较多白云石、方解石等含钙矿物时，需进行除钙提纯。白云石、方解石等含钙矿物是与菱镁矿具有相同的晶体结构、相似的化学组成且具有溶解性质的钙质脉石矿物。国内外研究者针对该类杂质的浮选分离也进行了大量研究工作。

周文波研究加入调整剂对隐晶质菱镁矿脱除白云石提纯镁的影响，结果表明，调整剂中，对白云石能够起到更好抑制作用的是水玻璃，氟硅酸钠对白云石的抑制效果较差。康佳尔对菱镁矿和碳酸钙的浮选分离进行了研究，当捕收剂油酸钾用量为 800g/t、CMC 用量为 1000g/t 时，经一次粗选二次精选，可获得 MgO 含量为 45.26%、CaO 含量为 2.97%、回收率为 16.9% 的分选指标。徐和靖对含白云石的阿尔吉特（科尼亚）细粒菱镁矿进行了浮选柱分选试验，在油酸钠用量为 500g/t、六偏磷酸钠用量为 900g/t 时，对 MgO 含量为 44.69%、CaO 含量为 2.93% 的菱镁矿原矿进行浮选，可获得回收率为 35%、精矿 CaO 含量为 1.2% 的分选指标。李晓安等人研究了十二烷基磷酸酯作为捕收剂分选菱镁矿和白云石的可行性，研究表明，十二烷基磷酸酯与菱镁矿和白云石之间作用存在明显差别，在浮选条件相同时，白云石的上浮速率远大于菱镁矿的上浮速率；当十二烷基磷酸酯溶液浓度为 1×10^{-4} mol/L 时，白云石在 0.5min 内上浮速率可达 98%，而菱镁矿在浮选 3min 后才能达到相同的上浮率，因此十二烷基磷酸酯作为捕收剂有可能实现菱镁矿与白云石的浮选分离；磷酸钙的溶度积常数（$K_{sp} = 2.0 \times 10^{-29}$）远小于磷酸镁的溶度积常数（$K_{sp} = 10^{-23} \sim 10^{-27}$），因此，磷酸根离子对白云石的作用强于对菱镁矿的作用。

1.2.2.6 磁选法

磁选法是脱除菱镁矿石中铁杂质元素的主要方法。王倩倩、李晓安等人分别以钢网和钢棒为聚磁介质，对辽宁省海城市镁质耐火材料总厂的浮选精矿开展了除铁试验研究，结果表明，以钢网和钢棒为聚磁介质，在矿浆质量分数为 23%、背景场强为 800kA/m 的条件下，磁选精矿 Fe₂O₃ 含量均可降至 0.29%，此时菱镁矿精矿产率为 62%；要使精矿产率大于 80%，应选用直径为 2mm、棒间距为 1.5mm 的钢棒作聚磁介质，当场强为 641kA/m 时，磁选精矿 Fe₂O₃ 含量为 0.31%。

1.2.2.7 浮-磁联合流程

因低品位菱镁矿石中一般同时含硅、钙及铁脉石矿物，单用浮选或磁选均无法获得较好质量的精矿，因而进行了浮—磁或磁—浮的联合流程研究。

付亚峰等人针对辽宁海城某 MgO 含量为 43.21%、SiO$_2$ 含量为 2.20%、CaO 含量为 1.18%、Fe$_2$O$_3$ 含量为 2.43%的菱镁矿开展了反浮选脱硅—正浮选脱钙—浮选精矿磁选除铁的联合工艺试验研究，结果表明，在反浮选十二胺用量为 325g/t、2 号油用量为 100g/t，正浮选碳酸钠用量为 1500g/t、六偏磷酸钠用量为 200g/t、水玻璃用量为 200g/t、玉米淀粉用量为 400g/t、RA-715 用量为 1000g/t、2 号油用量为 40g/t、磁选背景场强为 398.09kA/m 的条件下，可获得 MgO 含量为 47.13%、CaO 含量为 0.21%、SiO$_2$ 含量为 0.18%、Fe$_2$O$_3$ 含量为 0.30%、MgO 回收率为 60.21%的最终菱镁矿精矿。

1.3 菱镁矿开发对生态环境的影响

随着菱镁矿资源开发强度的提高以及规模的不断扩大，引起的环境问题也日渐引起人们的重视。菱镁矿开发与生产加工引起了生态失衡、土壤侵蚀、大气和水体污染、农业生产受损等一系列环境问题。辽宁地区作为全国乃至世界的大型菱镁矿集中区和生产基地，其菱镁矿开发引起的环境问题也愈发突出。

据统计，辽宁省菱镁矿开发地区每年矿渣堆放量高达 3×10^{8}t，占用破坏土地面积 5100hm^2，土地复垦率仅 9%。采矿遗留采坑及废矿渣占地、毁林，引起植被破坏、矿区地面塌陷、水土流失等一系列环境问题。

菱镁矿的采剥作业、粉碎分选以及在煅烧窑中高温煅烧过程中会产生大量的粉尘，矿区除尘装置的除尘效果并不理想，造成矿区周围粉尘污染问题较严重。其中破碎过程中被废弃的粉末原材料也较多，约为 30%~40%。据统计，在辽宁大石桥地区，每年排放的含镁粉尘达 1.4×10^{5}t。大量的镁粉尘降落在地表，在距离粉尘排放源 300m 以内的区域，镁的平均沉降量达到 310t/(km^2·a)。且随着环境作用及时间的延长，大量镁元素由结皮向土壤迁移，并在土壤中积累。

在一些矿区周围土壤表层可见明显的粉尘累积，随着降雨及风化作用，在地表形成结皮层，污染严重的土地可见有较厚的水泥状结皮，结皮的厚度随污染程度的增加而增加。表层土体严重板结，土壤容重增加显著，土壤水分通透性下降。镁粉尘具有一定的腐蚀性，会伤害作物的叶片与根系，造成作物的减产甚至绝产；沉降于地面，造成土壤板结，导致植物生长发育环境恶劣，菱镁矿区内坡地植被稀少，农田作物产量较低；污染严重区域，草本植物几乎不能生存，仅有少量的灌木和松树幼苗存在。

菱镁矿区镁粉尘污染对环境的危害并没有像其他污染问题一样引起人们的重视，对土壤镁含量也没有统一的标准。据资料显示，仅有少数学者对镁粉尘污染地区进行了污染程度划分。早在 2001 年，国外学者 Kautz 等人根据镁污染地区的土壤 pH 值、植被生存情况、结皮厚度将菱镁矿区周围土壤划分为严重污染、污染、轻微污染和无污染区域。姜国斌等人根据作物特征、作物减产程度也对菱镁矿区污染耕地进行了重度、中度、轻度的划分。朱京海等人综合土壤 pH 值因子、土壤镁因子和土壤肥力因子将菱镁矿土壤质量划分为轻度、中度、重度污染区域。

1.3.1　镁污染对土壤的影响

1.3.1.1　镁污染对土壤化学成分影响

土壤中镁的平均含量为 5g/kg。由于土壤中镁的含量受到各种因素的影响，因此土壤镁含量的区域性变异较大，但大多数土壤的含镁量在 3～25g/kg 之间。我国土壤中的全镁量，有随着气候条件变化自北而南降低的趋势，土壤含镁量有明显的地区性差别。我国南方地区因土壤镁淋湿，其全镁平均含量为 5g/kg 左右；北方土壤因气候原因，全镁平均含量较高，为 10g/kg 左右。还有学者对不同土壤的全镁含量进行了测定，发现一般砂土全镁含量为 0.5g/kg，黏土全镁含量为 5g/kg。

而辽宁省作为菱镁矿的主要产地，土壤元素背景值研究和辽宁省地矿局有关资料显示，辽宁省镁元素的土壤背景值为 9.250g/kg，远高于全国土壤镁的平均含量。刘绮等人对辽宁东部山区岫岩县菱镁矿区周围土壤的调查发现，镁含量一般介于 11～205g/kg 之间，最高超标 21.16 倍，镁污染达到重度污染水平。

菱镁矿区污染粉尘沉降于土壤表面，粉尘中的 $MgCO_3$ 和 MgO 使土壤中的镁含量超标将引起土壤理化指标等恶化。土壤镁污染使土壤 pH 值显著升高，会导致土壤中有效性氮、磷、钾、铁、锰等浓度下降，破坏了土壤中的元素平衡。Machin 和 Navas 研究了西班牙北部地区受镁粉尘污染土壤的 pH 值的变化情况，发现菱镁矿煅烧厂附近的土壤 pH 值高达 9.5，高出其他未受污染地区土壤 pH 值近 2 个单位，其中 pH 值升高最明显的是污染地区的表层土壤。总体上表现镁粉尘污染越严重，水溶性 Mg^{2+} 含量越高，pH 值也越高。土壤 pH 值与水溶性 Mg^{2+} 含量呈现显著正相关。此外随着水溶性 Mg^{2+} 含量的升高，$CaCO_3$ 对磷元素的固定能力也随之降低；国外有研究认为，过量 Mg 对钙-磷酸盐的形成有抑制作用，并促进吸附态磷的解吸。

土壤长期处于这种状态下，导致土壤微生物的生长环境也遭到严重破坏，并影响土壤酶的活性，导致土壤对其他植物必需的元素的供应能力和有效性降低。距离菱镁矿煅烧厂不同距离的土壤微生物活性研究表明，微生物的各项生物指标随污染程度增加呈下降趋势。

1.3.1.2　镁污染对土壤结皮的影响

菱镁矿区分布很多的开采区和煅烧厂，在开采及烧结过程中排放出大量的氧化镁粉尘，MgO 粉尘沉降于土壤中，由于持续的积累效应使土壤形态改变和物理性质恶化，土壤颗粒分散性增强，结构破坏。因可溶性 Mg^{2+} 在土壤中的过量积累，土壤微团聚体含量急剧降低。土壤表层会形成暗灰色硬壳或结皮层，土壤紧实度和土壤容重增加，孔隙度降低，渗透性能下降，土壤中水和空气的比例失调，导致植物生长发育环境恶劣。严重影响了当地的农业生产并对生态环境造成了严重的破坏。

土壤结皮依据结构可以分为结构型结皮和沉积型结皮。结构型结皮主要是在雨水击打和土壤的迅速润湿作用下形成的，而沉积型结皮是在雨滴的间接作用下由土壤表面的悬浮颗粒沉积形成的。土壤结皮依据形成过程是否有生物参与还可以分为物理结皮和生物结皮。菱镁矿区的土壤结皮属于沉积型结皮，且为物理结皮。

土壤结皮的形成机理在多年的研究中也在不断补充和完善。一般认为，20世纪 50 年代研究得出雨滴的打击压实作用和细颗粒的淋入是土壤结皮形成的主要原因。20 世纪 70 年代初，认为土壤结皮的形成过程主要包括首先雨滴打击压实土壤表面，致使土壤团聚体破坏；然后土壤的细小颗粒随雨水进入土壤团聚体间的孔隙，并将孔隙堵塞；最后在雨滴的不断打击压实作用下，土壤表面形成致密层。Aggasi 从结皮的入渗率角度出发，认为结皮的形成主要是由雨滴溅蚀引起的土壤团聚体的物理分散以及土壤水的化学分散作用引起的。

国内关于土壤结皮的研究较晚，蔡国强等人认为土壤结皮的形成是表层土壤在雨滴的打击作用下，土壤结构被破坏，土壤颗粒重新排列的过程。卜崇峰等人研究发现随降雨的进行，黄土结皮发生层容重不断增加，30min 内形成厚度约3~4mm 稳定结皮层，消除雨滴打击后，此时黄土结皮发育过程的程度减弱，黄土结皮形成过程中雨滴打击同湿润作用基本相当。付莎莎等人认为菱镁矿区的结皮是由于大量粉尘沉降于矿区周围土壤中，在自然条件下发生物理化学反应，从而在表面形成了特有的沉积型结皮。焦阳等人研究了不同比例的氧化镁和碳酸镁粉尘对结皮形成的影响，研究证明，只有在氧化镁存在的条件下才能形成致密的结皮，而只撒入碳酸镁粉末的情况下，不能形成水泥状结皮。

土壤结皮的组成因地区不同有一定的差异，这主要由于各地区不同的自然和人为条件造成的。国内研究较多的沙漠干旱地区结皮，研究人员发现其组成与土壤性质密切相关。菱镁矿地区的土壤结皮是由于菱镁矿粉尘沉降于土壤表面，在自然条件下形成的水泥状结皮。付莎莎认为，菱镁矿区土壤结皮的表层也就是结皮形成的前期，MgO 和 $MgCO_3$ 是构成结皮的主要成分，在这一层也发现了少量

的 $Mg(OH)_2$ 和 $4MgCO_3 \cdot Mg(OH)_2 \cdot 4H_2O$；结皮中间层也就是结皮形成的中期的主要成分依然为 MgO 和 $MgCO_3$，但 $MgCO_3$ 的含量增多，同时这一层的 $4MgCO_3 \cdot Mg(OH)_2 \cdot 4H_2O$ 也明显增多。另外和表层不同，中间层还发现一些水泥物质，即硅氧镁（$MgSiO_3$）和 3.1.8 相硫氧镁水合物（$3Mg(OH)_2 \cdot MgSO_4 \cdot 8H_2O$）；水菱镁矿（$4MgCO_3 \cdot Mg(OH)_2 \cdot 4H_2O$）的含量在结皮底层继续增加，付莎莎认为在这一层硫氧镁水合物的分解改变了底层中的化学平衡，进一步促进了水菱镁矿的生成。刘庆在模拟室外环境干湿交替试验条件下，将土壤与含镁粉尘混合，在不同时间段测得结皮的成分与含量变化趋势与付莎莎的研究结果一致。

不同土壤结皮的理化性质各异，因不同地形因素、不同降雨条件而使得土壤结皮的硬度、厚度等各有不同。但是土壤结皮有一个共同特点就是坚硬、紧密、透气、透水性差，因而土壤的水分传导度减小，也使得土壤的渗透速率减小。关于菱镁矿区土壤结皮的理化性质研究不多，付莎莎等人采集八里镇矿区的土壤结皮进行研究，将结皮分层后，发现结皮上层呈灰白色，质地较疏松，结皮中层为白色质地紧实，结皮底层呈灰白色，颗粒较大，质地疏松。在结皮形成后进行土壤渗透试验，也同样发现结皮覆盖的土壤的渗透性能恶化。刘庆等人在实验室模拟室外结皮形成，研究发现随时间延长、干湿交替次数的增多，结皮渗透率下降，且结皮容重及坚实度也随之不断增加。

1.3.2 镁污染对植物的影响

镁是植物生长过程中不可缺少的元素之一，按其需要量与钙、硫、硅统称为中量元素，许多学者更把镁列为次于 N、P、K 的植物第四大必需元素。植物体内镁含量约为 0.05%~0.7%，平均在 0.2%，在植物中的含量与磷相近。镁是叶绿素的组成部分，其对维持叶绿素稳定发挥着重要作用。另外镁也是植物体内多种酶的活化剂。因镁元素在植物生长发育过程中的重要性，国内外关于镁缺乏对植物的影响的研究成果很多，但是关于镁过量对于植物的影响文献并不多。

菱镁矿区粉尘污染导致土壤中镁过量，土壤中镁过量会对植物产生较大的负面影响。粉尘中的碳酸镁对植物的毒害作用在 20 世纪 80 年代就有学者对此做过研究，发现土壤中含有 2.5% 的碳酸镁会伤害棉花的幼苗，使其主根减短 50%，果枝和花蕾数大幅度减少。土壤中碳酸镁含量升高将推迟小麦种子出苗并抑制幼苗根系生长。土壤中过量镁也会引起植物钙缺乏，植物一旦缺钙就会引起营养失衡，造成植物营养不良，免疫力下降，并易受各种细菌侵害而得病，其中农作物缺钙则表现为农产品质量严重下降。当土壤中镁含量超过 7×10^{-4}，大豆植株的叶绿素不再随土壤中镁含量增加而增加，而是开始下降；土壤中镁含量在 10×10^{-4} 时，明显见叶片边缘焦枯、发黄；土壤中镁含量达到 18×10^{-4} 时，植株全部死亡。镁过量对于水培水稻生长有影响，发现当镁浓度达到 0.3×10^{-4} 时，水稻生长量大幅度降低。

镁粉尘对植物的毒害作用直接或间接地体现在：粉尘中的碳酸镁和氧化镁引起土壤 pH 值升高，引起植物生长毒害；镁粉尘沉降后通过多种物理化学作用下使得土壤胶体破坏，土壤碱化和板结，导致水和空气的比例失调，植物的物理生长环境恶劣；土壤镁过量导致有效态钙含量降低，引起植物钙缺乏，间接影响植物生长。另外 MgO 颗粒沉降在植物表面，对植物茎、叶的直接伤害，使得光合作用下降，影响干物质生产，从而影响植物生长。

1.4　镁矿山及镁污染土壤的修复

1.4.1　矿山污染土壤修复方法

矿山土壤污染主要为重金属污染土壤，目前国内外矿山污染土壤修复方法主要有物理修复、物理化学修复、化学修复、生物修复和综合修复。

1.4.1.1　物理修复

物理修复即通过物理手段将污染物从土壤中去除的手段，目前重金属污染土壤的物理修复积水主要为工程修复，包括客土、换土、去表土和深耕翻土等措施。通过外源土壤与污染土壤混合，可以降低土壤中的污染物含量，减少污染物对土壤-植物系统产生毒害。去表土和深耕翻土主要用于轻度污染的土壤，而客土和换土是用于重污染土壤修复的常见方法。

物理修复方法适合小范围土壤修复。对于污染土壤的修复具有稳定、彻底的优点，但工程量、实施难度大，投资费用高，破坏土地结构，并且还要对换出的污染土壤进行集中堆放或处理。

1.4.1.2　物理化学修复

物理化学修复技术包括土壤淋洗技术、热解析技术和玻璃化技术。土壤淋洗技术主要是利用淋洗剂去除土壤中重金属离子的过程。热解析技术是通过对重金属土壤进行连续加热，达到临界温度时，使土壤中的重金属物质挥发，并将其回收，从而达到去除重金属的作用。琉璃化技术指将重金属污染土壤置于高温高压的环境下，冷却后形成坚硬的玻璃体物质，以此来去除土壤重金属的技术。

物理化学修复技术投入成本也较高，适用于土壤污染范围小的地区。

1.4.1.3　化学修复技术

重金属污染广泛应用的化学修复技术主要是化学萃取技术和化学改良技术。化学萃取技术其原理为利用萃取剂将污染物从土壤分离或解吸到萃取液中，其包括原位化学技术、异位化学技术以及搅拌萃取技术。化学改良技术是向土壤中投加改良剂，调节土壤的酸碱度及化学组成，使重金属的生物有效性较低，使重金属以毒害作用较弱的形态存在。

化学萃取技术一般用于重金属含量高、污染严重且直接的植物修复难以进行的土壤修复，修复的同时有望对一些重金属元素进行回收，化学改良技术通常与植物修复技术配合应用，使土壤中重金属含量降低到对动植物和人类无害的标准。

1.4.1.4 生物修复技术

生物修复技术包括微生物修复技术和植物修复技术，植物修复技术是通过植物自身的提取作用去除土壤中的污染物质；微生物技术是通过微生物对污染物的吸附和降解作用达到污染修复的目的。这两种技术都适用于土壤污染较轻的地区，一般与其他修复技术配合应用。植物修复技术还可以与菌根技术联合应用，菌根可以为植物生长创造更为良好的环境。

生物技术是公认的具有费用低廉、修复施工容易、不造成二次污染等优点，是一项很有发展前途的污染土壤修复技术。

1.4.1.5 综合修复技术

由于污染区域的复杂性，根据地域、污染程度的不同，矿山重金属污染土壤修复一般也可以综合施用以上几种修复技术，以期达到更好的修复效果。

1.4.2 镁粉尘污染土壤特征

镁粉尘污染土壤具有以下几个特征：

（1）累积性与地域性。由于土壤环境的特殊性质，土壤中的污染物并不像大气污染物、水体污染物会随着空气、水体的流动污染物易迁移，这就使得土壤污染具备地域性和累积性，因为污染物的不易迁移，污染物不断累积，程度不断增加。菱镁矿区的镁粉尘进入土壤后不易扩散与稀释，持续沉降的镁粉尘在土壤中不断积累，造成土壤中的镁超标。而氧化镁粉尘只会对矿区及矿区附近地区造成影响，因此在对土壤的污染上具有明显的地域性，一般离矿区越近，镁粉尘污染的程度就越重。

（2）隐蔽性与滞后性。土壤污染和大气污染、水体污染、废弃物污染等不同，在污染达到一定程度后通过人们的感官就能发现，土壤污染常常要经过很长的周期，通过观测土壤中植物生长状况以及摄食的动物和人类的健康状况才能发现。而发现之时，污染已经产生了很大的影响。也就是说，土壤环境污染从产生到发现，通常会滞后较长时间，如日本的"痛痛病"经过了10多年才被人们发现。

（3）不可逆性。与土壤污染一样，菱镁矿区镁粉尘在土壤中积累，即便是切断了污染源之后，也很难靠简单的稀释作用和环境自净作用使污染问题得到逆转，土壤表面形成的结皮层，如果不依靠外力作用，很难破除。但是长期的镁粉尘污染，使得生物体和土壤生态系统功能都受到严重影响，这种影响是不易恢复的。

（4）周期长，难治理。菱镁矿区排出的镁粉尘沉降在地表，并且这种污染粉尘源源不断，使得耕地土壤长期处于碱性及结皮状态。其对土壤造成的污染，有时必须要依靠换土、淋洗土壤等有效手段才能解决污染问题，而其他的治理方法见效缓慢。高成本和治理周期长仍是制约镁粉尘污染土壤治理的重要问题，必须寻求更大的投入，找到经济有效的修复方法和技术，才能行之有效地解决污染问题。

综上所述，氧化镁粉尘对土壤环境的污染基本是一个不可逆转的过程，具有不能通过自行降解而消除的特点，并可对微生物、植物等造成严重影响，对于受污染土壤必须采取必要的修复手段。

1.4.3　镁粉尘污染土壤修复方法

对于镁粉尘污染土壤一般参照采用重金属土壤污染修复方法。

物理修复手段方法如工程方法，包括客土、换土和深耕翻土等措施，这些措施适用于轻度污染范围较小的地区。刘绮等人提出对于镁污染严重区域可以采用稀释法和上下层置换法进行土壤修复。但此种修复方法实施难度大，耗费人力和物力较大。

近些年来学者更倾向于投加土壤改良剂的化学修复手段进行菱镁矿区土壤修复，改良剂对于污染土壤的修复具有速效性。

对于土壤改良剂的研究。刘向来向镁粉尘污染土壤中施加磷石膏，证明磷石膏有效降低了 pH 值，与其他农作肥料配合使用，冬麦长势良好。张立军等人也证明了施加磷石膏使得污染土壤中玉米的发育状况也有所改善。对污染土壤施加猪粪与磷石膏后，种植的玉米根系发育良好，根系活力增大。而对于土壤表层上土壤结皮的破除剂研究较少，付莎莎等人进行了添加石膏、磷酸二氢钙和聚丙烯酰胺对土壤结皮的改良试验，证明聚丙烯酰胺和磷酸二氢钙的添加都可以使得土壤渗透速率增大，是潜在的结皮改良剂。

植物修复可单独适用于轻度污染地区亦可与其他方法配合使用，适用于污染较严重地区。植物的叶子可有效阻挡镁粉尘沉降于地面。镁粉尘污染地区，清除土壤表面镁粉尘结皮，植物仍然不能生存，但是有效的草皮覆盖是减轻镁粉尘污染的一个重要途径。所以筛选耐高镁环境的植物极其重要。修复植物的选择宜满足以下条件：

（1）引入植物须耐高镁、高 pH 值环境，同时可以降低土壤中水溶性镁离子浓度。

（2）乔灌草结合，草本植物抗性强且有利于改善土壤环境，为灌木和乔木的生长准备条件。

（3）选择抗逆性、适应性强的植物种类。

（4）辅助增施钙肥，调节土壤 Ca^{2+}/Mg^{2+} 比例，更利于植物生长。

（5）引入植物不破坏当地生态系统。

（6）经济。

（7）易获得。

菱镁矿区植物修复手段研究在近些年来才逐渐多起来。方英等人发现了一种广泛存在于菱镁矿区的植物芒颖大麦草，并研究了这种植物在不同程度的镁粉尘污染条件下的生长情况，结果表明芒颖大麦草可在较高浓度的镁污染土壤中正常生长发育，是菱镁矿区的优势种。焦阳等人发现外源植物构树对镁具有较强耐受能力，在菱镁矿区镁土壤污染修复方面有很大的潜力。利用这些植物的耐高镁特性，修复被污染土壤具有很多优点：不会产生二次污染，费用相较于其他修复手段较低，操作实施相对容易。

菌根技术是一种新兴的修复技术，为植物生长提供有利的环境条件。是一种极富潜力的修复技术。Noyd 等人把菌根、真菌根内球囊霉和近明球囊霉接种到牧草上，成功地恢复了矿渣地的植被，达到了修复和复垦的目的。

1.4.4　菱镁矿区土壤结皮的破壳

土壤的理化性质对土壤的机能有很大影响，随着渗透的性能降低，地表径流和侵蚀增加导致土壤质量的恶化。土壤中交换态钠百分比（ESP）增加和土壤渗滤液中电解质浓度的降低都会引起土壤渗透性能的降低，即渗透速度的下降。Shainberg 等人发现土壤胶团的化学性分散也会导致土壤渗透速度的下降。降雨的过程中土壤表层受到雨滴的打击，导致土壤颗粒的分散促进土壤结皮的进化，进一步降低了土壤的渗透性能。

通过测量土壤在生成结皮过程中的渗透速率的变化值来量化菱镁矿区周围受污染土壤的板结程度，采用人工填充土柱的方法进行渗透试验，在多次干湿交替的条件下，研究不同的破壳剂对土壤结皮的作用效果，通过破壳剂对土壤渗透速度的影响来选择最佳的土壤结皮破壳剂。

聚丙烯酰胺（PAM）是一种线性高分子聚合物，它易溶于水，是无毒无腐蚀性的非危险品，固体聚丙烯酰胺具有吸湿性，主要能使悬浮物通过电中和、架桥吸附等起絮凝作用。聚丙烯酰胺（PAM）广泛应用于土壤改良和治理水土流失。PAM 可以增加土壤表层颗粒的凝聚力，维系良好的土壤结构，抑制土壤结皮的形成，提高土壤的渗透率，同时减少土壤的地表径流和防治水土流失。

石膏（硫酸钙）是一种被广泛应用于改良盐碱地的改良剂。石膏的价格低廉，在降雨过程中能给土壤溶液提供较高的电解质浓度，此外能通过交换作用去除土壤中的交换态钠，菱镁矿区周围受污染土壤的渗透性能降低是由交换态镁造成的，因盐碱土壤的相似性，石膏作为破壳剂具有一定潜在的改良能力。

柠檬酸是一种天然有机酸，易溶于水，无毒性，在工业、食品业和化妆业等具有极多的用途。柠檬酸在农业应用中，使用柠檬酸进行滴灌施肥来增加石灰性土壤根区多种养分的有效性，并且能增加作物养分的吸收量。柠檬酸作为天然有机酸的优质在于具有环境友好的特点，这种有机酸正逐渐取代无机酸和人工螯合剂，成为未来土壤淋洗剂的发展方向之一。

硫酸铵在农业上作为一种典型的生理酸性肥料，物理化学性质稳定，富含氮和硫两大营养元素，所以各国普遍使用，硫酸铵可做基肥、追肥和种肥，是一种优良的氮肥（俗称肥田粉），适用于一般土壤和作物，能使枝叶生长旺盛，提高果实品质和产量，增强作物对灾害的抵抗能力。因为在土壤中的反应呈酸性，在碱性土壤中施用不会引起土壤变酸，起到调节盐碱土壤的 pH 值的作用，具有作为破壳剂的潜质。

由于土壤结皮的形成和土壤中钙镁离子比有关，考虑提高土壤中钙离子的含量，又能调节盐碱土壤 pH 值的酸性破壳剂，因焦磷酸钙水溶液呈酸性，广泛应用于食品膨松剂，可以推测焦磷酸钙具有破壳剂的潜力。

腐殖酸不仅可以通过改良土壤理化性状，提高肥效，活化土壤养分，从而改善作物的生长环境，同时腐殖酸本身也具有促进作物根系生长，增强作物对养分的吸收、积累与转运，促进呼吸作用，提高生物酶的活性，提高植物抗逆能力等多种生物活性。腐殖酸的一系列特性像阳离子交换量、氧的含量以及保持水分的能力是腐殖酸增加土壤肥力和促进植物生长的主要原因。最重要的是腐殖酸可以和金属阳离子、氧气、氢氧化合物结合，从而慢慢释放以供作物利用，正是由于这些特性，腐殖酸可以在改良土壤方面发挥物理的、化学的、生态的等多种效应。腐殖酸可以促进团粒体的形成，增强土壤保水保肥能力，对比较硬的土地如盐碱地，可以改善土壤的通风透气性，以改变土壤碱性强、土粒分散、土壤结构差的理化性状，改进耕作条件。腐殖酸可以通过胶合组合使土壤表面涵养水分，防止土壤破裂以及土壤侵蚀。腐殖酸在改善土壤化学性状方面具有中和土壤的酸碱性及调节 pH 值的作用。

2 材料和方法

2.1 试验矿样

2.1.1 菱镁矿石

试验用菱镁矿石（菱镁矿石为以菱镁矿为主的矿石，而菱镁矿指矿物，以下同）分别取自海城镁矿耐火材料总厂、辽阳二旺镁矿、海城华宇耐火材料有限公司和辽阳吉镁矿业有限公司。

本试验菱镁矿石样品采用三段一闭路的破碎流程。矿样通过 PE-150mm×200mm 颚式破碎机和 PEX-100mm×120mm 颚式破碎机，最大给矿粒度 80mm，破碎至粒度不大于 10mm，再经过 XPC-200mm×125mm 的对辊破碎机与筛孔为 2mm 的方格筛组成闭路破碎流程。破碎产品粒度为 2mm 以下，混均并缩分，每袋重 400g，试验样品制备流程如图 2-1 所示。

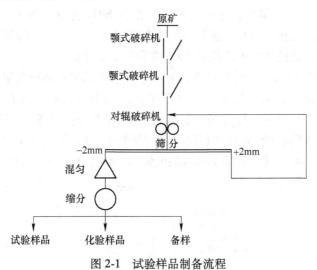

图 2-1 试验样品制备流程

2.1.1.1 海城镁矿耐火材料总厂矿石

海城镁矿耐火材料总厂位于海城市牌楼镇，是一个具有 70 多年历史的，集采矿、烧结及制品生产于一体的国有大型镁质耐火材料生产企业，现隶属于市国有资产经营公司。占地总面积为 625 万平方米，建筑面积为 25.79 万平方米。

　　海城镁矿耐火材料总厂拥有得天独厚的菱镁矿资源，已探明并经储委认定的地质储量为8.5亿吨，具有矿体厚、品位高、质量稳定的特点。

　　本试验原料2008~2015年间取自海城镁矿耐火材料总厂，样品由辽宁科技大学与辽宁海城镁矿耐火材料厂共同采取，分别对5个样品（以A、B、C、D和E表示）进行破碎、筛分、混匀和缩分，取出化验样品。选取D未破碎的原矿和缩分后的试验用样作为岩矿鉴定样。各样品化学分析结果见表2-1。A、B和C矿样的X射线衍射分析如图2-2所示。

表2-1　原矿主要化学成分分析　　　　　　　　　　（%）

编号	SiO_2	Al_2O_3	Fe_2O_3	CaO	MgO	IL	MgO(IL=0)
A	0.76	0.20	0.40	1.02	46.34	51.28	95.11
B	1.14	0.26	0.66	0.91	46.18	50.85	93.95
C	1.39	0.22	0.51	0.55	46.64	50.69	94.59
D	1.65	0.22	0.79	1.11	46.25	49.99	92.48
E	3.50	0.28	0.58	0.87	45.71	49.06	89.70

　　从表2-1可知，矿石中有用成分MgO含量（IL=0）分别为95.11%、93.95%、94.59%、92.48%和89.70%，相应杂质SiO_2含量分别为0.76%、1.14%、1.39%、1.65%、3.5%，CaO、Fe_2O_3、Al_2O_3含量差异较大。从取样时间及现场实际，2008年前，选矿处理原矿杂质SiO_2含量一般小于1%，质量较好，浮选除硅难度相对较小，随资源的不断开采利用，优质原料越来越少，杂质含量越来越高，目前选厂处理原矿SiO_2含量一般为2%。

　　从图2-2可以看出，早期（2009年以前）处理的原矿杂质含量较低，矿石中含量较多的菱镁矿，是有用矿物，脉石矿物主要为白云石、滑石和石英，通过X'Pert Highscore Plus软件分析，另外还存在着铁染菱镁矿、镁铁矿、铁白云石、方解石和橄榄石的晶形，以及极少量的含Al、P、Mn、Pb、Cu、Ti的多种矿物晶形。还可见不同比例的Fe-O晶相体，如$Fe_{0.922}O$、$Fe_{0.914}O$、$Fe_{0.902}O$等。

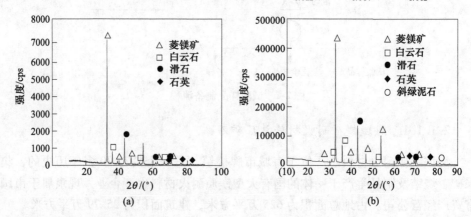

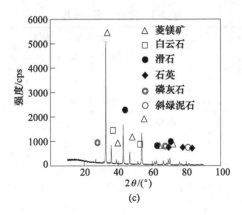

图 2-2 A、B、C 矿样的 X 射线衍射分析

(a) A 矿样；(b) B 矿样；(c) C 矿样

后期处理的原矿中矿物种类变得复杂，脉石矿物除白云石、滑石和石英外，还含有少量磷灰石、绿泥石。

对海城镁矿耐火材料总厂的 3 个样品（表 2-1 中 A、B 和 D）进行筛分，并对各级别化验，计算各成分在不同粒级的分布情况，见表 2-2~表 2-4。

表 2-2　筛析结果（A）　　　　　　　　　　　（%）

粒级 /mm	产率	成分						
		IL	SiO_2	Al_2O_3	Fe_2O_3	CaO	MgO	MgO(IL=0)
+2.000	8.62	51.57	0.44	0.17	0.35	0.94	46.53	96.08
-2.000 +1.250	11.95	51.69	0.41	0.17	0.35	0.88	46.50	96.25
-1.250 +1.000	12.54	51.66	0.33	0.16	0.37	0.97	46.51	96.21
-1.000 +0.800	8.67	51.63	0.44	0.15	0.38	0.95	46.45	96.03
-0.800 +0.600	12.55	51.68	0.45	0.16	0.39	0.83	46.49	96.21
-0.600 +0.400	11.84	51.56	0.47	0.17	0.37	0.94	46.49	95.97
-0.400 +0.210	13.83	51.33	0.69	0.18	0.47	0.90	46.43	95.40
-0.210 +0.150	4.62	51.08	0.96	0.23	0.51	1.04	46.18	94.40
-0.150 +0.125	2.29	50.91	0.97	0.25	0.43	1.15	46.29	94.30
-0.125 +0.100	2.37	50.86	1.21	0.27	0.44	1.19	46.03	93.67
-0.100 +0.074	2.47	50.87	1.33	0.27	0.46	1.22	45.85	93.32
-0.074	8.26	49.54	2.78	0.28	0.72	1.65	45.03	89.24
原矿	100.00	51.30	0.73	0.19	0.42	1.00	46.32	95.19

表 2-3 筛析结果（B）   （%）

粒级 /mm	产率	成分						
		IL	SiO$_2$	Al$_2$O$_3$	Fe$_2$O$_3$	CaO	MgO	MgO（IL=0）
+2.000	3.46	51.00	0.87	0.17	0.67	0.85	46.45	94.78
−2.000 +1.250	18.65	51.34	0.52	0.18	0.49	0.79	46.69	95.94
−1.250 +1.000	9.66	52.27	0.52	0.16	0.53	0.84	45.68	95.70
−1.000 +0.800	6.80	51.29	0.54	0.20	0.54	0.79	46.64	95.75
−0.800 +0.600	9.75	51.15	0.58	0.18	0.57	0.77	46.76	95.70
−0.600 +0.400	10.80	51.20	0.63	0.20	0.55	0.87	46.55	95.38
−0.400 +0.210	12.68	51.11	0.74	0.20	0.57	0.87	46.50	95.12
−0.210 +0.150	5.50	50.87	0.98	0.24	0.59	0.98	46.34	94.32
−0.150 +0.125	2.60	50.58	1.24	0.22	0.75	1.00	46.20	93.48
−0.125 +0.100	2.35	51.59	1.48	0.26	0.82	0.98	44.87	92.68
−0.100 +0.074	3.70	50.17	1.69	0.26	0.77	1.04	46.07	92.45
−0.074	14.05	48.26	3.91	0.28	1.09	1.34	45.08	87.12
原矿	100.00	50.63	1.17	0.18	0.89	0.81	46.32	93.81

表 2-4 筛析结果（D）   （%）

粒级 /mm	产率	成分						
		IL	SiO$_2$	Al$_2$O$_3$	Fe$_2$O$_3$	CaO	MgO	MgO（IL=0）
+2.000	3.90	50.82	0.95	0.27	0.45	1.14	46.36	94.28
−2.000 +1.250	19.79	50.61	1.30	0.28	0.47	1.12	46.21	93.58
−1.250 +1.000	9.79	51.14	1.30	0.26	0.52	1.19	45.59	93.31
−1.000 +0.800	7.83	50.98	1.15	0.25	0.46	1.04	46.12	94.09
−0.800 +0.600	10.63	51.43	1.03	0.24	0.46	1.01	45.82	94.35
−0.600 +0.400	11.16	51.17	1.16	0.26	0.44	0.94	46.03	94.26
−0.400 +0.210	11.41	50.9	1.20	0.27	0.52	1.02	46.09	93.87
−0.210 +0.150	5.13	50.5	1.45	0.29	0.53	1.05	46.18	93.30
−0.150 +0.125	2.84	50.26	1.77	0.29	0.54	1.25	45.89	92.27
−0.125 +0.100	1.73	49.91	2.12	0.29	0.58	1.35	45.75	91.33
−0.100 +0.074	2.89	49.74	2.40	0.29	0.56	1.34	45.66	90.86
−0.074	13.22	47.54	4.93	0.29	0.71	1.78	44.75	85.30
原矿	100.00	49.99	1.65	0.22	0.52	1.11	46.25	92.48

由表 2-2~表 2-4 可以看出，原矿中细级含量较大，A、B、D 原矿中−0.074mm

含量分别为 8.26%、14.05% 和 13.22%。且级别越细，有价成分 MgO 含量越低，而杂质硅含量越高。如 -0.074mm 级别品位分别为 89.24%、87.12% 和 85.30%，SiO_2 含量分别为 2.78%、3.91% 和 4.93%。杂质钙、铁在细别中含量也高于粗级别及原矿。选除杂方案设计时，应对杂质在细级别中分布率较高的特点加以考虑。

2.1.1.2　辽阳二旺镁矿矿石

菱镁矿石整体呈白色，夹杂着灰白、暗黄等颜色，有用矿物组成主要是晶质菱镁矿，比较致密，硬度较低，易粉碎。

对本试验样品采用 X 射线荧光分析及 X 射线衍射对其化学成分及矿物组成进行分析，结果见表 2-5 和图 2-3。

表 2-5　化学成分分析结果

分析项目	CaO	Fe_2O_3	Al_2O_3	SiO_2	MgO	MgO($IL=0$)
含量/%	0.46	0.82	0.06	0.85	46.81	95.53

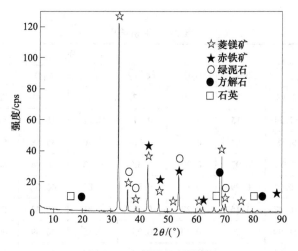

图 2-3　X 射线衍射分析

从图 2-3 可看出，矿石中有益组分的赋存状态以菱镁矿为主，有害杂质有石英、方解石、赤铁矿和少量的绿泥石等矿物，其中绿泥石属易碎、易泥化矿物。

2.1.1.3　海城华宇耐火材料有限公司矿石

对海城华宇耐火材料有限公司原矿进行了化学多元素分析、X 射线衍射分析及筛分分析，其结果分别见表 2-6、图 2-4 及表 2-7。

表 2-6 化学成分分析结果

化学成分	IL	CaO	Fe₂O₃	Al₂O₃	SiO₂	MgO(IL=0)
含量/%	50.41	0.88	0.41	0.21	1.94	93.06

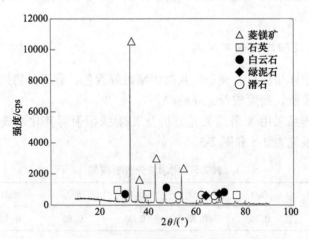

图 2-4 X 射线衍射测定

表 2-7 筛析结果 (%)

粒级 /mm	产率	成分						
		SiO₂	Al₂O₃	Fe₂O₃	CaO	MgO	IL	MgO(IL=0)
+2.000	3.18	1.21	0.20	0.37	0.82	46.41	50.99	94.70
-2.000 +1.250	17.34	1.15	0.18	0.41	0.77	46.28	51.21	94.86
-1.250 +1.000	9.58	1.04	0.18	0.36	0.86	45.58	51.98	94.92
-1.000 +0.800	7.02	0.97	0.20	0.38	0.83	46.74	50.88	95.15
-0.800 +0.600	10.01	0.99	0.19	0.37	0.81	46.62	51.02	95.18
-0.600 +0.400	10.47	1.16	0.20	0.38	0.81	46.42	51.03	94.79
-0.400 +0.210	11.99	1.20	0.20	0.39	0.85	46.49	50.87	94.63
-0.210 +0.150	5.78	1.54	0.24	0.40	0.92	45.96	50.94	93.68
-0.150 +0.125	2.89	1.78	0.22	0.40	1.01	46.12	50.47	93.12
-0.125 +0.100	2.90	2.46	0.26	0.42	0.93	44.50	51.43	91.62
-0.100 +0.074	3.63	2.78	0.26	0.45	1.02	45.24	50.25	90.93
-0.074	15.21	5.70	0.28	0.50	1.21	45.17	47.14	85.45
原矿	100.0	1.95	0.21	0.41	0.89	46.05	50.49	93.01

图 2-4 分析结果表明，原矿中含量最多的是目的矿物菱镁矿，脉石矿物为石

英、白云石、绿泥石和滑石。表 2-6 结果表明，矿石中有用成分 MgO 含量（IL=0）为 93.06%，主要存在于独立矿物菱镁矿中，少量存在于白云石中。主要杂质元素为硅，SiO_2 含量为 1.95%，其他杂质含量较低。

2.1.1.4 辽阳吉镁矿业有限公司矿石

对辽阳吉镁矿业有限公司矿石进行了化学成分分析，分析结果见表 2-8。

表 2-8 化学成分分析结果

化学成分	IL	CaO	Fe_2O_3	Al_2O_3	SiO_2	MgO	MgO（IL=0）
含量/%	50.18	0.73	0.47	0.17	1.24	47.23	94.80

经镜下观察，矿石矿物组成主要为菱镁矿，其次有石英、白云石。且矿石结晶致密，浮选除杂难度偏大。

2.1.2 试验用单矿物

2.1.2.1 菱镁矿单矿物

菱镁矿单矿物是由海城镁矿耐火材料总厂提供的特级菱镁矿石，经人工破碎、拣选后获得。菱镁矿单矿物的化学成分见表 2-9。X 射线衍射分析如图 2-5 所示。

表 2-9 菱镁矿单矿物的化学成分

化学成分	MgO	CaO	SiO_2	Al_2O_3	Fe_2O_3	IL	MgO（IL=0）
含量/%	48.23	0.48	0.25	0.05	0.22	50.78	97.99

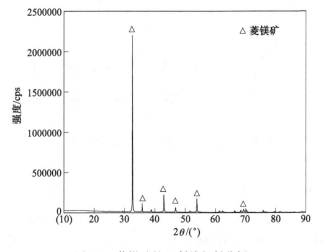

图 2-5 菱镁矿的 X 射线衍射分析

菱镁矿的 MgO 理论含量为 47.81%，而此菱镁矿单矿物的 MgO 含量为 48.23%，高于菱镁矿的 MgO 理论含量，推测此矿物中可能含有方镁石或水镁石等 MgO 含量高的矿物。由图 2-5 的 X 射线衍射分析，证实是此菱镁矿单矿物中含少量方镁石。经计算，菱镁矿与方镁石比例约为 99:1，综合菱镁矿单矿物的其他成分数据，可算得此单矿物中的 $MgCO_3$ 占 97% 以上，符合单矿物要求。

2.1.2.2 石英单矿物

石英单矿物由东北大学矿物加工实验室存储余矿，经人工破碎、拣选后获得。石英单矿物的化学成分见表 2-10，X 射线衍射分析如图 2-6 所示。

表 2-10 石英单矿物的化学成分

化学成分	MgO	CaO	SiO_2	Al_2O_3	Fe_2O_3
含量/%	0.01	0.01	99.30	0.30	微量

石英单矿物的 X 射线衍射分析显示其最主要矿物成分是石英，此外，还存在微量的硫酸方柱石、绿松石、软锰矿和泻盐矿等矿物晶体。

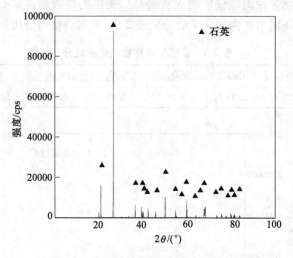

图 2-6 石英单矿物的 X 射线衍射分析

2.1.2.3 滑石单矿物

滑石单矿物化学组成为 $Mg_3[Si_4O_{10}](OH)_2$ 或 $3MgO \cdot 4SiO_2 \cdot H_2O$，成分含量为 MgO 占 31.7%，$SiO_2$ 占 63.5%，H_2O 占 4.8%，一般还含氧化铝和氧化铁等杂质。试验中所使用的滑石单矿物取自辽宁地区，单矿物的化学成分见表 2-11，

X 射线衍射分析结果如图 2-7 所示。

表 2-11　滑石单矿物的化学成分

化学成分	MgO	CaO	SiO_2	Al_2O_3	Fe_2O_3
含量/%	30.88	0.01	63.30	微量	0.01

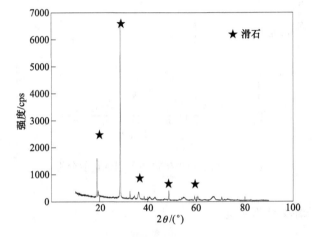

图 2-7　滑石单矿物的 X 射线衍射分析

滑石单矿物的 X 射线衍射分析显示，其最主要矿物成分为滑石以及微量的菱镁矿。表 2-11 及图 2-7 表明，滑石单矿物满足试验要求。

2.1.2.4　白云石单矿物

试验用白云单矿物矿取自荣城镇玉溪马钢白云石矿，手工拣选出部分杂质颗粒，然后用振动磨磨细，取粒级在 $+45\mu m - 124\mu m$ 的矿物，淘洗 3 遍，低温烘干，装样备用。对白云石单矿物进行了 X 射线荧光分析化学成分分析和 X 射线衍射分析，其结果见表 2-12 和图 2-8。

表 2-12　白云石单矿物化学成分分析结果

成分	CO_2	MgO	Al_2O_3	SiO_2	P_2O_5	SO_3	Cl
含量/%	46.5	22.24	0.342	0.641	0.01	0.028	0.028

成分	K_2O	CaO	TiO_2	Fe_2O_3	CuO	SrO	
含量/%	0.0698	29.99	0.019	0.145	0.003	0.0092	

由 X 射线衍射及化学元素半定量试验结果可知，矿石中主要成分为白云石，其次含有少量的 Fe、Si、Al 等少量杂质元素。因少量 Fe 杂质存在的原因，单矿物略显红色。

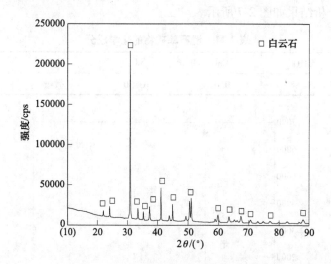

图 2-8　白云石单矿物的 X 射线衍射分析

2.1.2.5　褐铁矿单矿物

褐铁矿单矿物经人工破碎、拣选后磨矿分级，取粒级在 $+23\mu m - 106\mu m$ 的褐铁矿单矿物，洗涤后，烘干备用。矿样化学成分分析结果见表 2-13，X 射线衍射分析结果如图 2-9 所示。

表 2-13　褐铁矿单矿物化学成分分析结果

成分	Fe_2O_3	SiO_2	Al_2O_3	MgO	P_2O_5	SO_3	TiO_2
含量/%	95.10	1.50	2.00	0.402	0.13	0.228	0.423
成分	Cl	K_2O	CaO	MnO	CuO	Cr_2O_3	As_2O_3
含量/%	0.019	0.011	0.038	0.0377	0.021	0.0349	0.0366

由表 2-13 可以看出，褐铁矿单矿物矿样中 Fe_2O_3 的含量达到 95% 以上，除铁以外的杂质元素虽然较多，但含量相对较少，经化验，此矿样中全铁品位为 55.64%，可见此褐铁矿矿样纯度较高，符合单矿物试验要求。由图 2-9 可以看出，矿样中主要杂质矿物为石英。

2.1.2.6　蛇纹石单矿物

蛇纹石单矿物的化学组成 $Mg_3Si_2O_5(OH)_4$ 或 $3MgO \cdot 2SiO_2 \cdot 2H_2O$，含量为 MgO 占 43.6%，$SiO_2$ 占 43.6%，H_2O 占 13.1%，其中 Mg 可被 Mn、Al、Ni 等置换。本试验使用的蛇纹石取自辽宁岫岩地区。蛇纹石单矿物的化学成分见表

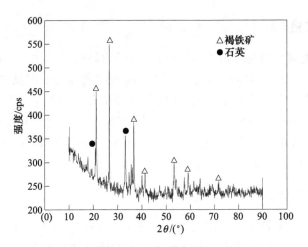

图 2-9　褐铁矿单矿物的 X 射线衍射分析

2-14，X 射线衍射结果如图 2-10 所示。

表 2-14　蛇纹石单矿物的化学成分

化学成分	MgO	CaO	SiO$_2$	Al$_2$O$_3$	Fe$_2$O$_3$
含量/%	42.35	0.38	42.47	0.01	0.50

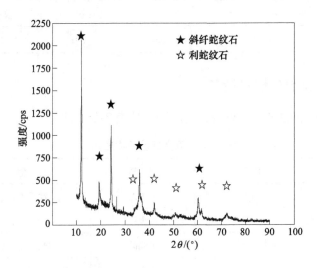

图 2-10　蛇纹石单矿物的 X 射线衍射分析

　　蛇纹石单矿物的 X 射线衍射分析显示，其最主要矿物成分是斜纤蛇纹石及利蛇纹石。

2.1.3 结皮试验样品

供试用的土壤采自海城市八里镇镁矿耐火材料总厂附近未被污染的土壤。采样深度为 0~20cm，土样经自然风干，过 2mm 尼龙筛备用；供试矿粉为轻烧氧化镁与菱镁石粉末；其中氧化镁粉尘取自海城镁矿耐火材料总厂。氧化镁含量为 97%，粒径约为 5μm；菱镁石采自海城菱镁矿区。分别过 0.15mm 尼龙筛备用；花盆 32 个（含盆托）；实验室标准尼龙筛 3 个（分别为 2mm 筛、0.15mm 筛、0.074mm 筛）；配制雨水所需的药品若干。

2.1.4 破壳试验样品

供试土壤选择菱镁矿区周围典型的棕壤土，土样选用辽宁省鞍山市海城梨树村的农田土，采样的深度为 0~15cm，其土样的理化性质见表 2-15。土壤经过风干之后过 2mm 筛，备用。供试的镁粉尘为海城镁矿耐火材料总厂生产的轻烧氧化镁粉尘，氧化镁的含量为 97%，粒径大小约为 5μm。

表 2-15　供试土壤的理化性质

总镁/g·kg^{-1}	pH 值	粉尘/%	有机质/g·kg^{-1}	水溶态钙/mg·kg^{-1}
18.07	8.36	39.20	6.70	25.86

水溶态镁/g·kg^{-1}	沙砾/%	黏粒/%	交换态镁/g·kg^{-1}	交换态钙/g·kg^{-1}
33.53	41.6	19.3	1.77	1.29

2.2　试验用药剂和仪器设备

试验所用药剂的名称、规格、生产厂家见表 2-16。

表 2-16　浮选试验所用试剂

试剂名称	化学式	规　格	生产厂家
盐酸	HCl	优级纯	沈阳市新东试剂厂
氢氧化钠	NaOH	优级纯	北京
水玻璃	$Na_2SiO_3 \cdot mH_2O$	工业品	取自工厂（$m=2.4~2.6$）
六偏磷酸钠	$(NaPO_3)_6$	化学纯	国药集团化学试剂有限公司
十二胺	$C_{12}H_{27}N$	化学纯	国药集团化学试剂有限公司
2 号油	$C_{10}H_{17}OH$	工业品	取自工厂

试验所用仪器和设备的名称、型号、生产厂家见表 2-17。

表 2-17　试验所用主要仪器和设备

名　称	型　号	生产厂家
颚式破碎机	PE-150×200	武汉探矿机械厂
颚式破碎机	PEX-100×120	武汉探矿机械厂
双辊破碎机	XPC-200×125	天津市华联矿山仪器厂
密封式制样破碎机	BFA	南昌市恒业矿冶机械厂
棒磨机①	XMB-φ200×240	武汉探矿机械厂
三头研磨机	XPM-φ120×3	石城县绿洲选矿设备制造有限公司
φ200 标准筛振筛机	XSB-70A	柳州探矿机械厂
XFD $_\text{Ⅲ}$ 实验室用单槽浮选机	1.0L，50mL	吉林省探矿机械厂
多用真空过滤机	XTLZφ260/φ200	四川省地质矿产勘查开发局一〇二厂
电热恒温鼓风干燥箱	DHG-9623A	上海精宏实验设备有限公司
磁力加热搅拌器	79-1	常州澳华仪器有限公司
电热恒温水浴锅	DZKW-D-2	北京市光明医疗仪器厂
电子天平	YP202N，YP3001N	上海精密科学仪器有限公司
电子天平	TD5000	余姚市金诺天平仪器有限公司
电子天平	TB-214	北京赛多利斯仪器系统有限公司
电热蒸馏水器	HS. Z68. 10	北京市光明医疗仪器厂
循环水式真空泵	SHZ-D（Ⅲ）	巩义市予华仪器有限责任公司
酸度计	雷磁 pHs-3E	上海精密科学仪器有限公司
X 射线荧光仪	Bruk S8TIGER	德国 BRUKER AXS 公司
Zeta 电位测定仪	ZetaProbe	Colloidal Dynamics
红外光谱仪	Nicolet 380 FT-IR	Thermo Electron Corporation
多晶 X 射线衍射仪	PW3040/60	荷兰 Panalytical B. V

①所用磨矿介质为钢球。

2.3　试验方法

2.3.1　单矿物浮选试验

在进行浮选试验前先将单矿物研磨筛分至 -0.074mm。单矿物浮选试验使用 XFD 挂槽浮选机，药剂配制和浮选用水均采用蒸馏水，试验温度为室温，叶轮主轴转速为 1800r/min，在确定的浮选条件下进行浮选试验。然后使用循环水式真空泵将泡沫产品和槽内产品分别过滤，烘干、称重、计算上浮率。

十二胺是一种难溶于水的固体，在配制十二胺作为捕收剂时，首先使用同摩尔的盐酸将其溶解为十二胺盐酸盐，再以蒸馏水溶解。

2.3.2 单矿物酸浸试验

菱镁矿和白云石单矿物取+45μm–124μm 粒级。试验用 50mL 常规玻璃烧杯和 JJ-IA 数显电动搅拌器。矿浆 pH 值用 36%盐酸、5%盐酸和 1% NaOH 为调整剂。条件考察试验（浓度考察除外），每次取 0.3g 矿置于烧杯中，加 30mL 水，控制转数 700r/min（转数考察试验除外），酸浸后烧杯内矿浆过滤、常温烘干称量化验。

2.3.3 菱镁矿石浮选试验

采用规格为 1L 的 XFD_Ⅲ挂槽浮选机，药剂配置和浮选用水为自来水，试验温度为室温，每次试验用样量为 400g，矿浆浓度为 33.33%，叶轮主轴转速为 1800r/min，浮选产品分别过滤、烘干、称重、化验品位，计算产率。

2.3.4 菱镁矿石反浮选和酸浸联合试验

菱镁矿石反浮选和酸浸联合试验，分为先浮选后酸浸和先酸浸后浮选两种方法。

菱镁矿石一次粗选二次精选反浮选除硅后酸浸除钙工艺，是以 LKD 为捕收剂，以六偏磷酸钠和水玻璃为调整剂，以稀盐酸调整浮选 pH 值为 5.5 条件下，进行反浮选脱硅之后调整矿浆浓度为 20%~30%，用浓盐酸控制 pH 值稳定在 1~2 之间，转数在 600~700r/min，酸浸 30~40min。

菱镁矿酸浸除钙后一次粗选二次精选反浮选除硅工艺，是浮选前对菱镁矿进行调浆，控制质量浓度为 30%~40%，转数为 600~700r/min，以浓盐酸调节 pH 值在 1~2，对矿浆酸浸 20~30min 脱钙，之后再以 LKD 为捕收剂，以六偏磷酸钠和水玻璃为调整剂，以稀盐酸调整浮选 pH 值约为 5.5，转数在 1800r/min 下进行一次粗选二次精选单一反浮选脱硅。

2.3.5 磁选试验

将试验矿样，以适当的浓度加入各种类型的湿式磁选机中进行磁选处理。实验用水为自来水。改变磁选机的可变操作参数，对磁选产品进行过滤、烘干、计量、化验 Fe_2O_3 含量。

2.3.6 结皮试验

分别称取 270g 土壤装盆（八里镇下层土 90g、上层土 180g），向盆内土壤表面投加镁粉尘 30g（过 0.154mm 筛），撒入的镁粉尘中氧化镁与碳酸镁质量比例分别为 1∶0、3∶1、1∶1、1∶3（氧化镁∶碳酸镁），记为 X1、X2、X3、X4。

使其构成不同的镁污染,但镁粉尘污染浓度均为粉尘与土量总和的10%。

模拟镁粉尘污染现场条件,现设置试验时间为1~8周。投加镁粉尘后,模拟降雨每周洒水。依据鞍山市年降雨量691.3mm换算可得:每周洒水70mL。降雨中的阴阳离子按照鞍山市资料配制,降雨离子组成见表2-18,实验设计方案见表2-19。

表2-18 模拟降雨离子组成

成 分	NH_4^+	Na^+	K^+	Ca^{2+}	Mg^{2+}	SO_4^{2-}	NO_3^-	Cl^-
浓度/$\mu g \cdot L^{-1}$	141.93	20.06	12.25	169.29	34.49	272.69	26.89	36.28

表2-19 实验设计方案

编号	加入土量/g	氧化镁:菱镁石	镁粉尘加入总量/g	每周洒水/mL
X1	270	1:0	30	70
X2	270	3:1	30	70
X3	270	1:1	30	70
X4	270	1:3	30	70

每周对土壤结皮进行采样。对结皮样品进行扫描电镜和X射线衍射(XRD)分析。

2.3.7 破壳试验

本实验采用人工填充土柱的方法,设计实验设备,进行同步的淋洗渗透试验,每个样品实验重复三遍,相比室外实验,减少其他影响因素的干扰,实验结果更有相比性。

2.3.7.1 土柱填充

分别称取300g土壤装入15个内径为5cm的有机玻璃柱内,填充高度约为16cm,使得土壤容重约为1.15g/cm³。称取100g土壤和5.0g轻烧氧化镁粉末混合若干份。土柱填充示意图如图2-11所示。

2.3.7.2 土壤改良剂的添加

选取柠檬酸、聚丙烯酰胺(PAM)、石膏、焦磷酸钙和硫酸铵作为破壳剂。分别称取4g柠

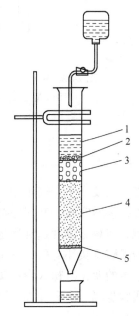

图2-11 土柱填充示意图

1—稳定水层(5cm);2—玻璃棉;
3—土壤(100g)、氯化镁(5g)和改良剂(4cm);4—土壤(300g);
5—惰性石英(10g,下垫一层滤纸)

檬酸、0.04gPAM、4g 石膏、4g 焦磷酸钙和 4g 硫酸铵，分别与共 105g 的氧化镁粉末和土壤混合物混合均匀。每个破壳剂做 3 个平行样。将混合好的样品分别装入土柱中，厚度约为 5cm。实验装置可调节式同步淋洗设备结构侧面图和正面图如图 2-12 所示。

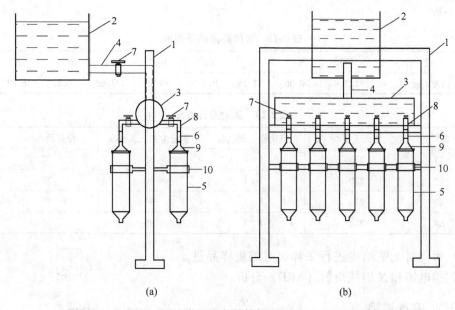

图 2-12　可调节式同步淋洗设备结构侧面图（a）和正面图（b）

1—调节固定支架；2—水箱；3—储水管；4—水管；5—玻璃柱；
6—软管；7—阀门；8—出水口；9—花洒头；10—固定夹

2.3.7.3　渗透实验

将土柱浸泡于蒸馏水中。注意水面不要超过土柱。浸泡 8~12h 后用蒸馏水进行土柱渗透实验，其间保持稳定水头（5cm）。分别在一定时间间隔测得渗出液的体积，在渗透速度达到稳定时停止渗透。

为了解现实环境条件下土壤渗透，本实验模拟了自然条件下干湿交替后土壤渗透速度的变化。初次渗透实验结束后，将土柱置于室外自然风干 1 周后，重复渗透实验步骤。之后计算渗透速度，计算方法如下：

$$K = \frac{Q \times l}{S \times t \times h} \quad \text{和} \quad v = \frac{Q_n \times 10}{S \times t_n}$$

式中　K——土壤渗透系数，mm/min；

　　　S——渗透土柱的面积，cm^2；

　　　l——土柱中土层的厚度，cm；

　　h——水层厚度，cm；

　　v——渗透速度，mm/min；

　　Q_n——间隔时间内土柱渗透出的水量，mm；

　　t_n——间隔的时间，min。

试验结束后，利用 excel 表格进行数据分析，运用 origin 软件作数据图。

2.4　矿石工艺矿物学

　　对海城镁矿耐火材料总厂 D 矿样进行偏光显微镜镜下鉴定，结果如下。

　　海城菱镁矿石矿物组成比较复杂，矿物种类较多，主要矿物为菱镁矿。其他矿物含量均较少，有滑石、水镁石、石英（蛋白石）、斜绿泥石、白云石和微量含铁矿物。

　　菱镁矿浸染粒度为粗细不均匀嵌布。以 0.074mm 为例，菱镁矿+0.074mm 粒级累计分布率为 96.82%，−0.074mm 粒级累计分布率为 3.18%，其中，−0.038mm 粒级累计分布率为 0.28%。由此可看出，菱镁矿粒度较粗，对菱镁矿单体解离有利。

　　菱镁矿产出特征较为简单，菱镁矿在矿石中多以他形不规则粒状及其集合体产出，与水镁石紧密共生；在菱镁矿粒间嵌布有水镁石、斜绿泥石和少量磷灰石；在矿石局部有滑石呈集合体产出，并在滑石集合体中包裹有细粒菱镁矿和石英；石英（蛋白石）以细小他形粒状、不规则状嵌布在菱镁矿的裂隙及其颗粒中，少量石英包裹在滑石中。白云石以细粒状集合体产出，并以脉状穿插在菱镁矿的裂隙中；水镁石以他形不规则状嵌布在菱镁矿的粒间和空隙中，充填胶结菱镁矿，二者紧密共生。

　　矿石中有微量铁质产出，多以土状渗滤在矿石的裂隙中，分布不普遍。

　　综上所述，海城菱镁矿石比较富，品位较高，杂质较少、粒度粗，矿物嵌布关系不复杂。从工艺矿物学角度出发，可以认为该矿石是属于易选和易处理的矿石。

　　矿石中杂质矿物为滑石、石英、斜绿泥和铁质等，但含量均不多。其中滑石和斜绿泥石属易泥化矿物，易碎、易泥化对选矿提纯产生不利影响。

2.4.1　矿石矿物组成

　　海城镁矿石矿物组成相对复杂，矿物的种类较多。主要镁矿物为菱镁矿。含量达 86.55%，其次是滑石、水镁石、白云石，含量分别为 4.83%、4.13%、1.5%，其他均为杂质矿物，如石英（蛋白石），含量为 1.53%，斜绿泥石，含量为 1.25%，磷灰石，含量为 0.21%，并含有少量铁质矿物等。原生的铁矿物主要有黄铁矿、磁黄铁矿、磁铁矿及赤铁矿，而经过风化作用，绝大部分硫化铁矿物转变为褐铁矿，铁的硫化物矿物只作为残余物出现。矿石中易泥化矿物有滑石和斜绿泥石，二者合计含量为 5.38%，易泥化矿物对选矿会造成一定影响。

2.4.2 菱镁矿的浸染粒度

矿石中菱镁矿的浸染粒度较粗，是以粗粒嵌布为主，不均匀分布，细粒很少。菱镁矿大于 1mm 粒级分布率为 23.95%，0.5~1mm 粒级分布率为 26.21%，0.15~0.5mm 粒级分布率为 42.56%，0.1~0.15mm 粒级分布率为 1.61%，0.074~0.1mm 粒级分布率为 2.49%，0.053~0.074mm 粒级分布率为 2.44%，0.037~0.053mm 粒级分布率为 0.46%，小于 0.037mm 粒级分布率为 0.28%。累计 +0.074mm 粒级分布率为 96.82%，-0.074mm 粒级分布率为 3.18%，其中 -0.037mm 粒级分布率仅为 0.28%，该矿石中菱镁矿浸染粒度以粗粒为主，细粒很少，所以菱镁矿极易单体解离。

2.4.3 矿物产出特征

2.4.3.1 矿物的产出特征

菱镁矿、滑石、水镁石、石英、白云石、斜绿泥石、磷灰石的产出特征如下。

A 菱镁矿（$MgCO_3$）

化学组成：MgO 47.81%，CO_2 52.19%。常含钙、锰和铁，有时含镍和钴。

菱镁矿在矿石中以粒状、不规则状及其集合体产出，菱面体解理比较发育。在菱镁矿颗粒间和裂隙中常有水镁石充填和胶结，并对菱镁矿具有交代作用；另外，在菱镁矿裂隙中常夹杂石英（蛋白石）；同时在菱镁矿的孔隙中有斜绿泥石分布；其次，在菱镁矿的颗粒间隙和空洞中分布有磷灰石颗粒；在菱镁矿的宽的裂隙中有滑石产出；相反，在滑石中也包裹菱镁矿颗粒，但颗粒很细；在菱镁矿的裂隙中有白云石脉充填穿插。总之，菱镁矿与其他矿物均有一定的接触关系，但比较多的还是与水镁石和滑石接触紧密，并紧密共生。

B 滑石（$Mg_3[Si_4O_{10}](OH)_2$）

化学组成：MgO 31.72%，SiO_2 63.52%，H_2O 4.76%。

滑石在矿石中多以叶片状、放射状和纤维状及其集合体产生，并在菱镁矿的裂隙、颗粒间隙充填胶结，同时对菱镁矿有交替作用，甚至包裹菱镁矿和石英细粒；滑石与菱镁矿嵌布关系比较密切，二者紧密共生。滑石与其他矿物接触较少，嵌布关系不紧密。

C 水镁石（$Mg(OH)_2$）

化学组成：MgO 69.12%，H_2O 30.88%。

水镁石在矿石中以不规则状、厚板状和片状、纤维状及其集合体产出，多分布在菱镁矿的颗粒间隙和菱镁矿的裂缝中，对菱镁矿有明显的交代作用，甚至包裹菱镁矿和石英颗粒，但后者颗粒均很细小；水镁石与菱镁矿嵌布关系最为密切，且二者紧密共生。

D 石英（蛋白石，SiO_2）

石英在矿石中多以他形粒状、短脉状产出，分布在菱镁矿的粒间或裂隙处，充填和胶结菱镁矿；另外石英产于滑石中，被滑石包裹；石英在矿石中产出不多，分布不普遍。

E 白云石（$CaMg[CO_3]_2$）

化学组成：CaO 30.41%，MgO 21.86%，CO_2 47.73%。

白云石在矿石中多以粒状、不规则状以及集合体产出，并沿菱镁矿裂隙以脉状充填穿插，对菱镁矿有交替作用，二者接触边缘不规则，呈弯曲状，说明具有交替作用发生。白云石在矿石中产出不多，分布不普遍。

F 斜绿泥石（$(Mg,Al,Fe)_{12}[(Si,Al)_8O_{20}](OH)_{16}$）

斜绿泥石在矿石中以鳞片状、纤维状和蠕虫状及其集合体产出，主要分布在菱镁矿的孔隙中，对菱镁矿具有交代作用，二者边缘接触呈锯齿状，证明二者有交代作用发生；斜绿泥石在矿石中局部较集中产出，分布不普遍。

G 磷灰石（$Ca_5[PO_4]_3(F,Cl,OH)$）

化学组成：CaO 55.38%，P_2O_5 42.06%，F 1.25%，Cl 2.33%，H_2O 0.56%。

磷灰石在矿石中以粒状和长短不一的六方柱形状产出。磷灰石多分布在菱镁矿的空隙和颗粒间隙中；磷灰石分布不普遍。

2.4.3.2 铁矿物的产出特征

借助于偏光显微镜观察发现，原生的金属矿物主要有黄铁矿、磁黄铁矿、磁铁矿及赤铁矿，而经过风化作用，绝大部分硫化铁矿物转变为褐铁矿，铁的硫化物矿物只作为残余物出现。

A 黄铁矿

原矿中未风化的黄铁矿颗粒很少见，绝大部分的黄铁矿已风化为褐铁矿。细粒黄铁矿随石英一起充填在矿石裂隙中，呈粗粒嵌布的黄铁矿周围经氧化为褐铁矿交代，经风化为褐铁矿交代的黄铁矿呈残余状，沿菱镁矿粒间充填。后期形成热液矿物绿泥石的同时也形成了黄铁矿，但现已风化成褐铁矿。

B 褐铁矿

褐铁矿由黄铁矿风化形成。褐铁矿充填在菱镁矿的粒间或包裹在菱镁矿其中。菱镁矿原矿中常见呈黄铁矿假象的褐铁矿。与绿泥石同期形成的黄铁矿风化为褐铁矿后，使绿泥石中有染铁现象。无定形褐铁矿浸染于菱镁矿的内部，一般只能看到"铁染"色而看不到矿物实体。

C 磁黄铁矿

磁黄铁矿在矿石中很少见,数量很少,粒度较小。细粒磁黄铁矿浸染在菱镁矿的裂隙中或包裹在菱镁矿中。

D 磁铁矿和赤铁矿

矿石中的磁铁矿数量很少,粒度小,充填在菱镁矿的裂隙中,偶见石英碎屑中会含有磁铁矿及交代成因的赤铁矿。

2.4.3.3 类质同象状态的铁

根据镜下鉴定鉴别出真正的铁矿物为少量的黄铁矿、磁铁矿和褐铁矿。因此,有可能通过单矿物提取来排除铁矿物的影响,即只要将矿石破碎到小于0.1mm,就可以自其中挑出不含任何独立铁矿物(黄铁矿、褐铁矿及磁铁矿)的菱镁矿来,对其进行化学分析即可得到可靠的菱镁矿中铁含量数据,结果为含 Fe_2O_3 0.27%,和原料中 Fe_2O_3 总量 0.40% 相比,意味着杂质铁矿物中的 Fe_2O_3 只有 0.13%。为此,又对原矿综合样做了控制溶解试验,以了解矿石中铁和镁的同步溶解相关关系。菱镁矿综合样的 Fe-Mg 溶出率如图 2-13 所示。

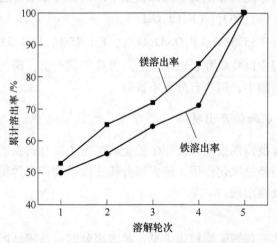

图 2-13　菱镁矿综合样的 Fe-Mg 溶出率相关图

图 2-13 的结果表明,在稀盐酸中,铁的溶出与镁的溶出基本同步,从而进一步证明矿石中的铁大部分是以类质同象形式存在于菱镁矿中的,曲线中出现的一些差值应该是和少量其他状态的铁(独立状态的铁矿物)有关。菱镁矿原矿综合样实物图如图 2-14 所示。

如图 2-14 所示,菱镁矿石的原矿综合样中含有两种不同色泽的菱镁矿,可见大多数颗粒呈深浅不同的褐色。

浅色颗粒

深色颗粒

原矿综合样

图 2-14　菱镁矿原矿综合样

筛分原矿，取 0.105~0.25mm 粒级的产物，在实体显微镜下提取不同色泽的菱镁矿单矿物颗粒进行铁的分析。选取该级别物料供提取菱镁矿使用，是由于这种粒度条件下易于辨别颗粒内是否包裹有杂质矿物。

对两种色泽的菱镁矿单矿物颗粒的分析结果为浅色菱镁矿中含 Fe_2O_3 0.20%，而深色菱镁矿中含 Fe_2O_3 0.32%。

按提取单矿物颗粒称重的方法以及实体显微镜下颗粒定量方法确定显色菱镁矿约占 60%，而无色至浅灰色者为 40%，依此计，综合样的菱镁矿本身含 Fe_2O_3 0.27%。这部分铁可视为用机械选矿方法无法除去的类质同象状态的铁。

用探针对抛光片中的碳酸盐进行成分分析（未计 CO_2），结果见表 3-4，菱镁矿中 Fe_2O_3 含量的变化范围在 0.21%~0.63%。

由于微区分析统计的颗粒数有限，所以只能显示碳酸盐铁含量的变化范围，而其数据不能用来求平均含量。分析的样品颗粒数为 800 粒以上时，菱镁矿石中碳酸盐矿物的成分分析结果见表 2-20。

表 2-20　菱镁矿石中碳酸盐矿物的成分分析结果　　　　　（%）

编号	颗粒名称	MgO	Al_2O_3	SiO_2	K_2O	CaO	TiO_2	Cr_2O_3	Fe_2O_3
1	菱镁矿	41.45	0.00	0.00	0.00	1.17	0.03	0.02	0.37
2	菱镁矿	40.59	0.02	0.00	0.00	0.25	0.00	0.01	0.36
3	白云石	21.10	0.04	0.05	0.00	29.43	0.00	0.00	0.23
4	白云石	22.14	0.02	0.05	0.00	29.23	0.02	0.00	0.02
5	菱镁矿	41.83	0.00	0.00	0.00	0.24	0.01	0.04	0.44
6	菱镁矿	39.42	0.00	0.00	0.02	0.09	0.00	0.03	0.49
7	菱镁矿	40.03	0.02	0.00	0.04	0.51	0.00	0.00	0.63
8	菱镁矿	40.81	0.04	0.00	0.02	0.98	0.00	0.00	0.47

编号	颗粒名称	MgO	Al_2O_3	SiO_2	K_2O	CaO	TiO_2	Cr_2O_3	Fe_2O_3
9	菱镁矿	39.94	0.00	0.02	0.00	0.15	0.03	0.00	0.49
10	菱镁矿	38.57	0.02	0.00	0.04	0.74	0.00	0.00	0.21
11	菱镁矿	40.34	0.04	0.00	0.00	0.12	0.06	0.00	0.27
12	褐铁矿	1.51	0.02	2.62	0.00	0.20	0.00	0.01	85.60
13	白云石	20.43	0.00	0.04	0.00	29.10	0.00	0.00	0.02

铁在原矿中的状态分为 2 类。(1) 独立矿物,而这又以黄铁矿为代表的硫化物风化产物褐铁矿占多数,据显微镜下的定量结果,残余硫化物不足 0.1%;磁铁矿及赤铁矿虽然存在但量极少,在除去褐铁矿的强磁选工艺中易除去;而浸染于菱镁矿中的无定形褐铁矿是较难除去的。(2) 在菱镁矿中取代镁的二价铁,即类质同象铁,Fe_2O_3 含量约 0.27%,它构成菱镁矿化学组成的一部分,物理选矿方法不可能除去。可见,对使用的菱镁矿石样品来说,采用物理选矿方法对其进行除铁,精矿中 Fe_2O_3 含量的理想结果为 0.27%。经对不同时期不同区域开采矿石进行研究,海城镁矿耐火材料总厂菱镁矿石中类质同象铁含量为 0.20% ~ 0.30%,因此,选矿除杂后的菱镁矿精矿杂质 Fe_2O_3 含量一般仍在 0.30% 以上。

3　菱镁矿石除硅

菱镁矿石中主要目的矿物为菱镁矿，硅为矿石中主要杂质元素之一，含硅矿物主要为滑石、石英、绿泥石和蛇纹石等。目的矿物以菱镁矿，含硅矿物以石英、蛇纹石、滑石为研究对象，进行单矿物的浮选特性研究；以海城镁矿耐火材料总厂、辽阳二旺镁矿、海城华宇耐火材料有限公司和辽阳吉镁矿业有限公司菱镁矿石为研究对象，进行菱镁矿石的除硅研究。

3.1　含硅矿物的浮选

3.1.1　胺类捕收剂下含硅矿物的浮选数学模拟

为了揭露浮选过程的本质并对浮选过程进行科学的管理，建立一个较为实用、准确指导实践的浮选数学模拟对选矿有着重要意义。浮选速度数学模型是在矿浆浓度随浮选的进行而变化及浮选物料粒度的不均一性等各种因素影响下，根据矿物的回收率与时间的关系通过多项式拟合公式推导建立的。本书在试验的基础上，根据理论及经验分析建立在胺类捕收剂体系中，石英、蛇纹石、滑石三种含硅矿物的浮选速度模拟，即

$$\varepsilon = A + Bt + Ct^2 \tag{3-1}$$

式(3-1)为胺类捕收剂作用下含硅矿物的泡沫产品随时间变化的数学公式，式中的自变量为浮选时间 t，因变量为矿物回收率 ε，浮选常数与矿石性质及药剂制度有关，可根据试验获得。

对式(3-1)求导数为：

$$d\varepsilon/dt = 2Ct + B \tag{3-2}$$

此式即为胺类捕收剂作用下含硅矿物的浮选速度公式。

3.1.1.1　胺类捕收剂体系下石英单矿物的浮选数学模拟

试验条件：称取石英纯矿物 3.0g，加水 25mL 置于 XFGC 实验用充气挂槽浮选机中，加盐酸调节 pH 值到 5.5，采用胺类捕收剂 LKD，用量为 2×10^{-3}mol/L。对于纯矿物的产率近似为回收率，每种纯矿物试验重复 2 次，取平均值，石英回收率与时间的多项式拟合结果如图 3-1 所示。

从图 3-1 可以看出，在 1min 之内石英的回收率接近 50%，主要是细粒级在胺类捕收剂作用下具有很好的可浮性，随着浮选时间的延长，石英回收率不断增

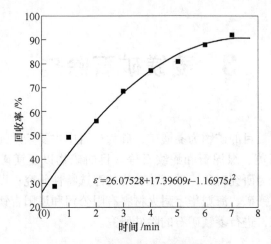

图 3-1 石英回收率与时间的关系

大；当浮选时间为 7min 时，石英回收率达到 92.03%，石英回收率与时间的关系通过多项式拟合得到式（3-3）：

$$\varepsilon = 26.07528 + 17.39609t - 1.16975t^2 \quad (0.3min < t < 7min) \quad (3-3)$$

通过式（3-3）可确定任意时刻石英的回收率 ε，为浮选指标的预测提出了可行的技术手段。

对式（3-3）求导数为：

$$d\varepsilon/dt = -2.3395t + 17.39609 \quad (3-4)$$

在 0.3min < t < 7min 范围内导数大于零，说明随着时间的增加回收率逐渐增加，通过式（3-3）可知，在一定的时间内石英的浮选速度变化趋势。

二阶导数为：$\varepsilon'' = -2.3395$。

时间在 0.3~7min 范围内二阶导数小于零，说明随着时间的增加，石英的浮选速度逐渐降低，可能是随着补加水的添加，药剂浓度及矿浆浓度均减小，导致浮选速度变慢。

石英纯矿物试验数据及模型的预测值结果及分析见表 3-1。

表 3-1 石英试验结果与模型预测值对比

浮选时间 t/min	0.5	1	2	3	4	5	6	7
试验值 ε/%	28.7	49.1	56.0	68.7	77.0	80.8	88.0	92.0
预测值 ε_0/%	35.2	43.0	56.9	68.4	77.6	84.5	89.0	91.2
绝对误差 $\mid \varepsilon - \varepsilon_0 \mid$/%	6.5	6.1	0.9	0.3	0.6	4.5	1.0	0.8
相对误差 $\mid \varepsilon - \varepsilon_0 \mid / \varepsilon$/%	22.6	12.4	1.6	0.4	0.8	5.6	1.1	0.9

从表 3-1 中可以看出，通过多项式拟合的数学公式计算出的预测值跟试验测

得的值相差不大，此数学模拟具有公式简单、计算方便、所需的试验数据少和实际误差小等特点，是一个精确且便于在计算机中模拟的模型。

3.1.1.2 胺类捕收剂体系下蛇纹石单矿物的浮选数学模拟

试验条件：称取蛇纹石纯矿物 3.0g，加水 25mL 置于 XFGC 实验用充气挂槽浮选机中，加盐酸调节 pH 值到 5.5，采用胺类捕收剂 LKD 作为捕收剂。在 LKD 用量为 $2×10^{-3}$mol/L 时，蛇纹石回收率与时间的关系如图 3-2 所示。

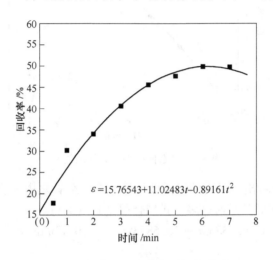

图 3-2 蛇纹石回收率与时间的关系

从图 3-2 可以看出，在 1min 之内蛇纹石的回收率接近 30%，可浮性差于石英，随着浮选时间的延长，蛇纹石回收率逐渐增大。当浮选时间为 7min 时，蛇纹石回收率接近 50%，蛇纹石回收率与时间的关系通过多项式拟合得到式（3-5）。

$$\varepsilon = 15.76543 + 11.02483t - 0.89161t^2 \qquad (0.3min < t < 7min) \quad (3-5)$$

对式（3-5）求导数为：

$$d\varepsilon/dt = -1.78322t + 11.02483 \qquad (3-6)$$

当 $d\varepsilon/dt = 0$ 时，$t = 6.18254$，在 $0.3min < t < 6.18254min$ 时，$d\varepsilon/dt > 0$；在 $6.18254min < t < 7min$ 范围内，$d\varepsilon/dt < 0$，一方面说明此多项式在所有区间内并不完全适合做蛇纹石浮选速度经验模型，另一方面说明胺类捕收剂在没有调整剂的作用下对蛇纹石的捕收效果并不理想。

3.1.1.3 胺类捕收剂体系下滑石单矿物的浮选数学模拟

试验条件：称取滑石纯矿物 3.0g，加水 25mL 置于 XFGC 实验用充气挂槽浮选机中，加盐酸调节 pH 值到 5.5，采用胺类捕收剂 LKD 作为捕收剂，在 LKD 用量为 $2×10^{-3}$mol/L 时，滑石回收率与时间的关系如图 3-3 所示。

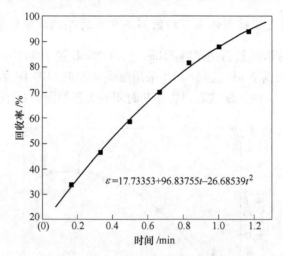

图 3-3　滑石回收率与时间的关系

从图 3-3 可以看出，滑石的可浮性最好，在一分钟之内回收率接近 90%，蛇纹石回收率与时间的关系通过多项式拟合得到式 (3-7)。

$$\varepsilon = 17.73353 + 96.83755t - 26.68539t^2 \qquad (0.17\text{min} < t < 1.16\text{min})$$

$$(3-7)$$

通过式 (3-7) 可确定任意时刻滑石的回收率 ε，为浮选指标的预测提出了可行的技术手段。

对式 (3-7) 求导数为：

$$d\varepsilon/dt = -53.37078t + 96.83755 \qquad (3-8)$$

该导数在 0.17min $< t <$ 1.16min 范围内始终大于零，说明随着时间的增加回收率逐渐增加。

二阶导数为：$\varepsilon'' = -53.37078$。

此二阶导数远远小于零，说明胺类捕收剂体系下滑石的浮选速度随着时间的增加，降低较快。

滑石试验数据及模型的预测值结果及分析见表 3-2。

表 3-2　滑石试验结果与模型预测值对比

浮选时间 t/min	0.17	0.33	0.5	0.67	0.83	1	1.17
试验值 ε/%	46.4	58.6	70.0	81.6	88.0	93.8	88.0
预测值 ε_0/%	46.8	59.5	70.6	79.7	87.9	94.5	89.0
绝对误差 $\lvert \varepsilon-\varepsilon_0 \rvert$/%	0.4	0.9	0.6	1.9	0.1	0.7	1.0
相对误差 $\lvert \varepsilon-\varepsilon_0 \rvert/\varepsilon$/%	0.9	1.5	0.9	2.3	0.1	0.7	1.1

从表 3-2 中可以看出，通过多项式拟合的数学公式计算出的预测值跟试验测得的值相差不大，说明式（3-7）也较符合滑石在胺类捕收剂下的浮选。

3.1.2 胺类捕收剂下石英、蛇纹石、滑石的浮选

3.1.2.1 胺类捕收剂体系下六偏磷酸钠对含硅矿物浮选的影响

六偏磷酸钠（$NaPO_3)_6$ 属于长链无机盐，可表示为（$NaPO_3)_n$，式中 $n = 20 \sim 100$（n 为整数），在水溶液中各基本结构单元互相聚合成螺旋状的链状聚合体。六偏磷酸钠溶于水后发生了质子化作用，分子链中的部分磷原子则羟基化成 $-HPO_3-$ 单元，不同聚合度的六偏磷酸钠通过水解作用而使链分子断裂：

$$H - [PO_3]_n - OH + H_2O \longrightarrow H - [PO_3]_m - OH + H - [PO_3]_{n-m} - OH$$

$$(3-9)$$

线性磷酸盐在不同的 pH 值条件下有不同的质子化作用，从而 $-[PO_3]_m-$ 和 $-[HPO_3]_m-$ 单元的随机组合链分子在六偏磷酸钠水溶液中存在，这种分子所带的电荷在不同的 pH 值条件下也是随机的。

六偏磷酸钠水解出带负电、有强吸附活性的 HPO_4^{2-}，除季铵盐和碱金属以外，可络合几乎所有的金属阳离子：

$$(NaPO_3)_6 \rightleftharpoons Na_4P_6O_{18}^{2-} + 2Na^+ \tag{3-10}$$

六偏磷酸钠也容易水解，其水解反应为：

$$(NaPO_3)_6 + 6H_2O \rightleftharpoons 6NaOH + 6HPO_3 \tag{3-11}$$

然后偏磷酸水解成正磷酸：

$$HPO_3 + H_2O \rightleftharpoons H_3PO_4 \tag{3-12}$$

正磷酸在溶液中存在如下平衡：

$$PO_4^{3-} + H^+ \rightleftharpoons HPO_4^{2-} \tag{3-13}$$

$$HPO_4^{2-} + H^+ \rightleftharpoons H_2PO_4^- \tag{3-14}$$

$$H_2PO_4^- + H^+ \rightleftharpoons H_3PO_4 \tag{3-15}$$

研究表明，当 pH 值小于 2.15 时，H_3PO_4 是优势组分；$H_2PO_4^-$ 占优势组分的 pH 值范围是 $2.15 < pH < 7.2$；HPO_4^{2-} 占优势组分的 pH 值范围是 $7.2 < pH < 12.35$；当 $pH > 12.35$ 时 PO_4^{3-} 占优势。所以在浮选试验的 $pH = 5 \sim 6$ 范围时，六偏磷酸钠溶液中的主要组分为磷酸根阴离子和少量水解产物 $H_2PO_4^-$。

试验采用胺类捕收剂，LKD 用量为 2×10^{-3} mol/L，pH = 5.5 时，考察六偏磷酸钠对石英、蛇纹石和滑石浮选的影响，试验结果如图 3-4 所示。

如图 3-4 所示，不加六偏磷酸钠时，石英的上浮率最大为 92.03%，当六偏磷酸钠用量是 5×10^{-3} mol/L 时，石英的回收率降至最低为 78.33%，六偏磷酸钠使石英的上浮率降到了 14% 左右；六偏磷酸钠在浮选中对石英起抑制剂作用，随

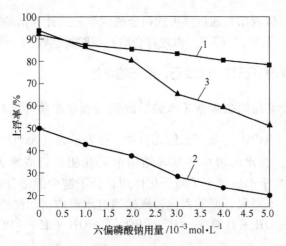

图 3-4　六偏磷酸钠对矿物可浮性的影响
1—石英；2—蛇纹石；3—滑石

着六偏磷酸钠用量的增加，石英的回收率逐渐降低，但降低幅度不大；蛇纹石的回收率由不加六偏磷酸钠时的 49.73% 逐渐降低，当六偏磷酸钠用量为 $5×10^{-3}$ mol/L 时，蛇纹石的回收率降至最低为 20.33%，说明六偏磷酸钠对蛇纹石均有一定的抑制作用，蛇纹石的回收率比不加六偏磷酸钠时降低了 29% 左右；六偏磷酸钠用量的变化使蛇纹石回收率下降了 22.32%，说明其用量对蛇纹石有一定的影响；随着六偏磷酸钠用量的增加，滑石回收率逐渐降低；当六偏磷酸钠用量为 $5×10^{-3}$ mol/L 时，滑石的回收率最低；滑石的回收率由不加六偏磷酸钠时的 93.76% 降低到 51.26%，降低了 42% 以上，从而可看出六偏磷酸钠对滑石的抑制效果较明显，六偏磷酸钠用量的变化使滑石回收率下降了 35%，说明其用量对滑石的影响很大。

3.1.2.2　胺类捕收剂体系下水玻璃对含硅矿物浮选的影响

水玻璃是一种工业产品，是硅酸钠的水溶液，按照水玻璃的模数（$Na_2O：SiO_2$）不同，组分各有差异。Na_2SiO_3 在溶液中存在如下平衡：

$$SiO_{2(s)} + 2H_2O \Longleftrightarrow Si(OH)_{4(aq)} \tag{3-16}$$

$$Si(OH)_4 + OH^- \Longleftrightarrow SiO(OH)_3^- + H_2O \tag{3-17}$$

$$SiO(OH)_3^- + OH^- \Longleftrightarrow SiO_2(OH)_2^{2-} + H_2O \tag{3-18}$$

研究表明，当 pH < 9.4 时，$Si(OH)_4$ 是优势组分；当 pH ≥ 9.4，$SiO(OH)_3^-$ 占优势；当 pH ≥ 12.6 时，$SiO_2(OH)_2^{2-}$ 占优势。根据浮选结果 pH = 5.5 时，认为单硅酸 $Si(OH)_4$ 是水玻璃起抑制作用的有效组分。

试验在胺类捕收剂体系下，LKD 用量为 $2×10^{-3}$ mol/L，pH = 5.5 时，考察水玻璃对石英浮选的影响，试验结果如图 3-5 所示。

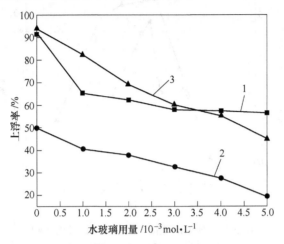

图 3-5　水玻璃对矿物可浮性的影响

1—石英；2—蛇纹石；3—滑石

如图 3-5 所示，水玻璃的添加对 LKD 浮选石英起到了显著的抑制作用，使石英的上浮率由原本的 92.03% 下降到了 56.39%；水玻璃的用量变化对石英的上浮率影响并不是太大，石英上浮率变化范围是 56.36% ~ 65.36%；当水玻璃用量为 5×10^{-3} mol/L 时，蛇纹石的上浮率由不加水玻璃时的 49.73% 降低到 19.33%，且随着水玻璃用量的增加，蛇纹石的上浮率逐渐降低，说明水玻璃对蛇纹石有很好抑制作用；水玻璃的用量变化对蛇纹石变化范围是 40.56% ~ 19.33%；当水玻璃用量为 5×10^{-3} mol/L 时，滑石的上浮率由不加水玻璃时的 93.76% 降低到 45.16%，降低了 48.6 个百分点，而且随着水玻璃用量的增加，滑石的可浮性逐渐降低，水玻璃用量变化对滑石上浮率的影响很大，变化范围是 82.36% ~ 45.16%，说明水玻璃对滑石有明显的抑制作用。

3.2　石英和菱镁矿的浮选行为

我国菱镁矿石中主要含硅脉石矿物为石英和滑石，滑石天然可浮性好，与菱镁矿可浮选差异较大，所以石英和菱镁矿可浮性差异是影响菱镁矿石除硅效果的关键，因此进行石英和菱镁矿的浮选行为研究。

3.2.1　石英和菱镁矿不同 pH 值下的可浮性

以十二胺（25mg/L）为捕收剂，用盐酸和氢氧化钠调节 pH 值，考察不同的矿浆 pH 值下菱镁矿和石英的可浮性，试验结果如图 3-6 所示。

由图 3-6 可知，十二胺在 pH 值小于 2 的条件下对菱镁矿的捕收性能不佳，

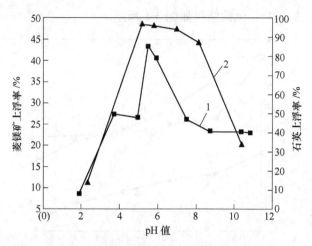

图 3-6   pH 值对菱镁矿、石英可浮性的影响

1—菱镁矿上浮率；2—石英上浮率

上浮率仅为 8.66%；在 pH 值为 4~7 时，可使菱镁矿的上浮率提高到 26.51%~43.48%，其中最高上浮率 43.48% 出现在 pH 值为 5.49 处；在碱性条件下，菱镁矿的上浮率较中性略有下降，随着 pH 值的增高，上浮率始终维持在 23% 左右。

菱镁矿的等电点为 pH = 7.5，当 pH > 7.5 时，菱镁矿表面荷负电，理应被阳离子捕收剂捕收，但如图 3-6 所示，在碱性条件下，阳离子捕收剂并没有因为静电作用而提高菱镁矿的上浮率，弱酸性条件下的上浮率反而更高。出现这种现象可能有两个方面的原因：（1）捕收剂改变了菱镁矿的等电点，使其略微向酸性方向移动，于是弱酸性溶液中的菱镁矿表面荷上负电，易因静电作用而与阳离子捕收剂结合；（2）矿浆中的菱镁矿在碱性条件下，表面生成了 $Mg(OH)_2$，而 $Mg(OH)_2$ 的零电点 pH 值为 12，即在 7.5 < pH < 12 的碱性矿浆中，菱镁矿表面实际荷正电，其 ζ 电位甚至高于弱酸性时的 ζ 电位，所以弱酸性条件下的菱镁矿上浮率反而高于碱性条件的上浮率。

图 3-6 中的试验结果表明，在 pH = 5.17~6.97 范围内，十二胺对石英的回收率在 93.96% 以上；在 pH < 2.34 或 pH > 10.4 时，回收率则低于 33.47%。

综上所述，在弱酸、弱碱和中性条件下，十二胺对菱镁矿的捕收能力差，而对石英的捕收能力强。在 pH 值为 4~8 范围内，两种矿物的上浮率差别最大。使用十二胺为捕收剂，当 pH 值为 5~6 时，石英上浮率最高。由此可见，使用十二胺反浮选菱镁矿除硅的最佳效果会出现在 pH 值为 5~6 的条件下，又由于抑制剂的存在会降低矿物的等电点，所以最佳的 pH 值可能为 5 左右。

3.2.2   捕收剂对矿物可浮性的影响

调节矿浆 pH 值在 5~6 范围内，考察捕收剂十二胺用量对菱镁矿和石英可浮性的影响，结果如图 3-7 所示。

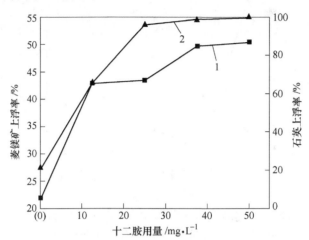

图 3-7　十二胺用量对菱镁矿、石英可浮性的影响
1—菱镁矿上浮率；2—石英上浮率

图 3-7 试验结果表明，添加 12.5mg/L 十二胺捕收剂以后，使菱镁矿的上浮率由没有捕收剂时的 27% 提升到了 40% 左右，之后随着捕收剂用量的继续增加，菱镁矿的上浮率也继续升高，但升高幅度不大，最大不超过 8 个百分点。

捕收剂的使用使石英的回收率大幅增加，添加 12.5mg/L 的捕收剂就将石英的上浮率从无捕收剂时的 4.54% 提高到了 65.72% 以上；当捕收剂的用量大于 25mg/L 后，石英上浮率增加到了 95% 以上，并且增速趋缓；当捕收剂中的用量达 50mg/L 时，石英的上浮率可达 99%。

上述试验结果表明，十二胺可以提高菱镁矿的上浮率，但提高幅度有限，在用量小于 50mg/L 时，菱镁矿的上浮率不超过 55%；十二胺对石英的捕收能力强，当用量大于 25mg/L，相应的捕收剂消耗量为 100g/t 时，石英的回收率可高于 95%，并且随着捕收剂用量的继续增加，两种矿物的上浮率都有所提升，但菱镁矿的上浮率提高更多。所以反浮选菱镁矿石除硅时，欲增加捕收剂用量以继续降低精矿中的 SiO_2 含量，将会以精矿产率的大幅下降为代价。

3.2.3　水玻璃对矿物可浮性的影响

调节矿浆 pH 值至 5~6 范围内，捕收剂十二胺用量为 25mg/L，考察水玻璃用量对菱镁矿和石英可浮性的影响，试验结果如图 3-8 所示。

由图 3-8 可知，以十二胺作捕收剂时，水玻璃对菱镁矿的上浮起到了促进作用，提高了菱镁矿的上浮率。虽然提高幅度不大，但由于是反浮选除硅，出现这样的结果显然并不是所希望的。

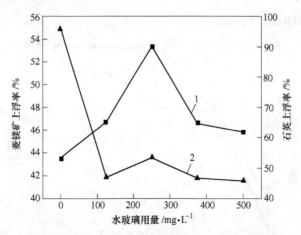

图 3-8 水玻璃用量对菱镁矿、石英可浮性的影响
1—菱镁矿上浮率；2—石英上浮率

水玻璃的添加对十二胺浮选石英起到了显著的抑制作用，使石英的上浮率由原本的 95.99% 下降到了 50% 左右。

3.2.4 六偏磷酸钠对矿物可浮性的影响

调节矿浆 pH 值至 5~6 范围内，捕收剂十二胺用量为 25mg/L，考察六偏磷酸钠用量对菱镁矿和石英可浮性的影响，试验结果如图 3-9 所示。

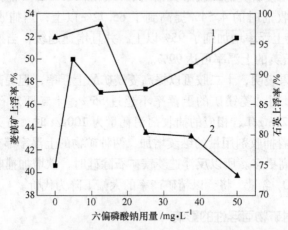

图 3-9 六偏磷酸钠对菱镁矿、石英浮选效果的影响
1—菱镁矿上浮率；2—石英上浮率

图 3-9 中的试验结果表明，以十二胺作捕收剂时，六偏磷酸钠具有促进菱镁矿上浮的作用，可使菱镁矿的上浮率提高 7~12 个百分点，但六偏磷酸钠对菱镁矿上浮的促进作用在反浮选菱镁矿石时将产生负面影响。

六偏磷酸钠用量对石英可浮性影响的试验结果如图 4-25 和图 4-26 所示。图 4-25 表明，以十二胺作捕收剂时，较低用量（≤12.5mg/L）的六偏磷酸钠对石英的上浮率并无太大影响，但随着六偏磷酸钠用量的继续增加，石英的上浮率出现了下降趋势，当六偏磷酸钠用量为 50mg/L 时，石英的上浮率已降至了 73.29%。

3.2.5 改性捕收剂试验

因捕收剂十二胺选择性较差，将十二胺与叔胺混合并对其改性制成改性捕收剂。调节矿浆 pH 值至 5~6 范围内，考察用改性捕收剂（用量为 25mg/L）时，不同用量水玻璃和六偏磷酸钠用量下，菱镁矿和石英的可浮性，试验结果如图 3-10 所示。

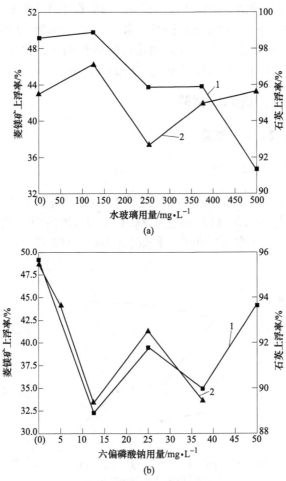

(a)

(b)

图 3-10 用改性捕收剂时，菱镁矿和石英的可浮性

（a）水玻璃作用下；（b）六偏磷酸钠作用下

1—菱镁矿上浮率；2—石英上浮率

由图 3-10（a）可知，用改性捕收剂时，水玻璃对菱镁矿的上浮起到了抑制作用，并且随着水玻璃用量的增加，抑制作用也更加明显；当水玻璃用量从 100mg/L 增加到 500mg/L 时，菱镁矿的上浮率从 49.79% 下降到 34.68%。

水玻璃对石英的可浮性并无太明显的影响，石英回收率的变化范围为 92.62%~97.14%。

图 3-10（b）所示的试验结果表明，用改性捕收剂时，六偏磷酸钠对菱镁矿的上浮起到了抑制作用，使其上浮率下降了 5~15 个百分点，随着六偏磷酸钠用量的增加，对菱镁矿的抑制作用也逐步减弱。

六偏磷酸钠的添加起到了抑制石英上浮的作用，随着六偏磷酸钠用量的增加，石英的上浮率呈下降趋势，但下降的幅度不大，最多只减少了近 7 个百分点。这表明，六偏磷酸钠对捕收剂捕收石英的抑制作用并不明显。

对比图 3-8 和图 3-9，捕收剂不同时，水玻璃和六偏磷酸钠的作用效果不同。用改性捕收剂时，在水玻璃和（或）六偏磷酸钠作用下，比十二胺为捕收剂时更有利于实现浮硅（石英）抑镁（菱镁矿）的反浮选。

3.3　菱镁矿石反浮选除硅试验

3.3.1　辽阳二旺镁矿矿石试验

3.3.1.1　磨矿细度试验

考察磨矿细度对试验指标的影响，使用 XFD-Ⅲ 实验室型单槽 1L 浮选机。试验条件：试验 pH 值为 5.5，LKD 用量为 60g/t，六偏磷酸钠用量为 150g/t，水玻璃用量为 1500g/t，采用一次粗选流程，浮选时间 4min。试验结果如图 3-11 所示。

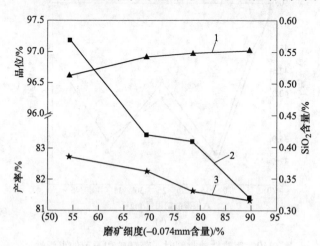

图 3-11　磨矿细度试验结果

1—精矿品位；2—精矿中 SiO_2 含量；3—精矿产率

从图 3-11 可看出，随着磨矿细度的增加，上浮率呈下降趋势，精矿品位逐渐提高。当磨矿细度在 -0.074mm 含量小于 70% 时，精矿品位（IL=0 时 MgO 含量）增加幅度较高，说明有用矿物未能单体解离，继续磨矿可充分提高精矿品位；当磨矿细度在 -0.074mm 含量大于 70% 时，精矿品位增加幅度减小，说明有用矿物基本单体解离，SiO_2 含量也已经稳定，继续磨矿对提高精矿品位影响不大。回收率刚好相反，当磨矿细度在 0.074mm 含量小于 70% 时，产率降低幅度很小；当磨矿细度在 -0.074mm 以下含量大于 70% 时，上浮率降低幅度增大，继续磨矿会造成资源的极大浪费；当磨矿细度在 -0.074mm 占 70% 时，可得精矿品位为 96.92%，产率为 82.26%，综合考虑磨矿细度在 -0.074mm 为 70% 较适宜。

3.3.1.2 pH 值试验

考察 pH 值对试验指标的影响，由该矿的矿床类型和矿石性质可知，矿石中镁元素的赋存状态以独立矿物菱镁矿为主，矿石中硅元素存在于石英等矿物中；菱镁矿的零电点 PZC 为 pH=6.7，滑石的零电点 PZC 为 pH=3.6，石英的零电点 PZC 为 pH=2.2。在 pH=3.6~6.7 之间时，滑石和石英带负电，菱镁矿带正电，用阳离子型捕收剂反浮选菱镁矿石较合理。使用 XFD-Ⅲ 实验室型单槽 1L 浮选机。采用一次粗选流程，以 HCl 为 pH 值调整剂，在捕收剂用量为 60g/t、六偏磷酸钠用量为 150g/t，水玻璃用量为 1500g/t，浮选时间为 4min 条件下，考察 pH 值对浮选指标的影响，试验结果如图 3-12 所示。

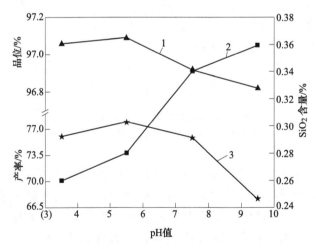

图 3-12 pH 值试验结果

1—精矿品位；2—精矿中 SiO_2 含量；3—精矿产率

从图 3-12 可看出，随着矿浆 pH 值的降低，精矿产率及精矿品位先升高后降低。当不使用盐酸时，矿浆 pH 值为 9.5，精矿产率为 67.71%、精矿品位为 96.82%，SiO_2 含量为 0.36%，此时的综合指标最差；当矿浆 pH 值为 5.5 时，产率为 77.98%、精矿品位为 97.09%，此时的产率、精矿品位最好，SiO_2 含量明显减少；随着盐酸量的增加，当矿浆 pH 值为 3.5 时，产率为 75.94%、精矿品位为 97.06%，此时 SiO_2 含量有所减少，但产率和精矿品位都有所下降，并且对浮选设备也不利。综合数量指标和质量指标及现场生产实际情况，当 pH 值为 5.5 时，精矿产率及精矿品位为最高，所以取 pH 值为 5.5 时浮选此矿石。

3.3.1.3　六偏磷酸钠用量试验

六偏磷酸钠是一种无机离子型分散剂，在矿浆中电离后，会吸附在硅酸盐及含钙碳酸盐矿物表面，使矿粒表面负电性增强，矿粒之间静电斥力增大，粒子趋于悬浮分散，有利于药剂对矿石的作用。六偏磷酸钠用量试验结果如图 3-13 所示。

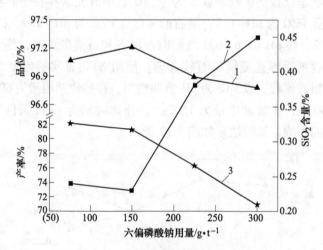

图 3-13　六偏磷酸钠用量试验结果
1—精矿品位；2—精矿中 SiO_2 含量；3—精矿产率

从图 3-13 可以看出，随着六偏磷酸钠用量的增加，精矿产率呈下降趋势，精矿品位先上升后下降，SiO_2 含量先减少后增加；六偏磷酸钠用量在 0~150g/t 时，精矿中 SiO_2 含量减少，说明六偏磷酸钠对脉石矿物有活化作用；当六偏磷酸钠用量大于 150g/t 时，回收率及精矿品位下降趋势增加，而 SiO_2 含量增加，说明过量的六偏磷酸钠吸附在脉石矿物上，对脉石产生抑制作用，并且部分六偏磷酸钠吸附在菱镁矿上，使其活化进入到浮选泡沫中，使浮选药剂的选择性降低，所以精矿指标有下降趋势。因此，六偏磷酸钠的用量选为 150g/t。

3.3.1.4 捕收剂用量试验

捕收剂是能提高矿物表面疏水性的最重要药剂,LKD 捕收剂对脉石矿物的选择性好,同时也有较强的起泡性,针对该矿石不需另加起泡剂。考察捕收剂用量对试验指标的影响,试验结果如图 3-14 所示。

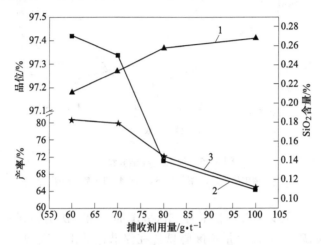

图 3-14　捕收剂用量试验结果
1—精矿品位;2—精矿中 SiO_2 含量;3—精矿产率

从图 3-14 可看出,随着捕收剂用量的增加,精矿产率逐渐降低,精矿中 MgO 品位逐渐升高。当捕收剂用量为 70g/t 时,精矿产率为 79.91%、精矿品位为 97.27%;当捕收剂用量为 80g/t 时,产率为 72.12%、精矿品位为 97.37%。比较上述两组数据,产率降低了 6.79%,而精矿品位从 97.27% 上升到 97.37%,只是略有提升,而且可利用多次浮选进一步提升品位;当捕收剂用量大于 80g/t 后,产率迅速下降,而精矿品位略有升高,浮选效果开始变差。综合考虑产品的质量和产率,确定反浮选捕收剂 LKD 的用量为 70g/t。

3.3.1.5 流程试验

菱镁矿反浮选在粗选时泡沫中主要是矿泥和可浮性好的细粒级颗粒,受其影响浮选泡沫发黏、较虚,泡沫量虽然很大但带矿较少;在精选时,泡沫均匀带矿量大,对提高精矿品位至关重要。为了达到强化精选提升品位的目的,在 pH 值为 5.5,六偏磷酸钠用量为 150g/t,水玻璃用量为 1500g/t,每次浮选时间为 4min 条件下,考察一次浮选(捕收剂用量为 70g/t)流程、二次浮选(捕收剂用量为 45g/t、25g/t)、三次浮选(捕收剂用量为 40g/t、20g/t、10g/t)与四次浮选(捕收剂用量为 30g/t、20g/t、10g/t、10g/t)流程的浮选效果。试验结果如图 3-15 所示。

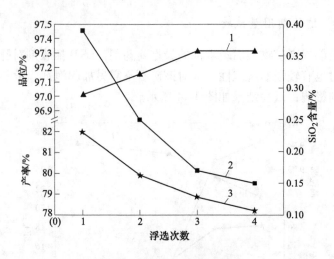

图 3-15 浮选次数试验结果

1—精矿品位；2—精矿中 SiO$_2$ 含量；3—精矿产率

由图 3-15 结果可以看出，随着浮选次数增加（由一次增加到四次），精矿产率不断下降，精矿中 SiO$_2$ 含量不断降低。在浮选次数由一次增至二次时，精矿品位有明显提高，而浮选次数由三次增至四次时，精矿品位基本稳定。综合考虑，一次粗选二次精选的流程较为适宜，此时产率为 78.86%，精矿中 SiO$_2$ 含量为 0.17%，精矿品位为 97.31%。

3.3.2 辽阳吉美矿业有限公司矿石试验

3.3.2.1 磨矿细度试验

适宜的磨矿细度能使目的矿物与脉石矿物有效的解离，有利于浮选。为考查磨矿细度对分选过程的影响，采用一次反浮选进行试验，在 pH 值为 5.5，六偏磷酸钠用量为 150g/t，捕收剂用量 LKD 为 100g/t，浮选时间为 4min，考察磨矿细度对浮选指标的影响，结果如图 3-16 所示。

由图 3-16 试验结果可以看出，−0.074mm 含量从 55% 增至 90% 时，精矿产率逐渐减小，精矿品位先略微增大后减小，当 −0.074mm 含量大于 82% 时精矿品位开始明显减小，说明矿石开始泥化，而精矿中 SiO$_2$ 含量在一定范围内随磨矿细度增大而减小，当磨矿细度为 −0.074mm 含量为 72% 以上时，精矿中 SiO$_2$ 含量仅有微量的变化。磨矿细度在 −0.074mm 含量为 72% 时，精矿产率为 74.19%，精矿品位为 96.34%，精矿中 SiO$_2$ 含量为 0.62%。综合考虑各个指标及生产成本，适宜磨矿细度定为 −0.074mm 含量为 72%。

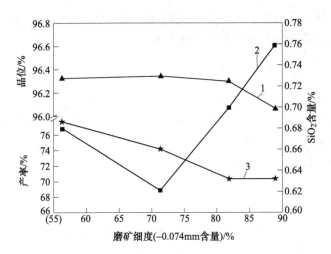

图 3-16　磨矿细度试验结果

1—精矿品位；2—精矿中 SiO₂ 含量；3—精矿产率

3.3.2.2　pH 值试验

试验所用的捕收剂为阳离子捕收剂，其在溶液中的解离取决于介质的 pH 值。因此，对浮选进行 pH 值考查。试验用盐酸做 pH 值调整剂，捕收剂 LKD 用量为 130g/t，六偏磷酸钠用量为 150g/t。pH 值试验结果如图 3-17 所示。

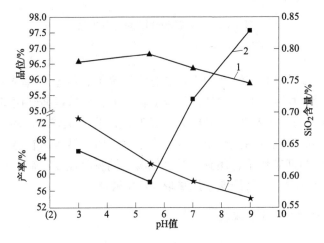

图 3-17　pH 值试验结果

1—精矿品位；2—精矿中 SiO₂ 含量；3—精矿产率

从图 3-17 可以看出，随着 pH 值增大精矿产率不断减小，精矿品位先增大后减小，当 pH 值大于 5.5 后，精矿品位下降明显。对精矿中 SiO₂ 含量分析，pH

值为 5.5 时，其含量最低为 0.59%，此时精矿品位为 96.82%。考虑各种因素及酸性过大对设备的腐蚀，确定 pH 值为 5.5。

3.3.2.3　六偏磷酸钠用量试验

六偏磷酸钠在该试验中作为一种抑制剂使用，其对菱镁矿有一定的抑制作用。因此，选择合理的六偏磷酸钠用量，有利于在反浮选中捕收剂与硅酸盐矿物作用，更好的脱出脉石矿物。控制试验 pH 值为 5.5，捕收剂用量为 100g/t，考查六偏磷酸钠用量对浮选影响。试验结果如图 3-18 所示。

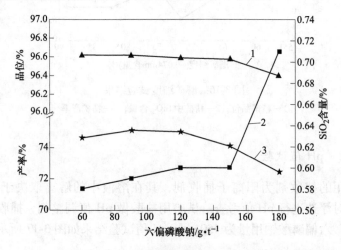

图 3-18　六偏磷酸钠用量试验结果
1—精矿品位；2—精矿中 SiO_2 含量；3—精矿产率

由图 3-18 可以得出，随着六偏磷酸钠用量增加，精矿产率先增加后减小。六偏磷酸钠用量在 60~150g/t 时精矿品位变化不大，六偏磷酸钠用量为 90g/t 时，精矿品位为 96.62%、产率为 75.09% 均是最高点。当六偏磷酸钠用量大于 150g/t 时，精矿产率和品位均有明显减小，可能由于六偏磷酸钠吸附在脉石矿物上对脉石矿物产生一定的抑制作用，还有少量六偏磷酸钠吸附在菱镁矿上使其活化，进入泡沫中。综合分析，六偏磷酸钠用量取 90g/t 最佳。

3.3.2.4　捕收剂用量试验

实验采用 LKD 为捕收剂。控制 pH 值为 5.5，六偏磷酸钠用量为 90g/t 对捕收剂用量进行考察。试验结果如图 3-19 所示。

从图 3-19 可以得出，随着捕收剂用量的增加，精矿产率逐渐降低。捕收剂用量为 75~125g/t 时，精矿品位随捕收剂用量增加不断提高；捕收剂用量大于 125g/t 时，随着捕收剂用量增加精矿品位下降。综合考虑产品质量和品位，确定

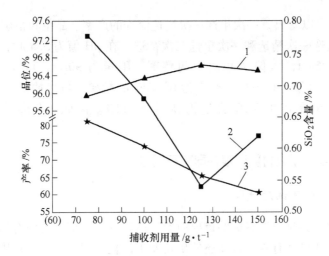

图 3-19 捕收剂用量试验结果

1—精矿品位；2—精矿中 SiO$_2$ 含量；3—精矿产率

捕收剂用量为 125g/t，此时精矿品位 96.64% 为最高值，精矿中 SiO$_2$ 含量 0.54% 为最低值。

3.3.2.5 试验流程

为了进一步考察提高精矿品位和降低精矿中 SiO$_2$ 含量，进行了增加浮选次数试验。分别进行了一次粗选一次精选的二次分选，一次粗选二次精选的三次分选，一次粗选三次精选的四次分选。试验结果见表 3-3。

表 3-3 流程试验结果 （%）

流程	产品	产率	成 分					
			CO$_2$	CaO	Fe$_2$O$_3$	Al$_2$O$_3$	SiO$_2$	MgO(IL=0)
一次粗选一次精选	精矿	67.85	51.38	0.62	0.44	0.02	0.35	97.08
	尾矿	32.15	47.93	0.97	0.54	0.49	2.94	90.49
	原矿	100.00	50.27	0.73	0.47	0.17	1.18	94.96
一次粗选二次精选	精矿	66.48	51.44	0.63	0.44	0.01	0.29	97.18
	尾矿	33.52	47.93	0.95	0.56	0.47	2.83	90.76
	原矿	100.00	50.26	0.74	0.48	0.16	1.14	95.03
一次粗选三次精选	精矿	68.72	51.37	0.62	0.43	0.01	0.28	97.24
	尾矿	31.28	47.68	0.92	0.57	0.51	3.01	90.42
	原矿	100.00	50.22	0.71	0.47	0.17	1.13	95.11

由表3-3可以看出，一次粗选三次精选流程的产率、品位和精矿中 SiO_2 含量均优于一次粗选一次精选和一次粗选二次精选。在 pH 值为 5.5 时，LKD 为捕收剂，用量为 125g/t，六偏磷酸钠为调整剂，用量为 90g/t，可获得 MgO 品位 97.24%，SiO_2 含量为 0.28%，产率为 68.72% 的精矿。虽然精矿中 SiO_2 含量降到了 0.28%，但尾矿中 MgO 含量仍高达 90.42%。因此，有待于进一步深入研究。

3.3.3 海城华宇耐火材料有限公司矿石试验

3.3.3.1 磨矿细度试验

磨矿细度是影响分选指标的重要因素，适宜的磨矿细度能使有用矿物达到单体解离，使浮选更加有效。过磨还使矿物发生泥化；磨矿时间过短则使有用矿物不能充分的单体解离。因此，需要进行磨矿细度试验。采用一次反浮选流程，在盐酸为 2500g/t(pH≈5.5)，六偏磷酸钠用量为 100g/t，LKD 用量为 125g/t，2 号油用量为 12.5g/t 条件下，考查磨矿细度对分选效果的影响，试验结果如图 3-20 所示。

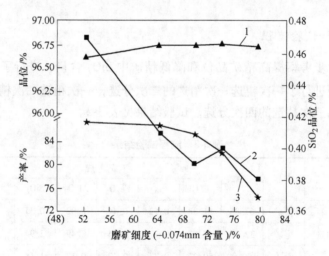

图 3-20 磨矿细度试验结果
1—精矿品位；2—精矿中 SiO_2 含量；3—精矿产率

由图 3-20 可以得出，-0.074mm 粒级含量从 52% 增至 80% 时，精矿产率逐渐减小，精矿品位先增大后减小，当 -0.074mm 粒级含量大于 75% 时，精矿品位开始明显减小且精矿产率继续降低，这可能是磨矿时间过长，使矿石开始泥化。综合考虑各个指标及生产成本，适宜的磨矿细度为 -0.074mm 占 69.71% 时，此时精矿品位为96.75%，精矿产率为85.35%，SiO_2含量为0.39%。

3.3.3.2　矿浆 pH 值试验

矿浆 pH 值可以使矿粒电性及表面亲水性发生一定变化，其在矿物浮选中起着至关重要的作用。试验所用的是阳离子捕收剂，其在溶液中的解离取决于介质的 pH 值。因此，需要进行 pH 值试验。试验以盐酸为 pH 值调整剂，矿浆 pH 值试验结果如图 3-21 所示。

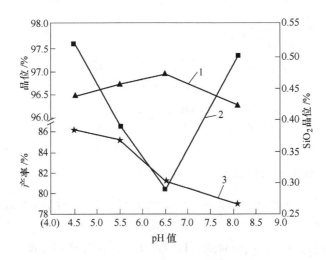

图 3-21　矿浆 pH 值试验结果
1—精矿品位；2—精矿中 SiO_2 含量；3—精矿产率

从图 3-21 可以看出，随着矿浆 pH 值增大，精矿产率不断降低，精矿品位先增大后减小，当 pH > 6.5 后，精矿品位明显下降；pH 值约为 6.5 时，SiO_2 含量最低，为 0.29%，此时精矿品位为 96.95%。结合精矿综合指标，确定矿浆 pH 值约为 6.5，即为自然 pH 值。

3.3.3.3　六偏磷酸钠用量试验

六偏磷酸钠是菱镁矿分选中常用的抑制剂，其对菱镁矿有一定的抑制作用。六偏磷酸钠还可以降低矿物表面的电动电位，有利于矿泥分散。因此，合适的六偏磷酸钠用量，能够更好地脱出脉石矿物，试验结果如图 3-22 所示。

由图 3-22 可以得出，随着六偏磷酸钠用量增加，精矿产率先增加后稍微减小，精矿品位先升高后急剧减小。当六偏磷酸钠用量大于 100g/t 时，精矿品位有明显降低趋势，这有可能由于六偏磷酸钠用量过大，使一定量的六偏磷酸钠吸附在脉石矿物上，抑制其上浮。综合分析，选取六偏磷酸钠用量为 100g/t。

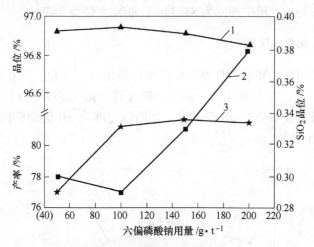

图 3-22 六偏磷酸钠用量试验结果

1—精矿品位；2—精矿中 SiO₂ 含量；3—精矿产率

3.3.3.4 捕收剂用量试验

捕收剂的吸附与矿物的浮选有着密切的关系。在一定的捕收剂浓度范围内，随着药剂的提高，吸附量增大，回收率升高；浓度达到一定值后，回收率变化不大；捕收剂浓度过高时，吸附量还可以继续增大，但浮选回收率不升反降。本实验采用 LKD 为捕收剂，捕收剂用量试验结果如图 3-23 所示。

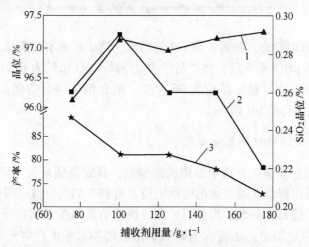

图 3-23 捕收剂用量试验结果

1—精矿品位；2—精矿中 SiO₂ 含量；3—精矿产率

从图 3-23 可以得出，随着捕收剂 LKD 用量增加，精矿产率逐渐降低；捕收剂用量小于100g/t及大于125g/t时，精矿品位随捕收剂用量增加不断提高；捕收剂用量大于100g/t小于125g/t时，随着捕收剂用量增加，精矿品位下降。综合考虑，确定捕收剂用量150g/t，此时精矿品位为97.12%，精矿中SiO_2含量为0.26%。

3.3.3.5 流程试验

通过上述试验确定了最佳浮选药剂的用量，为了进一步提高精矿品位和降低精矿中SiO_2含量，进行了浮选流程试验。分别进行了一次粗选的一次分选；一次粗选一次精选的二次分选和一次粗选二次精选的三次分选，试验结果见表3-4。

表3-4 流程试验对比结果

LKD 用量 /$g \cdot t^{-1}$	流程	产率 /%	含量/%					
			CO_2	CaO	Fe_2O_3	Al_2O_3	SiO_2	MgO
100	一次粗选	83.17	51.11	0.82	0.35	0.05	0.40	96.69
125	一次粗选一次精选	74.48	51.06	0.79	0.34	0.03	0.25	97.12
150	一次粗选二次精选	70.37	50.95	0.79	0.33	0.03	0.20	97.25

由表3-4得出，一次粗选二次精选浮选精矿的各项指标都优于一次粗选、一次粗选一次精选的精矿指标。在pH=6.5时，LKD捕收剂用量为150g/t，六偏磷酸钠用量为100g/t的适宜条件下采用一次粗选二次精选反浮选流程，可获得精矿产率为70.37%、精矿品位为97.25%、精矿中SiO_2含量为0.20%的菱镁矿精矿。

3.3.4 海城镁矿耐火材料总厂早期矿石试验

海城镁矿耐火材料总厂矿石质量变化较大，早期处理的矿石质量较好，其中SiO_2含量较低，且分布不均，结合现场生产原料特点，对表2-1中A、B矿进行了浮选试验。

3.3.4.1 磨矿细度试验

适宜的磨矿细度能够使矿石在比较好的单体解离度和适宜的粒度下进行浮选，从而获得较好的浮选结果。

用盐酸调节矿浆pH值至5左右，分别以1000g/t水玻璃和100g/t六偏磷酸钠为抑制剂，以十二胺（用量为100g/t）为捕收剂，在不同的磨矿细度条件下，对菱镁矿石进行反浮选除硅试验研究。试验结果如图3-24所示。

图3-24（a）中的试验结果表明，当浮选给矿的粒度较粗时，精矿品位和精矿产率随着-0.074mm粒级含量的增大而升高，但当浮选给矿中-0.074mm粒级的含量大于77%后，精矿品位和精矿产率均略有下降；当浮选给矿中-0.074mm

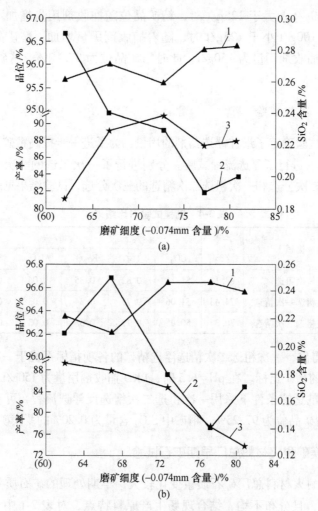

图 3-24　磨矿细度对浮选效果的影响

（a）水玻璃作抑制剂；（b）六偏磷酸钠作抑制剂

1—精矿品位；2—精矿中 SiO_2 含量；3—精矿产率

粒级的含量为 77% 时，精矿中 SiO_2 的含量最低。

　　图 3-24（b）中的结果表明，随着浮选给矿中 -0.074mm 粒级含量的增大，精矿品位升高，精矿产率下降，当浮选给矿中 -0.074mm 粒级的含量大于 73% 后，精矿品位升高趋缓，而精矿产率却下降迅速。与以水玻璃作抑制剂时的结果类似，当浮选给矿中 -0.074mm 粒级的含量为 77% 时，精矿中 SiO_2 的含量最低。

　　上述试验结果表明，采用水玻璃或六偏磷酸钠作抑制剂时，浮选给矿的适宜粒度为 -0.074mm 占 77%，因而在以后的浮选试验中均采用 -0.074mm 占 77% 的磨矿细度。

3.3.4.2 矿浆 pH 值对浮选效果的影响

用 Na_2CO_3 和盐酸调节矿浆的 pH 值，分别以水玻璃（用量为 1000g/t）和六偏磷酸钠（用量为 100g/t）为抑制剂，以十二胺（用量为 100g/t）为捕收剂，对菱镁矿石进行了反浮选除硅试验。由于矿石中的碳酸盐矿物会与酸反应改变矿浆的 pH 值，所以在试验中，将加抑制剂前和充气浮选前二次测定的矿浆 pH 值的平均值作为浮选过程的矿浆 pH 值。试验结果如图 3-25 所示。

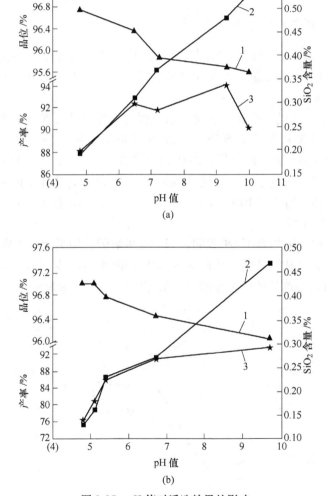

图 3-25 pH 值对浮选效果的影响

（a）水玻璃作抑制剂；（b）六偏磷酸钠作抑制剂

1—精矿品位；2—精矿中 SiO_2 含量；3—精矿产率

图 3-25 中的试验结果表明，以十二胺作为捕收剂，在酸性条件下对菱镁矿石进行浮选除硅和除铁的效果优于其在中性和碱性条件的效果，虽然在碱性条件下精矿产率更高，但除硅效果不佳。

上述试验结果表明，采用水玻璃或六偏磷酸钠作抑制剂、当 pH=5 左右时，浮选指标最好，精矿产率可达 80%以上。由于矿石中碳酸盐矿物的影响，致使浮选矿浆的 pH 值无法精准设定，为保证浮选矿浆 pH 值的一致，在以后的试验中控制盐酸的用量一致。图 3-25 的结果表明，精矿品位最高点对应的盐酸用量均为 2500g/t，因而之后的浮选试验都采用这一盐酸用量以控制矿浆的 pH 值在 5 左右。

3.3.4.3   调整剂对浮选效果的影响

水玻璃和六偏磷酸钠都是浮选菱镁矿石中常用的抑制剂。为确定抑制剂的适宜剂量，在 pH=5、十二胺用量为 100g/t 的条件下，进行了系统的试验研究，结果如图 3-26 所示。

图 3-26（a）中的试验结果表明，水玻璃的添加对矿石颗粒的上浮起到了抑制作用，随着水玻璃用量由 500g/t 增加到 2500g/t，精矿品位呈下降趋势，由 47.0%降至 46.7%，SiO_2 的含量则由 0.16%增加到 0.35%；尽管精矿产率随着水玻璃用量的增加而明显增多，但这也是以 SiO_2 去除率更显著降低为代价的，由此可见，水玻璃的用量在 1000g/t 以内时，可以适当抑制菱镁矿的上浮，又不会过分抑制石英的上浮。

图 3-26（b）中的试验结果表明，当六偏磷酸钠的用量大于 100g/t 以后，会对石英上浮产生明显的抑制，从而导致 SiO_2 去除率的减少；当六偏磷酸钠的用量为 100g/t 时，浮选精矿的指标最好，精矿中 SiO_2 的含量为 0.13%。

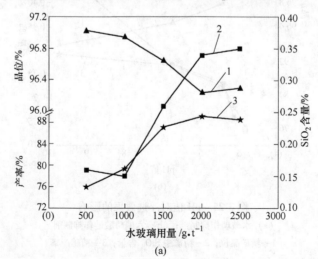

(a)

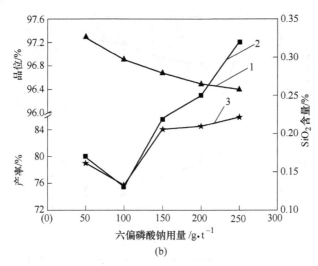

图 3-26　调整剂用量对浮选效果的影响

（a）水玻璃作抑制剂；（b）六偏磷酸钠作抑制剂

1—精矿品位；2—精矿中 SiO$_2$ 含量；3—精矿产率

3.3.4.4　十二胺用量对浮选效果的影响

在 pH＝5、水玻璃和六偏磷酸钠用量分别为 1000g/t 和 100g/t 的条件下，系统地研究了十二胺用量对浮选效果的影响，试验结果如图 3-27 所示。

从图 3-27（a）中可以看出，以水玻璃作抑制剂，十二胺的用量为 200g/t 时，精矿中 SiO$_2$ 的含量为 0.13%，精矿中 MgO 的品位为 97.41%，精矿产率为 61.18%。

当十二胺的用量超过 200g/t 后，继续增加用量，精矿中 SiO$_2$ 的含量、精矿产率均不再明显下降，SiO$_2$ 去除率也不再明显升高，只是精矿的 MgO 品位略微升高；当十二胺的用量由 200g/t 增至 250g/t 时，精矿中 MgO 的品位也仅升高 0.1 个百分点。

图 3-27（b）中的试验结果表明，以六偏磷酸钠作抑制剂时，随十二胺用量的增加，精矿产率下降，而精矿品位在十二胺用量小于 125g/t 时上升，而在十二胺用量大于 125g/t 以后，变化不大，基本稳定在 97.50%。精矿中 SiO$_2$ 的含量在十二胺的用量小于 125g/t 时下降，而在十二胺的用量大于 125g/t 以后，变化不大，基本稳定在 0.11%。

上述试验结果表明，无论采用水玻璃还是六偏磷酸钠作抑制剂，总体趋势都是随着十二胺用量的增加，精矿中 MgO 的品位升高、回收率降低，SiO$_2$ 和 Fe$_2$O$_3$ 的含量降低、去除率升高，同时以六偏磷酸钠作抑制剂的最佳浮选效果要优于以

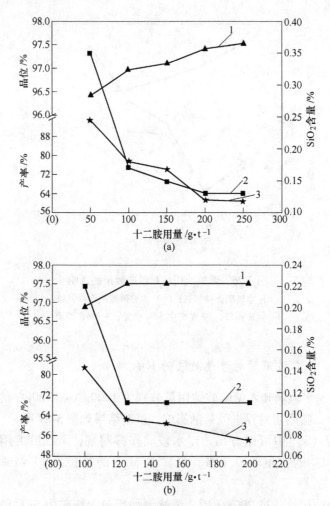

图 3-27   十二胺用量对浮选效果的影响
（a）水玻璃作抑制剂；（b）六偏磷酸钠作抑制剂
1—精矿品位；2—精矿中 SiO₂ 含量；3—精矿产率

水玻璃作抑制剂的最佳浮选效果。

3.3.5   海城镁矿耐火材料总厂低品位堆存粉矿

3.3.5.1   磨矿细度试验

目前海城镁矿耐火材料厂待浮选的低品位堆存粉矿 SiO₂ 含量变化较大，且普遍在 1.5% 以上。因此，以表 2-1 中 D 矿样为研究对象（含 SiO₂ 1.65%）对海城镁矿高硅矿进行试验研究。

磨矿细度是影响浮选指标的重要因素，直接决定有价成分是否单体解离。磨矿细度加大，有助于矿物单体解离度的提高，但也会相应增加矿泥的生成。产生"过磨"效应，影响浮选效果，故进行磨矿细度试验，试验结果如图3-28所示。

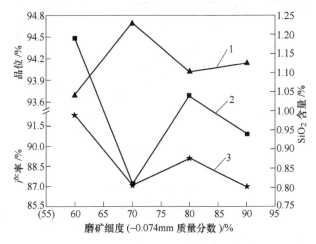

图 3-28　磨矿细度试验结果

1—精矿品位；2—精矿中 SiO_2 品位；3—精矿产率

从图3-28可以看出，磨矿细度的增加，精矿产率呈下降趋势，而精矿品位先增后减，精矿中 SiO_2 含量变化不明显。综合考虑，取磨矿细度为−0.074mm占70%。

3.3.5.2　pH 值试验

反浮选捕收剂采用阳离子型捕收剂，适宜在酸性条件下浮硅。pH 值的大小会影响其在水中的电离，介质 pH 值还会影响以 H^+ 和 OH^- 为定位离子的矿物表面电性，介质 pH 值还会影响矿物的溶解特性，因此，pH 值是影响浮选指标的重要因素，故进行 pH 值试验，试验结果如图3-29所示。

从图3-29可以看出，随着 pH 值的增加，精矿产率呈下降趋势，而精矿品位有增有减，精矿中 SiO_2 含量变化不明显。pH 值为7.5，精矿质量好，而产率太低，做降低反浮选捕收剂用量、提高产率的补充试验，当精矿产率在70%以上时，精矿品位仅为96.80%。研究的目的是在保证质量的前提下，尽可能获得较高产率和回收率，综合考虑，取 pH 值为5.5。

3.3.5.3　水玻璃用量试验

矿石中细粒级矿物较多，且细级别中硅、钙分布率较大，细级别脉石矿物的存在降低浮选过程的选择性。而水玻璃是良好分散剂，为此，进行水玻璃用量试

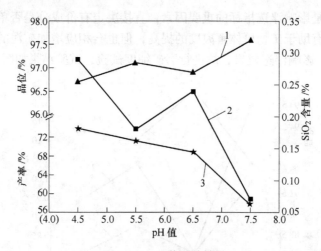

图 3-29　pH 值试验结果
1—精矿品位；2—精矿中 SiO$_2$ 含量；3—精矿产率

验。试验结果如图 3-30 所示。

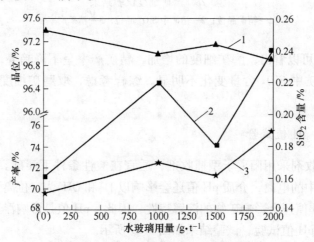

图 3-30　水玻璃用量试验结果
1—精矿品位；2—精矿中 SiO$_2$ 含量；3—精矿产率

从图 3-30 可以看出，随着水玻璃用量的增大，精矿产率呈提高趋势，而精矿品位呈先降后升的趋势。综合考虑，确定水玻璃的用量为 1500g/t。

3.3.5.4　六偏磷酸钠用量试验

六偏磷酸钠作为脉石矿物的选择性活化剂，可明显增强捕收剂对硅酸盐矿物和白云石的捕收作用。另一方面，六偏磷酸钠还是一种无机离子型分散剂，加入矿浆中的六偏磷酸钠电离后，会吸附在硅酸盐矿物及含钙碳酸盐矿物表面。这使矿粒表面负电性增强，矿粒之间静电排斥力增大，粒子就更趋于悬浮分散，加大捕收剂与脉石矿物的作用机会，提高脉石矿物的脱除率。试验结果如图 3-31 所示。

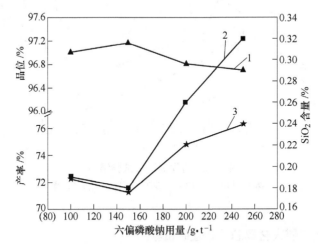

图 3-31　六偏磷酸钠用量试验结果
1—精矿品位；2—精矿中 SiO₂ 含量；3—精矿产率

从图 3-31 可以看出，随着六偏磷酸钠用量的增大，精矿产率呈上升趋势，精矿品位先升后降。六偏磷酸钠用量在 0~150g/t 时，精矿产率略有下降，品位逐步提高，说明六偏磷酸钠对脉石矿物有活化作用。当六偏磷酸钠用量增至 150g/t 以上时，精矿产率开始上升，品位亦呈下降趋势，可能由于过量的六偏磷酸钠吸附在脉石矿物上，对脉石产生抑制作用，因有较多脉石进入菱镁矿中，而使精矿产率升高，精矿品位下降。也说明过量六偏磷酸钠的存在，使浮选的选择性降低，对浮选指标影响较大。综合考虑，确定六偏磷酸钠的用量为 150g/t。

3.3.5.5　捕收剂用量试验

此次试验样品中钙（CaO）含量高达 1.11%，试验研究中考虑除硅效果的同时，还需考虑钙的脱除效果，才能保证精矿质量。为此，对反浮选捕收剂进行了改性研究，以强化钙的脱除，本试验以改性捕收剂 LKD 为捕收剂，考察其用量对浮选指标的影响，试验结果如图 3-32 所示。

从图 3-32 可以看出，随着捕收剂 LKD 用量的增大，精矿产率呈下降趋势，精矿中 CaO 和 SiO₂ 的含量也不断降低。当捕收剂 LKD 用量为 175g/t 时，指标较好，此时精矿产率为 71.22%，精矿中 CaO 和 SiO₂ 的含量分别为 0.60% 和 0.18%，精矿品位为 97.16%。

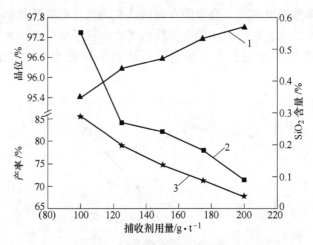

图 3-32 捕收剂用量试验结果

1—精矿品位；2—精矿中 SiO_2 含量；3—精矿产率

3.3.6 海城镁矿耐火材料总厂高硅矿试验

对于菱镁矿石浮选原矿而言，"高硅矿"的概念行业内并没有统一标准。我国菱镁矿生产实践已经经历了约 30 年，2008 年以前，全国仅海城镁矿耐火材料总厂浮选工艺稳定，近 10 年又有 3 到 5 家有浮选工艺，尤其近 2 年，投产或拟建浮选的约十几个单位，从浮选工艺存在的时间及稳定程度看，海城镁矿耐火材料总厂具有很强的代表性。以其为例说明一下菱镁矿浮选原矿和精矿质量要求的演变过程。

随着资源的不断开采利用，浮选原矿的质量不断下降，其中 SiO_2 含量不断升高。2000 年前，浮选原矿 SiO_2 含量一般为 0.5%左右，耐火材料精矿质量要求高；2000 年至 2008 年间，原矿 SiO_2 含量一般为 0.8%左右，浮选原矿性质变化大，精矿质量也不稳定，所以，企业以精矿 SiO_2 含量小于 0.28%，精矿品位大于 97%，在质量符合要求的情况下，产率越高越好，但不能低于 70%。这一时期，人们接受的高硅矿的概念为原矿 SiO_2 含量大于 1%的菱镁矿石，且认为，若 SiO_2 含量大于 1%，精矿 SiO_2 含量不可能降到 0.28 以下；2008 年至 2013 年期间，原矿 SiO_2 含量一般为 1.2%左右，这期间原矿不仅硅含量增加，且是对早年竖窑生产无法利用的粉矿进行筛分，10mm 以上的小颗粒外售，筛下的矿粉则运至选厂。经多年堆积风化，又落入大量的从竖窑中喷出的粉尘，矿石粒度组成较细，矿泥含量偏大。企业要求精矿 SiO_2 含量小于 0.28%，精矿品位大于 97%，在质量符合要求的情况下，产率越高越好，但不能低于 70%。这一时期，人们接受的高硅矿的概念为原矿 SiO_2 含量大于 1.5%的菱镁矿石；2008 年至 2017 年间，

原矿 SiO_2 含量一般为 1.6% 左右，这期间原矿硅含量增加，其他方面与前几年类似。尽管企业仍要求精矿 SiO_2 含量小于 0.28%，但达不到标准的频率较高。加之原矿钙铁杂质较以前高，精矿品位要求大于 96.5%。这一时期，人们接受的高硅矿的概念为原矿 SiO_2 含量大于 2% 的菱镁矿石。

目前，海城镁矿耐火材料总厂耐火材料总厂浮选原矿 SiO_2 含量一般为 2% 左右，其他浮选企业类似，甚至是含硅更多的低品位矿石。

3.3.6.1 不同硅含量堆存粉矿的除杂效果

取海城镁矿 SiO_2 含量为 3.5%（表 2-1 中 E）及 SiO_2 含量为 1.65%（表 2-1 中 D）的高硅风化粉矿，配成 SiO_2 含量约为 2.1%、2.6%、3.1% 的高硅矿，并对 SiO_2 含量为 2.1%、2.6%、3.1% 及 3.5% 的高硅矿进行反浮选提纯试验，探索原矿含硅不同时的精矿质量，因原矿硅含量高，捕收剂用量为 200g/t，流程采用一次粗选三次精选流程。试验结果见表 3-5。

表 3-5 不同硅含量高硅矿的浮选效果 （%）

原矿 SiO_2 含量	产品名称	产率	成　　分						
			CaO	Fe_2O_3	Al_2O_3	SiO_2	IL	MgO	MgO(IL=0)
2.1	精矿	66.00	0.64	0.43	0.13	0.26	51.46	47.09	97.01
	尾矿	34.00	1.87	0.98	0.28	5.73	46.70	44.43	82.52
	原矿	100	1.09	0.65	0.18	2.12	49.84	46.19	92.09
2.6	精矿	65.33	0.67	0.43	0.13	0.37	51.44	46.95	96.70
	尾矿	34.67	1.68	0.95	0.30	6.72	45.30	45.08	81.24
	原矿	100	1.02	0.61	0.19	2.57	49.31	46.3	91.34
3.1	精矿	65.67	0.63	0.44	0.12	0.41	51.35	47.05	96.73
	尾矿	34.33	1.68	0.91	0.29	8.10	44.56	44.46	78.71
	原矿	100	0.99	0.60	0.18	3.05	49.02	46.16	90.55
3.5	精矿	64.67	0.55	0.38	0.13	0.43	51.37	47.17	97.01
	尾矿	35.33	1.54	0.89	0.30	9.03	43.59	44.59	77.27
	原矿	100	0.90	0.56	0.19	3.47	48.62	46.26	90.04

随着原矿 SiO_2 含量增高，精矿 SiO_2 含量增大，原矿 SiO_2 含量在 3.1% 以上时，精矿 SiO_2 含量不再增高；随着原矿 SiO_2 含量增高，原矿及精矿 CaO 含量降低，钙脱除率变化不大。精矿品位先降后升，当原矿 SiO_2 含量为 3.5% 时，精矿品位为 97.01%，精矿中 SiO_2 含量为 0.43%。

3.3.6.2 捕收剂用量对浮选效果的影响

为了提高精矿质量，试验考察了增加捕收剂用量，即降低精矿产率，以探讨

进一步降低精矿中 SiO_2 含量的可能性。试验结果见表3-6。

表3-6　高硅矿捕收剂用量试验　　　　　　　　　　　　（%）

原矿 SiO_2 含量	LKD /g·t⁻¹	产品名称	产率 /%	成　　分						
				CaO	Fe_2O_3	Al_2O_3	SiO_2	IL	MgO	MgO（IL=0）
2.1	200	精矿	66.00	0.64	0.43	0.13	0.26	51.46	47.09	97.01
		尾矿	34.00	1.87	0.98	0.28	5.73	46.70	44.43	82.52
		原矿	100	1.09	0.65	0.18	2.12	49.84	46.19	92.09
2.1	225	精矿	62.33	0.58	0.43	0.12	0.25	51.56	47.06	97.14
		尾矿	37.67	1.83	0.93	0.31	5.24	46.68	45.02	83.67
		原矿	100	1.05	0.62	0.19	2.13	49.72	46.29	92.06
2.6	275	精矿	59.86	0.52	0.42	0.11	0.26	51.32	47.37	97.31
		尾矿	40.14	1.59	0.85	0.30	5.65	47.14	44.48	83.51
		原矿	100	0.97	0.60	0.19	2.53	49.56	46.15	91.49
3.1	300	精矿	55.35	0.50	0.38	0.12	0.38	51.45	47.18	97.18
		尾矿	44.65	1.57	0.82	0.32	6.73	52.16	49.07	92.12
		原矿	100	0.93	0.55	0.20	3.04	49.43	45.85	90.67
3.5	325	精矿	52.89	0.47	0.38	0.13	0.42	51.25	47.35	97.13
		尾矿	47.11	1.27	0.70	0.29	6.49	46.68	44.58	83.00
		原矿	100	0.87	0.54	0.21	3.46	48.96	45.96	90.05
3.5	200	精矿	64.67	0.55	0.38	0.13	0.43	51.37	47.17	97.01
		尾矿	35.33	1.54	0.89	0.30	9.03	43.59	44.59	77.27
		原矿	100	0.90	0.56	0.19	3.47	48.62	46.26	90.04

由表3-6试验结果可以看出，当原矿 SiO_2 含量较大时，相应的捕收剂量加大，捕收剂用量由200g/t增大到32g/t，精矿产率由66%降到52.89%，但精矿 SiO_2 含量并未明显降低；原矿同为2.1%时，捕收剂由200g/t增到225g/t，产率由66%降到62.23%，而精矿 SiO_2 含量由0.26%降至0.25%，只降低0.01个百分点。对比原矿同为3.5%时的试验指标，捕收剂由200g/t增到325g/t，产率由64.67%降到52.89%，而精矿 SiO_2 含量由0.43%降至0.42%，只降低0.01%。可见，采用上述的流程及药剂制度，无法通过增加捕收剂用量、损失产率来提高 SiO_2 脱除效果。需在试验流程及药剂制度上进行进一步研究。但对于 SiO_2 含量为3.5%的高硅矿，仍然可获得精矿 SiO_2 含量小于0.5%，精矿品位大于97%的试验指标。

3.3.7　海城镁矿耐火材料总厂反浮选脱硅的一般规律

3.3.7.1　原矿 SiO_2 含量与精矿产率之间的关系

一般精矿 SiO_2 含量在0.2%以下，精矿品位97%以上的精粉，符合耐火材料的质量要求。试验以表2-1中 A、B、D 及 E 矿样，配成 SiO_2 含量不同的多个矿样。当原矿 SiO_2 含量小于 1.8%，可以获得精矿 SiO_2 含量 0.2%以下、品位 97%以上精矿。在此条件下，考察原矿 SiO_2 含量与精矿产率之间的关系。试验结果及其规律如图 3-33 所示。

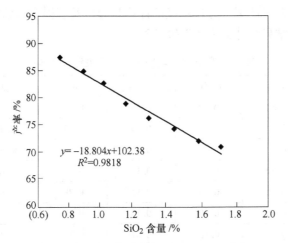

图 3-33 原矿 SiO_2 含量与精矿产率间的关系

图 3-33 研究结果表明，当原矿 SiO_2 含量在 0.8%到 1.8%范围内，采用单一反浮选流程、适宜的磨矿细度及药剂制度下，可获得 SiO_2 含量在 0.2%以下，品位 97%以上的浮选精矿。

由图 3-33 可以看出，当原矿 SiO_2 含量在 0.8%到 1.8%范围内，在获得精矿 SiO_2 含量在 0.2%以下，精矿品位 97%以上的浮选指标时。随着原矿 SiO_2 含量的增高，精矿产率不断降低。当原矿 SiO_2 含量约为 0.73%时，精矿产率可达 89%以上，而原矿 SiO_2 含量为 1.65%时，精矿产率只有 71%左右。原矿 SiO_2 含量与精矿产率呈线性关系，且为负相关。原矿 SiO_2 含量（x）与精矿产率（y）的关系式为：

$$y = -18.804x + 102.38$$

相关系数 $R^2 = 0.9818$。

试验研究还表明，当原矿 SiO_2 含量超过 2%~3%时，采用上述试验流程及药剂制度，精矿 SiO_2 含量约为 0.25%；而当原矿 SiO_2 含量超过 3%~4%时，采用上述试验流程及药剂制度，精矿 SiO_2 含量约为 0.4%，增加捕收剂用量，精矿产率显著降低的条件下，仍无法使精矿 SiO_2 含量达 0.2%以下。

原矿 SiO_2 含量越高，浮选精矿产率会越低，且当原矿 SiO_2 含量高到一定程度，如 SiO_2 含量大于 2%，即使精矿产率很低，采用单一反浮选流程及目前的药剂制度，无法达到精矿 SiO_2 含量在 0.2%以下，精矿品位 97%以上的质量标准。

3.3.7.2 精矿质量与精矿产率之间的关系

对同一原矿而言，精矿产率与精矿质量之间是一对矛盾，若想获得高质量的精矿，需要以损失精矿产率为代价。研究以 B、D 矿样为研究对象，考察不同精矿质量条件下的精矿产率，为技术经济计算与分析及获得合理的技术、经济指标提供依据。试验结果统计见表 3-7 和表 3-8。

表 3-7 精矿产率与精矿质量间关系（B 样）　　　　　　（%）

产率	CaO	Fe_2O_3	Al_2O_3	SiO_2	MgO	MgO（IL=0）
97.38	0.84	0.79	0.19	0.97	46.33	94.23
95.46	0.87	0.74	0.19	0.82	46.37	94.66
94.21	0.74	0.76	0.18	0.83	46.42	94.85
93.73	0.82	0.73	0.15	0.55	46.64	95.40
87.12	0.76	0.68	0.11	0.28	46.97	96.26
83.63	0.65	0.60	0.10	0.22	47.02	96.73
78.22	0.59	0.58	0.07	0.17	47.14	97.11
70.34	0.52	0.50	0.10	0.09	47.23	97.49
100	0.85	0.83	0.19	1.17	46.32	93.81

表 3-8 精矿产率与精矿质量间关系（D 样）　　　　　　（%）

产率	CaO	Fe_2O_3	Al_2O_3	SiO_2	MgO	MgO（IL=0）
87.07	1.02	0.57	0.20	0.81	46.32	94.70
85.89	0.91	0.63	0.19	0.76	46.52	95.01
84.77	0.87	0.57	0.20	0.69	46.70	95.37
82.91	0.79	0.58	0.17	0.50	46.79	95.63
81.38	0.70	0.71	0.17	0.29	46.96	96.17
80.37	0.66	0.66	0.12	0.24	47.02	96.55
79.11	0.58	0.71	0.14	0.24	47.03	96.59
77.46	0.57	0.68	0.13	0.27	46.97	96.62
75.97	0.63	0.63	0.15	0.21	46.99	96.67
74.51	0.59	0.639	0.13	0.24	46.87	96.70
72.88	0.57	0.63	0.12	0.15	47.08	96.95
71.22	0.60	0.44	0.16	0.18	47.12	97.16
100	1.11	0.79	0.22	1.65	46.25	92.48

由表 3-7 和表 3-8 可以看出，对于同一原矿，随着浮选精矿质量提高，即精

矿品位提高，相应的 SiO_2 含量降低，精矿产率下降。对于 SiO_2 含量为 1.17%、MgO 含量为 93.81% 的原矿，当获得精矿 SiO_2 含量低于 0.2%、MgO 含量高于 97% 的精矿，精矿产率可达 78%。对于 SiO_2 含量为 1.65%、MgO 含量为 92.48% 的原矿，当获得精矿 SiO_2 含量低于 0.2%、MgO 含量高于 97% 的精矿，精矿产率为 71% 左右。

3.3.7.3 捕收剂用量与精矿产率之间的关系

经条件考察试验可知，对于海城镁矿耐火材料总厂堆存矿石，原矿品位（MgO 含量）不同，相应的 SiO_2 含量不同时，对分选指标影响较大的因素是捕收剂用量的变化。其他分选条件为：适宜的磨矿细度为 -0.074mm 占 70%~75%，适宜的 pH 值为 5.5，调整剂六偏磷酸钠及水玻璃的适宜用量为 150g/t 和 1500g/t。捕收剂用量与精矿产率之间的关系如图 3-34 所示。

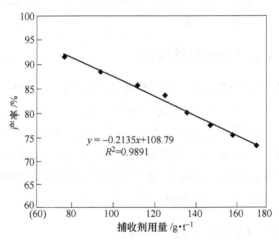

图 3-34 捕收剂用量与精矿产率间的关系

由图 3-34 结果可以看出，随着捕收剂用量增加，精矿产率不断降低。捕收剂用量与精矿产率服从线性关系，且为负相关。捕收剂用量（x）与精矿产率（y）的关系式为：

$$y = -0.2135\,x + 108.79$$

相关系数 $R^2 = 0.9891$。

4 菱镁矿石中钙的脱除

菱镁矿石中主要杂质元素为硅、钙和铁，而对钙的要求不同于硅和铁，一般而言，精矿中硅和铁越低越好，而钙并不是越低越好，当精矿品位符合要求时，$m(CaO)/m(SiO_2) \geqslant 2$ 时，可以生产质量好的耐火材料——二钙砂。且反浮选除硅时，可去除部分 CaO，例如，当原矿中 CaO 含量为 0.6%~0.8%时，反浮选后精矿中 CaO 含量一般约为 0.5%~0.6%，而优质精矿一般要求 SiO_2 含量为 0.28%以下，CaO 含量符合质量要求。因此，一般当菱镁矿石中 CaO 含量为 0.8%~1.0%时，才需考虑钙的脱除。

4.1 单矿物及人工混合矿浮选试验

在菱镁矿浮选中常用的捕收剂有胺类捕收剂和脂肪酸类捕收剂。本章节使用了 LKD、油酸钠、RA-715 三种捕收剂，对纯矿物浮游行为进行了研究。LKD 是辽宁科技大学矿物研究所自主研制的阳离子捕收剂。RA-715 是安徽马鞍山矿山研究院研发的用于鞍千矿业铁矿浮选的药剂。分三个体系考查捕收剂种类及用量、矿浆 pH 值、抑制剂种类及用量、温度等因素对菱镁矿和白云石可浮性的影响。以期寻找一种新的适宜分选两种矿物的反浮选工艺方法。

4.1.1 捕收剂 LKD 体系单矿物的浮选试验

以 LKD 为捕收剂，对菱镁矿和白云石单矿物进行不同条件的考察实验。

4.1.1.1 LKD 体系下菱镁矿和白云石纯矿物的天然可浮性

在自然 pH 值、无调整剂条件下，考察菱镁矿和白云石上浮率随捕收剂 LKD 用量的变化。每次取 3g 矿于 30mL 浮选槽中进行浮选。两种矿物上浮率随捕收剂 LKD 用量的变化如图 4-1 所示。

从图 4-1 中可知，随着捕收剂 LKD 用量的增加，两种矿物的上浮率逐渐增加，菱镁矿的上浮率增加幅度明显大于白云石的。并且 LKD 对白云石的捕收能力明显强于捕收菱镁矿的能力，随着捕收剂用量的增加这种差距越来越小。考虑到纯矿物的上浮率及两种矿物的上浮差距，可选取捕收剂 LKD 用量为 180mg/L 进行下一步试验研究。

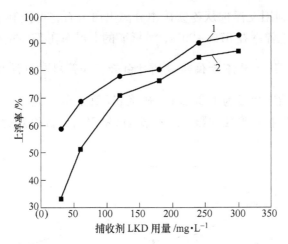

图 4-1 捕收剂 LKD 用量对菱镁矿和白云石可浮性的影响

1—白云石；2—菱镁矿

4.1.1.2 LKD 体系下 pH 值对菱镁矿和白云石可浮性的影响

以 180mg/L 的 LKD 作为捕收剂，用 5% 盐酸和 1% 氢氧化钠调节 pH 值，考察在不同 pH 值环境下菱镁矿和白云石单矿物的浮游性。试验结果如图 4-2 所示。

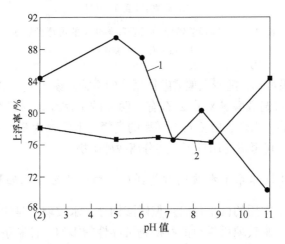

图 4-2 矿浆 pH 值对菱镁矿和白云石可浮性的影响

1—白云石；2—菱镁矿

由图 4-2 可以得出，pH 值在 2~9 时菱镁矿的上浮率变化不大，稳定在 75%~80% 之间，上浮率最大在 pH 值为 11 时，高达 84.32%。矿浆 pH 值对白云石的可浮性有着很大的影响，当 pH 值小于 5 时，白云石上浮率随着 pH 值的增大不断增加，在 pH 值为 5 时取得最大值 89.46%。当 pH 值大于 5 时，白云石上浮率逐渐减小。综合考虑利用反浮选从菱镁矿中分离出白云石，可控制 pH 值在 5~6 之间，此时白云石上浮率在 87%~90%，菱镁矿的上浮率在 77% 左右。

4.1.1.3 LKD 体系下六偏磷酸钠对白云石和菱镁矿可浮性的影响

在确定了捕收剂用量为 180mg/L，矿浆 pH 值为 5~6 之后，进一步考察六偏磷酸钠对两种纯矿物可浮性的影响。六偏磷酸钠对白云石和菱镁矿的上浮率影响如图 4-3 所示。

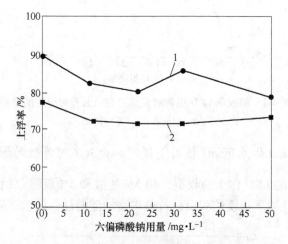

图 4-3 六偏磷酸钠对白云石和菱镁矿的可浮性影响
1—白云石；2—菱镁矿

由图 4-3 结果可知，随着六偏磷酸钠用量的增加菱镁矿上浮率先降低后几乎稳定在 70% 左右，六偏磷酸钠对白云石有着明显的抑制作用，但在用量为 30mg/L 时，抑制有所减弱，出现了白云石上浮率的高峰，上浮率为 85.73%，较菱镁矿的上浮率高出 15%。可考虑此用量下浮选分离两种矿物。

4.1.1.4 LKD 体系下水玻璃对菱镁矿和白云石可浮性的影响

菱镁矿浮选中常用的调整剂除六偏磷酸钠外，水玻璃也是常用的调整剂。因此，进一步考察了水玻璃用量对两种矿物可浮性的影响。控制条件 pH=5~6，捕收剂 LKD 用量 180mg/L。试验结果如图 4-4 所示。

从图 4-4 中知，水玻璃对菱镁矿和白云石的抑制性明显弱于六偏磷酸钠。因此，加大药剂量对其进行了考察。水玻璃对白云石和菱镁矿都有一定的抑制作用，当用量在 200~300mg/L 时，两种矿物的上浮差距最为明显，考虑到药剂成本，可选取用量为 200mg/L 来作进一步考察。此时白云石的上浮率高于菱镁矿 16 个百分点。

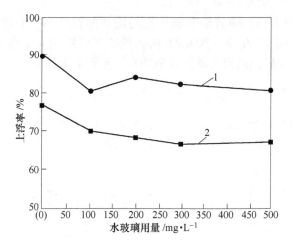

图 4-4 水玻璃用量对菱镁矿和白云石纯矿物可浮性的影响

1—白云石；2—菱镁矿

4.1.2 油酸钠体系单矿物的浮选试验

以菱镁矿正浮选选矿中常用的油酸钠为捕收剂，探究其反浮选脱硅脱钙的可行性。每次取样品 3g 于 30mL 浮选槽内，加入 27mL 水，控制浮选机搅拌转数为 1800r/min。

4.1.2.1 菱镁矿和白云石纯矿物的天然可浮性

在自然 pH 值下，不添加任何调整剂，探究两种矿物的可浮性与油酸钠用量的关系。结果如图 4-5 所示。

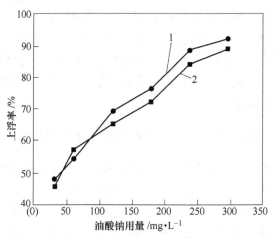

图 4-5 菱镁矿与白云石上浮率与油酸钠用量的关系

1—白云石；2—菱镁矿

由图 4-5 可以看出，随着油酸钠用量的增加两种矿物的上浮率均不断增加。仅在捕收剂油酸钠用量在 50~80mg/L 时，菱镁矿可浮性大于白云石可浮性。当用量大于 100mg/L 后，白云石的上浮率均大于菱镁矿上浮率。

4.1.2.2　pH 值对菱镁矿和白云石可浮性的影响

在油酸钠为捕收剂情况下，以盐酸和氢氧化钠为调整剂，考察了 pH 值对两种纯矿物可浮性的影响。试验结果如图 4-6 所示。

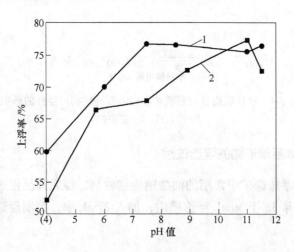

图 4-6　矿浆 pH 值对菱镁矿和白云石可浮性的影响
1—白云石；2—菱镁矿

由图 4-6 可知，随着矿浆 pH 值的增加，白云石的上浮率不断增加，在 pH =7.5 时，白云石的上浮率取得最大值 76.84%，当 pH 值大于 7.5 后，白云石的上浮率变化不大，基本稳定在 76% 左右。菱镁矿上浮率随着 pH 值的增加也不断增加，但增加速度明显不如白云石的，其在 pH = 11 时取得最大值。若考虑采用反浮选方法从菱镁矿中脱除白云石，可考虑在矿浆 pH = 7.5 时浮选，此时白云石的上浮率比菱镁矿上浮率高 10%。

4.1.2.3　六偏磷酸钠对白云石和菱镁矿可浮性的影响

在 pH = 7.5 条件下，油酸钠用量为 240mg/L，考察六偏磷酸钠用量对白云石和菱镁矿两种矿物上浮率的影响。其结果如图 4-7 所示。

由图 4-7 可知，六偏磷酸钠对白云石的抑制作用非常明显，用量越大抑制效果越明显；而六偏磷酸钠对菱镁矿的可浮性也有一定抑制作用，但抑制效果相对白云石的抑制效果明显弱了很多。在六偏磷酸钠用量为零时，白云石的上浮率远远大于菱镁矿的，因此可选取无六偏磷酸钠情况下浮选除钙。

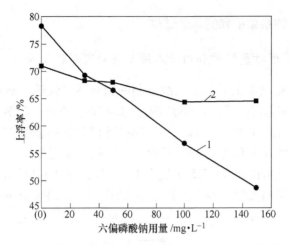

图 4-7 六偏磷酸钠用量对菱镁矿和白云石可浮性的影响
1—白云石；2—菱镁矿

4.1.2.4 水玻璃对菱镁矿和白云石可浮性的影响

水玻璃是菱镁矿选矿中常用的调整剂，也是常规的碳酸盐抑制药剂。在油酸钠 240mg/L，pH 值为 7.5 下，对水玻璃用量进行考察试验。结果如图 4-8 所示。

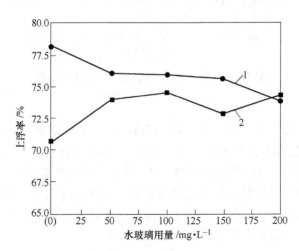

图 4-8 水玻璃用量对菱镁矿和白云石可浮性的影响
1—白云石；2—菱镁矿

从图 4-8 中看出，水玻璃对白云石有一定的抑制作用，用量越大抑制越明显；但水玻璃对菱镁矿几乎没有抑制作用，甚至在一定情况下促进了菱镁矿的上浮。在不添加水玻璃情况下，两种矿物的上浮率相差最大。

4.1.3　RA-715体系单矿物的浮选试验

4.1.3.1　温度对菱镁矿和白云石纯矿物的可浮性影响

RA-715 为安徽马鞍山矿山研究院研制的脂肪酸改性选矿药剂，目前该药剂已被广泛用于鞍钢集团鞍千矿业铁矿选矿。经实验室研究该药剂对菱镁矿等碳酸盐矿物也有很强的捕收作用，因此，以 RA-715 浮选提纯菱镁矿存在一定的可能性。鞍千矿业使用该药剂需在 40℃ 环境下，因此先探究温度对其捕收菱镁矿和白云石的影响。在捕收剂 RA-715 用量为 240mg/L，浮选 pH 值在自然值下 8.75~8.95 时，考察温度对菱镁矿和白云石可浮性的影响。结果如图 4-9 所示。

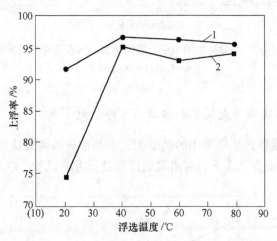

图 4-9　温度对菱镁矿和白云石可浮性的影响
1—白云石；2—菱镁矿

从图 4-9 可知，升高温度均能增加 RA-715 对菱镁矿和白云石的捕收能力。温度对 RA-715 捕收白云石的影响并不明显，在 40℃ 时白云石的上浮率最高，为 96.89%；而温度的升高却能显著提高 RA-715 捕收菱镁矿的能力，同样也在 40℃ 时菱镁矿的上浮率取得最大值，之后菱镁矿上浮率趋于稳定。温度在 20℃ 时两者的上浮率差距最大，此温度下白云石的上浮率高于菱镁矿的上浮率 17 个百分点之多，可考虑在此温度下对两者进行浮选分离。

4.1.3.2　pH值对菱镁矿和白云石可浮性的影响

在考察完温度之后，同样对 RA-715 的浮选 pH 值进行了探究。温度为室温 20℃，RA-715 的用量为 240mg/L。试验结果如图 4-10 所示。

从图 4-10 可以总结出随着 pH 值的增加，白云石的上浮率不断增加，菱镁矿的上浮率先降低后急剧增加。两者的上浮差距最明显位置出现在 pH = 8.75~

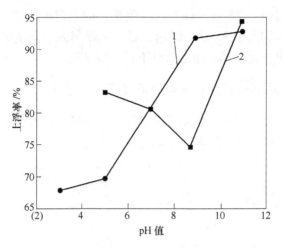

图 4-10　矿浆 pH 值对菱镁矿和白云石可浮性的影响
1—白云石；2—菱镁矿

8.95，此时白云石上浮率为 91.77%，菱镁矿上浮率为 74.46%。

4.1.3.3　六偏磷酸钠对白云石和菱镁矿可浮性的影响

在自然 pH 值（8.75~8.95），捕收剂 RA-715 为 240mg/L 条件下，对六偏磷酸钠用量进行了试验研究，试验结果如图 4-11 所示。

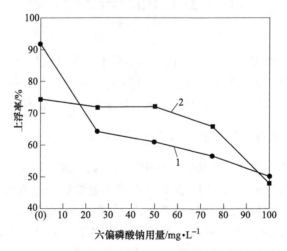

图 4-11　六偏磷酸钠用量对白云石和菱镁矿可浮性的影响
1—白云石；2—菱镁矿

图 4-11 试验结果显示，RA-715 对菱镁矿和白云石捕收能力随着六偏磷酸钠用量的增加不断减弱。六偏磷酸钠对白云石的抑制效果强于对菱镁矿的抑制效

果。六偏磷酸钠用量在 15~95mg/L 时，菱镁矿的上浮率大于白云石的上浮率，用量在 0~15mg/L 和大于 95mg/L 时白云石的上浮率大于菱镁矿的上浮率。若考虑反浮选除钙，可在无六偏磷酸钠条件下进一步试验。

4.1.3.4 水玻璃对菱镁矿和白云石可浮性的影响

在 pH 值为 8.75~8.95，捕收剂为 240mg/L 条件下，考察水玻璃用量对 RA-715 捕收两种矿物的影响，试验结果如图 4-12 所示。

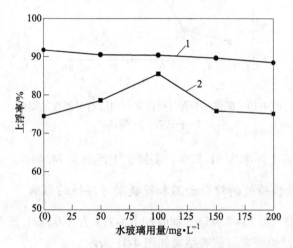

图 4-12 水玻璃用量对纯矿物可浮性的影响
1—白云石；2—菱镁矿

从图 4-12 可以得出，RA-715 做捕收剂情况下，水玻璃对两种矿物的上浮率影响均不大。在水玻璃为 100mg/L 时，其对菱镁矿不但没有抑制作用反而促进了 RA-715 对菱镁矿的捕收。综合考虑，可在不添加水玻璃情况下浮选分离两种矿物。

4.1.3.5 淀粉对菱镁矿和白云石可浮性的影响

六偏磷酸钠和水玻璃是菱镁矿选矿中常用的调整剂，苛化淀粉也是选矿中常用的抑制剂，在鞍千矿业 RA-715 铁矿浮选中淀粉被广泛地应用。因此，考察淀粉对 RA-715 捕收两种矿物的影响是必要的。试验结果如图 4-13 所示。

图 4-13 表明，淀粉用量增加，菱镁矿上浮率先增加后呈下降趋势；白云石上浮率随着淀粉用量的增加逐渐减小。若考虑正浮选除钙可在淀粉用量 180~300mg/L 下考察；若考虑反浮选除钙，可选取不添加淀粉。

4.1.4 单矿物混合矿浮选试验

在单矿物试验基础上，进行了单矿物混合矿试验。把菱镁矿单矿物和白云石

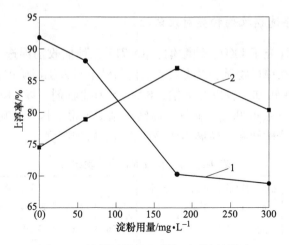

图 4-13 淀粉用量对纯矿物可浮性的影响
1—白云石；2—菱镁矿

单矿物按照 19∶1 进行人工混矿。浮选试验每次取 5g 矿，加入 25mL 水，用 30mL 浮选机在转数为 1800r/min 下进行反浮选除钙试验。

4.1.4.1 以 LKD 为捕收剂时混合矿的浮选试验

在单矿物试验时，考察了以 LKD 为捕收剂浮选分离菱镁矿和白云石的可行性。认为添加六偏磷酸钠、水玻璃有助于浮选分离两种矿物。因此，在人工混矿试验中进一步做了调整剂单用和混用的对比验证试验。在捕收剂为 180mg/L，pH 值为 5.5 下，进行了调整剂单用和混用对比试验，试验结果见表 4-1。

表 4-1 调整剂考察试验结果

调整剂用量/mg·L⁻¹		产品名称	产率/%	成分/%				
六偏磷酸钠	水玻璃			SiO_2	CaO	Fe_2O_3	Al_2O_3	MgO(IL=0)
0	0	精矿	44.78	0.06	1.75	0.22	0.08	95.69
30	0		41.80	0.06	1.63	0.20	0.09	95.96
0	200		45.19	0.04	1.56	0.21	0.08	96.14
30	200		44.85	0.04	1.43	0.20	0.08	96.42
		浮选原矿	100.00	0.12	2.11	0.20	0.12	94.80

由表 4-1 知，使用六偏磷酸钠或水玻璃均能显著降低精矿的 CaO 品位提高 MgO 品位。但相比两种调整剂单用，两种药剂搭配使用可获得更优的试验指标，混用时精矿品位为 94.80%，CaO 含量为 1.43%，这比不添加任何调整剂或六偏磷酸钠、水玻璃单用均有明显的优势。

4.1.4.2 浮选捕收剂种类对比试验

单矿物试验探究了 LKD、油酸钠、RA-715 三种捕收剂浮选分离菱镁矿和白云石的可行性。在单矿物试验及考察的最优条件下对人工混矿进行验证试验。

从表 4-2 结果可知，较以油酸钠、RA-715 为捕收剂，以 LKD 为捕收剂时可在相对较高产率下获得低硅、低钙、高镁的精矿产品。因此，确定了以 LKD 为捕收剂，以六偏磷酸钠和水玻璃为调整剂的药剂搭配制度。

表 4-2 浮选捕收剂种类试验结果

调整剂用量/mg·L⁻¹		捕收剂用量 /mg·L⁻¹	产品 类型	产率 /%	成分/%				
六偏磷酸钠	水玻璃				SiO_2	CaO	Fe_2O_3	Al_2O_3	MgO(IL=0)
0	0	油酸钠 240	精矿	35.29	0.06	1.61	0.20	0.14	95.96
0	0	RA-715 240		38.27	0.07	1.57	0.20	0.13	96.05
30	200	LKD 180		44.85	0.04	1.43	0.20	0.08	96.42
			原矿	100.00	0.12	2.11	0.20	0.12	94.80

4.2 单矿物及人工混合矿酸浸试验

4.2.1 单矿物的酸浸试验

在单矿物浮选时，发现菱镁矿和白云石矿浆在强酸环境下 pH 值很难趋于稳定，且短时间内 pH 值变化很大，特别是白云石矿浆尤为明显。因此，可初步断定菱镁矿和白云石在强酸环境下浸出速率有差距，可利用此差距对两种矿物进行浸出分离。条件考察实验（除矿浆浓度试验），每次取 0.3g 矿和 30mL 水置于 50mL 烧杯中，以 JJ-IA 数显电动搅拌器搅拌，过程中以 36% 浓盐酸控制 pH 值，酸浸 3min（特殊说明除外）后将烧杯内产品在 60℃ 下烘干称量。

4.2.1.1 搅拌转数对纯矿物浸出率的影响

足够的搅拌速率，能够使矿浆中矿物颗粒充分悬浮起来，增加了矿粒与溶液介质的接触面积，从而促进介质对矿物的浸出。在矿浆浓度为 1%，pH=1 条件下，考察机械搅拌速度对矿物浸出速率的影响，试验结果如图 4-14 所示。

从图 4-14 可知，机械转数对菱镁矿的浸出率影响并不明显；随着搅拌速率的增加白云石的浸出率出现了缓慢增加。因此增加搅拌转数可以在一定程度上增加两种矿物的酸浸分离。

4.2.1.2 酸浸时间对纯矿物浸出率的影响

除机械搅拌速率对矿物浸出率有影响外，充足的酸浸时间也能够很大的提高

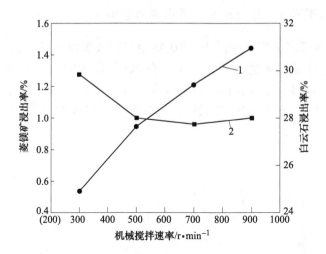

图 4-14　机械搅拌转数对纯矿物浸出率的影响

1—白云石；2—菱镁矿

矿物的浸出率。在 pH = 1，矿浆浓度为 1%，搅拌转数为 700r/min 条件下，进行酸浸时间对矿物浸出率的影响试验，试验结果如图 4-15 所示。

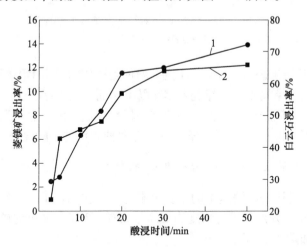

图 4-15　酸浸时间对纯矿物浸出率的影响

1—白云石；2—菱镁矿

　　由图 4-15 知，随着酸浸时间的增加，两种矿物的浸出速率均逐渐增加。但菱镁矿的浸出率及浸出增幅明显小于白云石。菱镁矿的浸出率随时间的增加而缓慢增加，白云石浸出率在 0~20min 时急剧增加，当时间大于 20min 后浸出率增加趋于缓慢。

4.2.1.3　酸浸 pH 值对纯矿物浸出率的影响

酸浸的主要原理是溶液中的 H⁺ 和矿物中的碳酸根发生反应。因此，矿浆中的 H⁺ 浓度能严重影响矿物的浸出速率。在 50mL 烧杯中加入 0.3g 矿样、30mL 水，控制 JJ-IA 数显电动搅拌器转速为 700r/min，酸浸 5min，以浓盐酸调节 pH 值，考察 pH 值对纯矿物浸出率的影响，试验结果如图 4-16 所示。

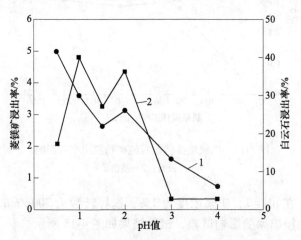

图 4-16　酸浸矿浆 pH 值对纯矿物浸出率的影响
1—白云石；2—菱镁矿

图 4-16 试验结果表明，随着 pH 值的增加菱镁矿的浸出率不断减小，但自始至终菱镁矿的浸出率均不高，维持在 5% 以下；而白云石的浸出率随着 pH 值的增加有着明显的降低趋势，但强酸环境需要耗费大量药剂，也对设备造成严重的腐蚀。因此，可考虑在 pH=1~2 条件下，对两种矿物进行酸浸分离。

4.2.1.4　矿浆浓度对纯矿物浸出率的影响

矿浆浓度也是影响酸浸速率的重要因素之一。在 pH=1~2，转速为 300r/min 条件下酸浸 3min，分别对质量浓度为 10%、20%、30%、40% 的矿浆进行酸浸考察试验，结果如图 4-17 所示。

从图 4-17 中，不难看出菱镁矿的浸出率一直很低，而白云石的浸出率却受浓度的影响很大，在质量浓度为 10%~30% 时，白云石的浸出率随着矿浆浓度的增加逐渐减小，当浓度大于 30% 后浸出率变化趋于平缓。因此，在考虑各项因素可行的情况下应尽量降低酸浸的矿浆浓度。

4.2.2　单矿物及人工混合矿的酸浸考察试验

在单矿物酸浸试验得出的最优条件，浓度在 20%~30%，转速为 700r/min

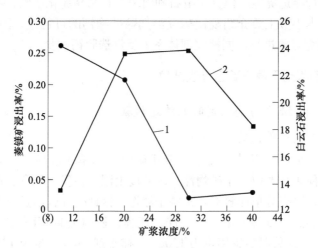

图 4-17　酸浸矿浆浓度对纯矿物浸出率的影响

1—白云石；2—菱镁矿

时，对人工混矿进行酸浸考察试验，试验结果见表 4-3。

表 4-3　单矿物及人工混合矿酸浸考察试验结果

酸浸时间 /min	酸浸 pH 值	名称	产率/%	成分/%				
				SiO$_2$	CaO	Fe$_2$O$_3$	Al$_2$O$_3$	MgO(IL=0)
20	1~2	精矿	90.87	0.12	0.75	0.20	0.14	97.53
40	2~3		92.29	0.15	0.99	0.20	0.15	96.96
40	1~2		88.28	0.13	0.56	0.21	0.15	97.84
		原矿	100.00	0.12	2.11	0.20	0.12	94.80

从表 4-3 知，在相同 pH 值环境下，时间越长酸浸脱钙效果越明显，酸浸 40min，精矿 CaO 品位为 0.56%，较酸浸 20min 精矿中 CaO 品位降低了 0.2 个百分点，此时产率仅损失了 2 个百分点。在酸浸时间相同情况下，酸浸 pH 值对其影响更为明显，同样酸浸 40min，pH 值为 2~3 时精矿中 CaO 品位却高达 0.99%，较 pH 值为 1~2 情况下精矿中 CaO 品位高了 0.4 个百分点。因此，确定了 pH = 1~2、酸浸 40min 的人工混合矿酸浸最优条件。

4.3　菱镁矿石去除钙试验

矿石中含镁矿物主要为菱镁矿，杂质矿物为石英、白云石、滑石、斜绿泥石和铁质等。依据菱镁矿与脉石矿物颗粒表面物理化学性质的差异，可利用浮选工艺对菱镁矿进行浮选提纯。但其中滑石和斜绿泥石属易泥化矿物，在浮选选矿时应特别注意。本小节主要介绍菱镁矿反浮选除硅除钙的可行性。因此，以表 2-1 中 B 矿样为研究对象进行不同捕收剂体系下反浮选脱钙试验。

4.3.1 单一捕收剂下菱镁矿石浮选试验

4.3.1.1 以 LKD 为捕收剂时的浮选试验

A 磨矿细度条件试验

适宜的磨矿细度可以使矿石中的有用矿物达到单体解离，从而更有利于浮选。过磨则会使矿物颗粒小于矿物浮选的粒度上限，易发生泥化；磨矿时间太短则不能使有用矿物充分单体解离，不益于浮选。因此，浮选前进行磨矿细度考察试验是极为必要的。试验采用一次反浮选流程，控制试验 pH 值为 5.5，水玻璃用量为 1500g/t，六偏磷酸钠用量为 150g/t，捕收剂 LKD 用量为 125g/t（条件考察后，采用考察后的条件），磨矿细度试验结果如图 4-18 所示。

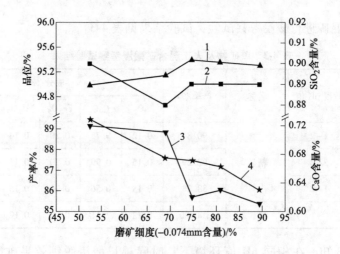

图 4-18 磨矿细度试验结果

1—精矿品位；2—精矿中 SiO₂ 含量；3—精矿中 CaO 含量；4—精矿产率

从图 4-18 试验结果可知，随着磨矿细度的增加，精矿产率不断减小，精矿中 MgO 品位先增加后减小。当磨矿细度 −0.074mm 含量超过 74.60% 时，精矿中 MgO 品位出现了明显下降且精矿产率继续降低，这有可能是磨矿时间过长，致使浮选矿石颗粒过细产生的泥化现象，不利于菱镁矿的浮选提纯。综合考虑，选择 −0.074mm 含量 74.60% 为适宜的磨矿细度。此时，精矿品位 95.40%，精矿产率为 87.46%。

B　矿浆 pH 值试验

矿浆酸碱度（pH 值）在矿物浮选中起着至关重要的作用。矿浆 pH 值可在一定程度上改变矿物表面的亲疏水性及电性。本试验所使用的捕收剂 LKD 为阳离子捕收剂，其在溶液中的解离受介质的 pH 值影响较大。因此，需要进行 pH 值试验，以确定最佳 pH 值。试验以盐酸为 pH 值调整剂，流程为一次反浮选，考察矿浆 pH 值，结果如图 4-19 所示。

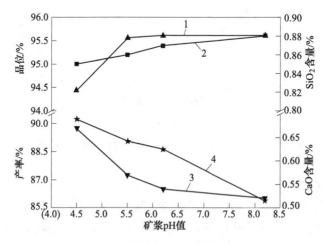

图 4-19　矿浆 pH 值试验结果

1—精矿品位；2—精矿中 SiO₂ 含量；3—精矿中 CaO 含量；4—精矿产率

从图 4-19 矿浆 pH 值试验结果得出，随着矿浆 pH 值的增大，浮选精矿产率不断降低，精矿 MgO 品位不断增加。当 pH 值大于 5.5 时，精矿 MgO 品位随 pH 值的增加变化不大，产率明显下降。结合精矿综合指标，确定浮选时矿浆 pH 值为 5.5。

C　六偏磷酸钠用量考察试验

六偏磷酸钠在选矿中常用作方解石、菱镁矿、石灰石等碳酸盐的抑制剂。在菱镁矿选矿产业中，常常以十二胺为捕收剂，水玻璃搭配六偏磷酸钠作调整剂，浮选分离菱镁矿与石英、硅酸盐等脉石矿物。在磨矿细度 -0.074 mm 含量 74.6% 条件下，控制试验 pH 值为 5.5，水玻璃用量为 1500g/t，捕收剂 LKD 用量为 125g/t，探究六偏磷酸钠用量对浮选效果影响，试验结果如图 4-20 所示。

从图 4-20 可以看出，随着六偏磷酸钠用量的增加，精矿的产率呈下降趋势，精矿品位先增加后降低。当六偏磷酸钠用量大于 150g/t 时，精矿品位呈降低趋向。这可能是由于六偏磷酸钠用量过大，致使一定量的六偏磷酸钠吸附在石英、硅酸盐等脉石矿物上，抑制其上浮。综合对比，选择六偏磷酸钠用量 150g/t 为适合的用量。

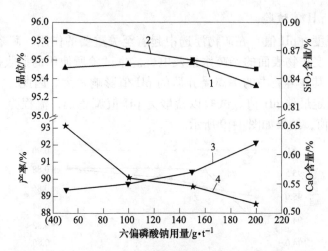

图 4-20　六偏磷酸钠用量试验结果

1—精矿品位；2—精矿中 SiO₂ 含量；3—精矿中 CaO 含量；4—精矿产率

D　水玻璃用量试验

水玻璃是菱镁矿浮选中常用的调整剂，起着分散细泥的作用，并且在一定程度上抑制菱镁矿上浮。在菱镁矿浮选中水玻璃常与六偏磷酸钠搭配使用，以获得较好的精矿指标，更好发挥其作用。在磨矿细度 -0.074mm 含量为 74.6% 条件下，控制试验 pH 值为 5.5，六偏磷酸钠用量为 150g/t，捕收剂用量为 125g/t，进行水玻璃用量试验。试验结果如图 4-21 所示。

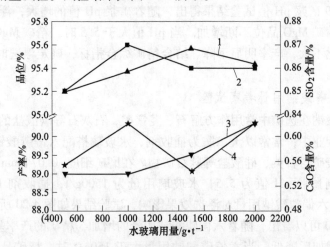

图 4-21　水玻璃用量试验结果

1—精矿品位；2—精矿中 SiO₂ 含量；3—精矿中 CaO 含量；4—精矿产率

由图 4-21 可以得出，精矿产率随着水玻璃用量的增加整体变化不明显，当用量在 1000~2000g/t 时，精矿产率略微降低后增加。精矿品位随着水玻璃用量的增加先增加后降低，在水玻璃用量为 1500g/t 时，精矿品位最高，为 95.57%，产率为 89.60%。综合对比，选取水玻璃用量为 1500g/t。

E 捕收剂 LKD 用量试验

适宜的捕收剂浓度有利于矿物的浮选，浓度过低时吸附量过小，浮选回收率低；捕收剂浓度过高时，吸附量可继续增大，但浮选回收率却不再升高，甚至反而下降。以 LKD 为捕收剂，开展捕收剂用量试验。在磨矿细度−0.074mm含量为 74.60%，pH 值为 5.5，六偏磷酸钠用量为 150g/t，水玻璃用量为1500g/t，采用一次粗选二次精选流程进行了捕收剂的用量试验，结果如图4-22所示。

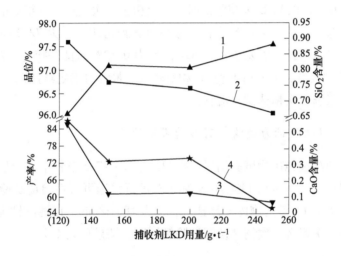

图 4-22 捕收剂 LKD 用量试验结果

1—精矿品位；2—精矿中 SiO$_2$ 含量；3—精矿中 CaO 含量；4—精矿产率

图 4-22 试验结果表明，随着捕收剂用量的增加，精矿产率整体呈降低趋势，MgO 品位整体呈增加趋势。捕收剂 LKD 在 150~200g/t 时，精矿产率和品位变化都不明显，当用量为 150g/t 时，精矿品位取得最大值为 97.10%，此时精矿产率为 72.28%。综合对比，选取捕收剂 LKD 为 150g/t。

F 流程试验

通过以上浮选条件考察试验确定了最佳浮选药剂种类和用量，在此基础上进一步进行了浮选流程次数试验。以捕收剂 LKD 用量为 150g/t 进行了一次粗选一次精选的二次浮选和一次粗选二次精选的三次浮选试验，试验结果见表4-4。

表 4-4　流程对比试验结果　　　　　　　　（%）

流程	产品	产率	成　　分				
			CaO	Fe₂O₃	Al₂O₃	SiO₂	MgO(IL=0)
一次粗选 一次精选	精矿	83.32	0.81	0.59	0.06	0.33	96.36
	尾矿	16.68	1.24	1.19	1.26	5.07	83.50
	原矿	100.00	0.88	0.69	0.26	1.12	94.22
一次粗选 二次精选	精矿	72.28	0.76	0.50	0.02	0.12	97.10
	尾矿	27.72	1.21	1.15	0.83	3.72	86.68
	原矿	100.00	0.88	0.68	0.24	1.12	94.21

由表 4-4 得出，以 LKD 为捕收剂时，一次粗选二次精选浮选精矿的各项指标均优于一次粗选一次精选的精矿指标。最终可获得精矿产率为 72.28%，精矿品位为 97.10%，CaO 含量为 0.76%，SiO₂ 含量为 0.12%的良好指标。精矿中 Si、Fe、Al 含量相对较低，但 Ca 的含量还相对较高，最终可确定浮选采用以 LKD 为捕收剂的一次粗选二次精选试验流程。

4.3.1.2　以油酸钠为捕收剂时浮选考察试验

根据油酸钠浮选纯矿物试验结果，控制矿浆 pH=7.5 条件下，分别以油酸钠用量 50g/t、75g/t、125g/t 对菱镁矿实际矿石进行浮选可行性验证试验。取 400g 矿样、600mL 水于 1L 浮选槽内，浮选机转速为 1800r/min，以油酸钠为捕收剂对菱镁矿石进行一次粗选一次精选反浮选除钙探究，结果见表 4-5。

表 4-5　油酸钠浮选时捕收剂用量试验结果

油酸钠用量 /g·t⁻¹	产品名称	产率/%	成分/%				
			CaO	Fe₂O₃	Al₂O₃	SiO₂	MgO(IL=0)
50	精矿	73.35	0.92	0.66	0.28	1.20	93.76
	尾矿	26.65	1.00	0.66	0.24	1.00	94.07
	原矿	100.00	0.94	0.66	0.27	1.15	93.84
75	精矿	68.71	0.91	0.8	0.26	1.14	93.67
	尾矿	31.29	1.00	0.65	0.23	0.99	94.13
	原矿	100.00	0.94	0.75	0.25	1.09	94.13
125	精矿	48.44	0.93	0.78	0.33	1.32	93.18
	尾矿	51.56	0.94	0.62	0.19	0.89	94.58
	原矿	100.00	0.94	0.70	0.26	1.10	93.90

根据试验结果显示，随着油酸钠用量的增加精矿中 Ca 的含量确实有所降低，但精矿中 MgO 的品位下降幅度更为明显。对结果综合分析，认为在没有其他杂质矿物影响下利用油酸钠反浮选可以适当完成 Mg、Ca 的浮选分离；但实际矿石中由于 Si、Fe、Al 等杂质的介入，使得钙镁分离受到了严重影响。在以油酸钠对菱镁矿石浮选中，相比石英、滑石等矿物，菱镁矿、白云石等碳酸盐矿物更容易上浮；因此，直接用油酸钠进行反浮选脱硅、脱钙是不可行的。但可在菱镁矿石适当除硅后，以油酸钠探究进一步反浮选除钙的可能性。

4.3.1.3 以 RA-715 为捕收剂时浮选考察试验

纯矿物试验中，RA-715 在 pH = 8.75 ~ 8.95 环境下对白云石和菱镁矿捕收能力是有很大差异的。在 pH 值为 8.75 ~ 8.95 下，对 RA-715 用量分别为 25g/t、50g/t、100g/t 进行一次粗选一次精选试验，结果见表 4-6。

表 4-6　RA-715 浮选时捕收剂用量试验结果

RA-715 用量 /g·t^{-1}	产品名称	产率/%	成分/%				
			CaO	Fe$_2$O$_3$	Al$_2$O$_3$	SiO$_2$	MgO(IL=0)
25	精矿	84.94	0.94	0.70	0.26	1.12	93.85
	尾矿	15.06	1.11	0.74	0.32	1.32	92.91
	原矿	100.00	0.97	0.71	0.27	1.15	93.71
50	精矿	66.38	0.92	0.74	0.30	1.23	93.52
	尾矿	33.62	1.13	0.71	0.30	1.26	93.07
	原矿	100.00	0.99	0.73	0.30	1.24	93.37
100	精矿	41.89	0.95	0.78	0.38	1.54	92.62
	尾矿	58.11	1.02	0.58	0.20	0.94	94.39
	原矿	100.00	0.99	0.66	0.28	1.19	93.65

由 RA-715 考察实验，RA-715 同油酸钠的捕收性能极为类似，实际矿石反浮选脱硅脱钙不明显，对菱镁矿捕收作用强。因此，直接采用 RA-715 反浮选效果并不理想。

4.3.2　菱镁矿石异步脱硅脱钙试验

通过对 LKD、油酸钠或 RA-715 浮选提纯菱镁矿的探讨。最终确定使用单一捕收剂 LKD，经一次粗选二次精选反浮选可获得 MgO 品位较高的菱镁矿精矿，其硅杂质的脱除效果明显，钙的脱除效果也相对良好。在以 LKD 反浮选完成硅的脱除后，尝试更换捕收剂并调节浮选环境，进一步进行反浮选除钙探究。同时结合单矿物和混矿酸浸试验，酸浸可以在一定程度上完成矿石中钙镁（白云石和菱镁矿）的分离。因此，可在 LKD 反浮选除硅后引入一次酸浸流程以深入脱钙；同理，亦可在实际矿石酸浸除钙后进行反浮选脱硅研究。这就初步形成了菱镁矿石异步除杂的思路，即先除硅再脱钙和先除钙再脱硅。

4.3.2.1　反浮选除硅后进一步除钙试验

浮选脱硅后进一步除钙试验分为两类：（1）以 LKD 完成脱硅后更换捕收剂进一步反浮选除钙；（2）以 LKD 浮选脱硅后再加一次酸浸试验以完成精矿脱钙。

（1）以 LKD 为捕收剂反浮选后更换捕收剂反浮选除钙试验。浮选采用一次粗选二次精选反浮选流程，捕收剂 LKD 用量为 150g/t（一次粗选用量为 75g/t，一次精选用量为 50g/t，二次精选用量为 25g/t），以六偏磷酸钠和水玻璃为调整剂，用量分别为 150g/t 和 1500g/t，控制浮选 pH 值为 5.0~5.5，浮选后更换捕收剂再进行一次反浮选试验，以探究除钙的可行性，结果见表 4-7。

表 4-7　第三次精选捕收剂种类及用量试验结果

捕收剂种类	捕收剂用量/g·t⁻¹	三精浮选 pH 值	精矿总产率/%	成分/%				
				CaO	Fe₂O₃	Al₂O₃	SiO₂	MgO(IL=0)
油酸钠	6	7.5	67.55	0.77	0.51	0.03	0.12	97.02
	12		63.81	0.77	0.53	0.03	0.14	96.93
	18		61.00	0.76	0.50	0.03	0.14	97.30
RA-715	12	9	61.10	0.75	0.50	0.03	0.13	97.07
	18		52.58	0.75	0.52	0.03	0.13	97.03
	30		32.89	0.78	0.56	0.03	0.15	96.84
LKD	12	5.5	65.04	0.73	0.47	0.02	0.10	97.25
	18		57.01	0.72	0.45	0.02	0.09	97.34
	27		49.45	0.71	0.43	0.02	0.09	97.41

三精反浮选试验结果表明，捕收剂油酸钠和 RA-715 的脱钙效果均明显不如 LKD。在一定程度上使用 RA-715、油酸钠反而降低了精矿中 MgO 的品位，从而证明了用这两种药反浮选脱钙效果不佳。而以 LKD 为捕收剂经一次粗选三次精选反浮选可将精矿中 CaO 的品位降低到 0.7% 左右，但此时的精矿产率也相对较低，产率低至 50%~60%。

（2）以 LKD 反浮选后酸浸除钙试验。反浮选试验条件同上，选别后调节矿浆浓度 20%~30%，以浓盐酸控制 pH 值在 1~2 之间，酸浸后对矿样烘干检测。结果见表 4-8。

表4-8 浮选后酸浸试验结果

酸浸时间 /min	酸浸 pH 值	精矿产率 /%	成分/%				
			CaO	Fe₂O₃	Al₂O₃	SiO₂	MgO(IL=0)
20		71.15	0.59	0.49	0.02	0.11	97.49
40	1~2	70.53	0.53	0.49	0.02	0.11	97.61
60		70.39	0.51	0.49	0.02	0.11	97.65

添加酸浸试验显示，经 LKD 反浮选除硅后加一次酸浸流程可显著降低精矿中钙杂质的含量，且精矿的酸浸损失率也非常小，低至1%以下。从酸浸时间来看，当酸浸时间大于等于40min后，精矿产率和精矿中钙镁的含量变化不大。此时，精矿产率在70%以上，但精矿 MgO 品位高达97.65%，CaO 和 SiO₂ 品位分别低至0.51%和0.11%。考虑实际生产，在浮选后加一次耐腐蚀浸化槽作业，便可将钙的脱除率提高到50%~60%。与常规单一反浮选相比，钙的脱除率提高了20%~30%。与反-正联合浮选流程相比，减少了设备成本和药剂成本，简化了流程操作，减少了人工用量。若此方法投入工业生产，可显著提高菱镁矿资源的利用率。

4.3.2.2 酸浸脱钙后反浮选脱硅试验

考虑到浮选后引入酸浸工艺除钙，那么酸浸后再浮选提纯菱镁矿是否也可行？在浮选前对菱镁矿进行调浆，控制质量浓度30%~40%，转速600~700r/min，以浓盐酸调节 pH 值在1~2，对矿浆酸浸20~40min脱钙，之后在以 LKD 为捕收剂，以六偏磷酸钠和水玻璃为调整剂，用量分别为150g/t 和 1500g/t，以稀盐酸调整浮选 pH 值为5.5，转速为1800r/min 条件下，进行一次粗选二次精选单一反浮选脱硅试验，结果见表4-9。

表4-9 酸浸后浮选试验结果

酸浸时间 /min	捕收剂用量 /g·t⁻¹	产品名称	总产率 /%	成分/%				
				CaO	Fe₂O₃	Al₂O₃	SiO₂	MgO(IL=0)
20	175	精矿	67.51	0.57	0.57	0.03	0.20	97.17
		尾矿	30.22	0.61	1.02	0.81	3.35	88.67
		酸浸原矿	97.73	0.58	0.71	0.27	1.17	94.54
40	175	精矿	63.98	0.5	0.56	0.03	0.22	97.29
		尾矿	31.78	0.47	1.00	0.79	3.26	89.19
		酸浸原矿	95.76	0.49	0.71	0.28	1.23	94.60
20	200	精矿	51.44	0.49	0.47	0.02	0.25	97.45
		尾矿	46.05	0.64	0.91	0.59	2.53	90.70
		酸浸原矿	97.48	0.56	0.68	0.29	1.33	94.27

由表 4-9 不难看出，原矿经酸浸 40min，可显著降低其钙杂质的含量，在损失 2~4 个百分点产率下，便可将矿石中 CaO 的品位降到 0.6% 以下。经酸浸 20min 后再反浮选降硅提镁，可得产率为 67.51%，CaO 品位为 0.57%、SiO_2 品位为 0.20%、MgO 品位为 97.17% 的菱镁矿精矿产品。相比之下，选别效果远不如先浮选后酸浸。

以菱镁矿石进行浮选试验，对直接采用油酸钠、RA-715、LKD 三种药剂反浮选脱硅脱钙进行了可行性研究。最终认为，LKD 有很好的脱硅效果，脱钙效果也相对较优，若想进一步获得高纯镁矿还需深入除钙研究。而油酸钠、RA-715 直接用于反浮选除钙除镁效果不好，但其对镁钙的捕收性能还是具有很大差异的，因此，可在菱镁矿石除硅后改用浮选药剂进行深入除钙研究。

在异步浮选脱硅脱钙试验中，可知经 LKD 浮选后再进行一次酸浸试验可显著提高钙的脱除效果。最终确定一次粗选二次精选反浮选+酸浸工艺流程可获得精矿产率 70.39%，MgO 品位 97.65%、CaO 和 SiO_2 品位分别 0.51% 和 0.11% 的良好指标。

5 菱镁矿石中铁的脱除

5.1 单矿物及人工混合矿试验

菱镁矿石中含铁矿物主要以磁铁矿、褐铁矿为主，采用磁选法可有效去除磁铁矿，因此研究选用了菱镁矿与褐铁矿的纯矿物进行了单矿物与人工混合矿试验以研究这两种矿物的分选条件。本次试验主要在两种捕收剂 LKD 与油酸钠的条件下进行。试验采用 30mL 浮选机，每次取用矿样 2g 进行试验。

5.1.1 捕收剂 LKD 条件下的单矿物试验

以 LKD 作为捕收剂，研究在其条件下不同调整剂对除铁效果的影响，从而达到硅与铁同时去除的效果。

5.1.1.1 pH 值对菱镁矿与褐铁矿可浮性的影响

捕收剂 LKD 用量为 150mg/L，以 1%HCl 或 1%NaOH 调节矿浆 pH 值，分别对不同 pH 值下的菱镁矿和褐铁矿矿物进行浮选试验，以研究 pH 值对这两种矿物在 LKD 为捕收剂时的浮选效果影响，试验结果如图 5-1 所示。

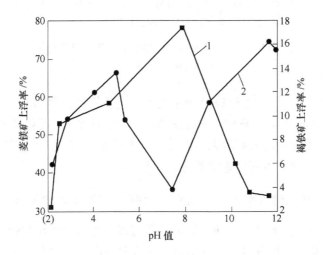

图 5-1　pH 值对菱镁矿与褐铁矿上浮率的影响

1—褐铁矿；2—菱镁矿

由图 5-1 可以看出，随着 pH 值的变化，菱镁矿的上浮率分别在 pH 值为 5 左右和 11.5 左右出现了两个峰值，其上浮率分别为 66.40% 和 74.35%；而褐铁矿的上浮率随着 pH 值的变化则呈现先升高后降低的趋势，其上浮率在 pH = 8 左右达到最大，最大上浮率为 17.6%。可见，在整个试验 pH 值范围内，菱镁矿的上浮率都远高于褐铁矿的上浮率，因此要想将褐铁矿从菱镁矿中去除宜采用正浮选菱镁矿的方法。由图 5-1 中可以看出，通过正浮选从菱镁矿中去除褐铁矿的合适 pH 值为 11.5。

5.1.1.2　LKD 用量对菱镁矿与褐铁矿可浮性的影响

以 1% NaOH 将矿浆 pH 值调节到 11.5，通过改变 LKD 用量研究其对两种矿物浮选效果的影响，试验结果如图 5-2 所示。

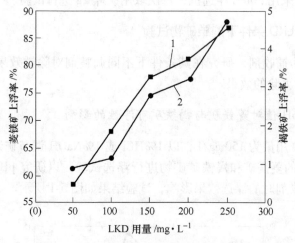

图 5-2　LKD 对菱镁矿与褐铁矿上浮率的影响
1—褐铁矿；2—菱镁矿

由图 5-2 可以看出，随着 LKD 用量的增大，菱镁矿上浮率不断增大，在 LKD 用量增加为 250mg/L 时，菱镁矿的上浮率可达到 87.8%；而褐铁矿的上浮率虽然也随着 LKD 用量的增大而增大，但其最大上浮率只有 4.55%。因此认为在 pH 值为 11.5 进行菱镁矿的正浮选除铁方案是可行的。

5.1.1.3　六偏磷酸钠用量对菱镁矿与褐铁矿可浮性的影响

由于在碱性条件下进行菱镁矿的正浮选时需要利用六偏磷酸钠等调整剂对白云石等脉石矿物进行抑制以求对硅的进一步去除，因此需要考虑这些调整剂对这两种矿物可浮性的影响。以下试验研究了六偏磷酸钠、水玻璃和羧甲基纤维素钠等几种常用调整剂在 LKD 为捕收剂时对两种矿物浮选效果的影响。

用1%NaOH 将矿浆 pH 值调节到11.5，LKD 用量为150mg/L，研究六偏磷酸钠对两种矿物的浮选效果影响，试验结果如图 5-3 所示。

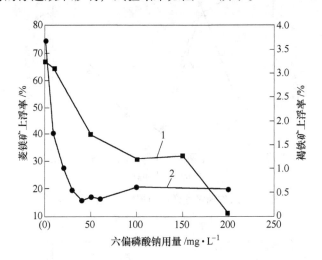

图 5-3　六偏磷酸钠对菱镁矿与褐铁矿上浮率的影响
1—褐铁矿；2—菱镁矿

由图 5-3 可以看出，随着六偏磷酸钠用量的增大，菱镁矿与褐铁矿上浮率都呈下降趋势，但菱镁矿上浮率下降程度比褐铁矿大得多，因此六偏磷酸钠不仅没增大这两种矿物之间的可浮性差异，反而使它们之间的可浮性差异缩小了，这不利于两种矿物的浮选分离。因此，六偏磷酸钠不宜作为 LKD 为捕收剂时菱镁矿与褐铁矿浮选分离的调整剂。

5.1.1.4　水玻璃用量对菱镁矿与褐铁矿可浮性的影响

用 1% NaOH 将矿浆 pH 值调节到 11.5，LKD 用量为 150mg/L，研究水玻璃其对两种矿物浮选效果影响，试验结果如图 5-4 所示。

由图 5-4 可以看出，随着水玻璃用量的增大，菱镁矿的上浮率先下降然后有少量的回升，在水玻璃用量为 150mg/L 时其上浮率由原来的 74.35% 降至 61.65%；而褐铁矿的上浮率随着水玻璃用量的增大在 2%~5% 之间波动。由此得出，水玻璃的加入仍然能够保证菱镁矿与褐铁矿之间有较大的可浮性差异，因此水玻璃可以作为两种矿物分选的调整剂。

5.1.1.5　羧甲基纤维素钠用量对菱镁矿与褐铁矿可浮性的影响

用 1% NaOH 将矿浆 pH 值调节到 11.5，LKD 用量为 150mg/L，通过改变羧甲基纤维素钠用量研究其对两种矿物在 LKD 为捕收剂时浮选效果的影响，试验结果如图 5-5 所示。

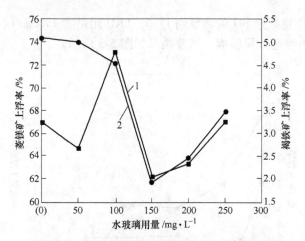

图 5-4　水玻璃对菱镁矿与褐铁矿上浮率的影响
1—褐铁矿；2—菱镁矿

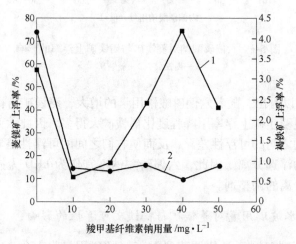

图 5-5　羧甲基纤维素钠对菱镁矿与褐铁矿上浮率的影响
1—褐铁矿；2—菱镁矿

　　由图 5-5 可以看出，少量的羧甲基纤维素钠就可以强烈地抑制菱镁矿的上浮，而褐铁矿的上浮率随着羧甲基纤维素钠用量的增大变化不大，可见羧甲基纤维素钠的加入会缩小这两种矿物的可浮性差异，因此羧甲基纤维素钠不宜作为 LKD 条件下菱镁矿与褐铁矿分选的调整剂。

5.1.2　捕收剂油酸钠条件下的单矿物试验

5.1.2.1　pH 值对菱镁矿与褐铁矿可浮性的影响

　　捕收剂油酸钠用量为 150mg/L，以 1% HCl 或 1% NaOH 调节矿浆 pH 值，分别对不同 pH 值下的菱镁矿和褐铁矿矿物进行浮选试验以研究 pH 值对这两种矿物在以油酸钠作为捕收剂时的浮选效果影响，试验结果如图 5-6 所示。

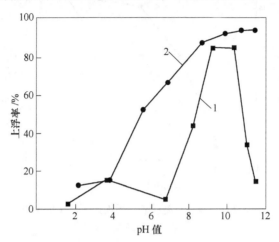

图 5-6 pH 值对菱镁矿与褐铁矿上浮率的影响
1—褐铁矿；2—菱镁矿

由图 5-6 可以看出，菱镁矿上浮率随着 pH 值的升高而不断增大，在 pH 值达到 10 以后其上浮率都在 90% 以上；而褐铁矿的上浮率在 pH 值小于 7 时一直处于较低水平，随后急剧上升，在 pH 值为 9 时，其上浮率已超过 80%，pH 值达到 10.5 以后又急剧下降，当 pH 值升到 11.5 时其上浮率已下降到 15% 以下。因此，在 pH 值为 9.5 时，进行抑镁（菱镁矿）浮铁（褐铁矿）的反浮选试验；而在 pH 值为 11.5 时，进行抑铁（褐铁矿）浮镁（菱镁矿）正浮选试验，以去除菱镁矿中的褐铁矿。

5.1.2.2 油酸钠用量对菱镁矿与褐铁矿可浮性的影响

以 1% NaOH 溶液将矿浆 pH 值调节到 11.5，通过改变油酸钠用量研究其对两种矿物浮选效果的影响，试验结果如图 5-7 所示。

由图 5-7 可以看出，随着油酸钠用量的增大，菱镁矿与褐铁矿上浮率都呈上升趋势，当油酸钠用量为 150mg/L 时，菱镁矿上浮率达到了 94.1%，其后再增大用量其上升幅度不大，此时褐铁矿上浮率为 14%，两种矿物上浮率相差较大，因此将油酸钠用量定为 150mg/L 对其他条件进行考察。

5.1.2.3 六偏磷酸钠对菱镁矿与褐铁矿可浮性的影响

以 1% NaOH 溶液将矿浆 pH 值调节到 9.5、11.5，油酸钠用量为 150mg/L，通过改变六偏磷酸钠用量研究其对两种矿物在油酸钠为捕收剂时浮选效果的影

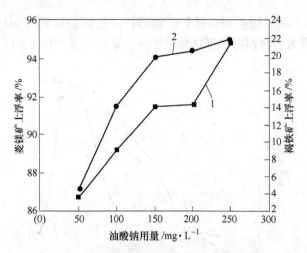

图 5-7　油酸钠对菱镁矿与褐铁矿上浮率的影响
1—褐铁矿；2—菱镁矿

响，试验结果如图 5-8 所示。

由图5-8（a）可以看出，随着六偏磷酸钠用量的增大，菱镁矿与褐铁矿上浮率的变化很相似，都是先急剧下降然后又有一定程度的回升。六偏磷酸钠用量在 5mg/L 之前，菱镁矿上浮率高于褐铁矿，但当六偏磷酸钠用量超过5mg/L 后，褐铁矿上浮率高于菱镁矿。两种矿物上浮率差异最大处出现在六偏磷酸钠用量为 30mg/L 时，此时褐铁矿上浮率为 83.55%，菱镁矿上浮率为 71.8%，其差值仅为 11.75%。由此可见，六偏磷酸钠对两种矿物的上浮都有一定的抑制作用，但抑制作用都不强且没有选择性，不足以分离两种矿物。因此，六偏磷酸钠不适宜作为油酸钠为捕收剂时菱镁矿与褐铁矿浮选分离的调整剂。

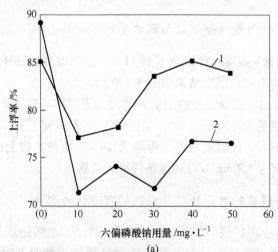

(a)

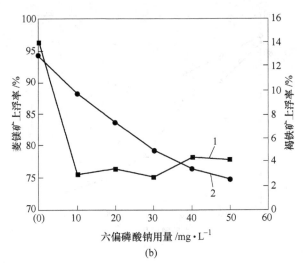

图 5-8 六偏磷酸钠对矿物上浮率的影响

（a）pH 值为 9.5；（b）pH 值为 11.5

1—褐铁矿；2—菱镁矿

由图 5-8（b）可以看出，随着六偏磷酸钠用量的增大，菱镁矿上浮率逐步下降，当六偏磷酸钠用量增大至 50mg/L 时，其上浮率已降至 74.7%，而褐铁矿上浮率在油酸钠用量为 10mg/L 时由 14% 降至 2.95%，此后基本处于平稳状态。可见六偏磷酸钠对两种矿物都有较强的抑制效果，不能有效地增大两种矿物之间的可浮性差异，反而会缩小它们之间的可浮性差异，因此六偏磷酸钠不适宜作为油酸钠为捕收剂时菱镁矿与褐铁矿的调整剂。

5.1.2.4 水玻璃对菱镁矿与褐铁矿可浮性的影响

以 1% NaOH 将矿浆 pH 值调节到 9.5、11.5，油酸钠用量为 150mg/L，通过改变水玻璃用量研究其对两种矿物在油酸钠为捕收剂时浮选效果的影响。试验结果如图 5-9 所示。

由图 5-9（a）可以看出，随着水玻璃用量的增大，菱镁矿与褐铁矿上浮率都呈下降趋势，且菱镁矿上浮率一直高于褐铁矿，但其差值远不及在 pH 值为 11.5时，因此不适宜在此 pH 值条件下作为油酸钠为捕收剂时菱镁矿正浮选的调整剂。又由于菱镁矿上浮率一直高于褐铁矿，更不适宜在此 pH 值条件下作为油酸钠为捕收剂时菱镁矿反浮选的调整剂。

由图 5-9（b）可以看出，随着水玻璃用量的增大，菱镁矿上浮率在 93.9%~96.3% 之间波动，而褐铁矿的上浮率在水玻璃用量为 50mg/L 是就由 14% 降至5.5%，随后趋于平稳，可见水玻璃可以有效地增大菱镁矿与褐铁矿之间的可浮

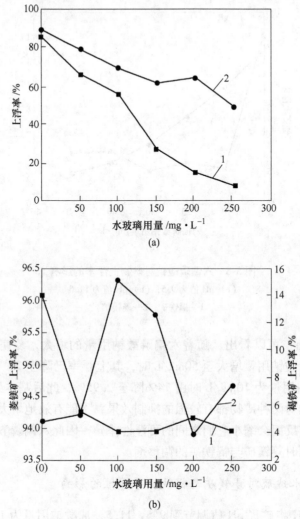

图 5-9 水玻璃对矿物上浮率的影响
(a) pH 值为 9.5; (b) pH 值为 11.5
1—褐铁矿; 2—菱镁矿

性差异。因此,水玻璃可以作为油酸钠为捕收剂时菱镁矿与褐铁矿分选的调整剂。

5.1.2.5 羧甲基纤维素钠对菱镁矿与褐铁矿可浮性的影响

以 1% NaOH 将矿浆 pH 值调节到 11.5,油酸钠用量为 150mg/L,通过改变羧甲基纤维素钠用量研究其对两种矿物在油酸钠为捕收剂时浮选效果的影响。试验结果如图 5-10 所示。

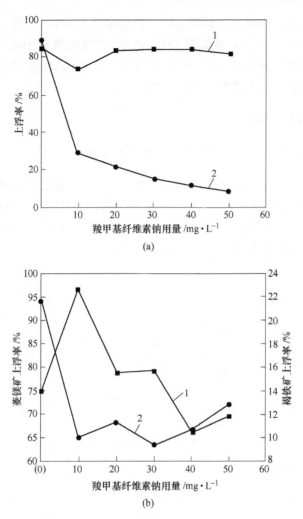

图 5-10　羧甲基纤维素钠对矿物上浮率的影响

（a）pH 值为 9.5；（b）pH 值为 11.5

1—褐铁矿；2—菱镁矿

由图 5-10（a）可以看出，随着羧甲基纤维素钠的加入，菱镁矿上浮率急剧下降，然后随着用量的增大下降趋势趋缓，当矿浆中羧甲基纤维素钠含量达到 50mg/L 时，菱镁矿的上浮率已降至 10% 以下；而褐铁矿的上浮率受矿浆中羧甲基纤维素钠含量影响较小，其上浮率一直维持在 80% 左右。可见，羧甲基纤维素钠能够有效地增大菱镁矿与褐铁矿之间的可浮性差异。

由图 5-10（b）可以看出，随着羧甲基纤维素钠的加入，菱镁矿上浮率急剧下降，当羧甲基纤维素钠用量为 10mg/L 时，其上浮率就由 94.1% 降至 64.95%，随后上下波动并有小幅度回升，但仍在 75% 以下；褐铁矿上浮率随着羧甲基纤维素钠的加入先上升后下降，在羧甲基纤维素钠用量为 40mg/L 时，上浮率由原来的 14% 降至 10.4%。可见羧甲基纤维素钠对菱镁矿的抑制作用强于对褐铁矿的抑制作用，不利于增大两种矿物的上浮率，因此，羧甲基纤维素钠不适宜作为油酸钠为捕收剂时菱镁矿与褐铁矿分选的调整剂。

5.1.3 人工混合矿试验

5.1.3.1 捕收剂 LKD 条件下人工混合矿试验

通过比较六偏磷酸钠、水玻璃和羧甲基纤维素钠可知，水玻璃对于分离两种矿物的效果最好。为了进一步验证水玻璃分离两种矿物的效果，将菱镁矿与褐铁矿的纯矿物按 99：1 的比例进行人工混矿，对混匀的矿物进行全铁含量测定，人工混合矿中 Fe_2O_3 的含量为 0.92%。试验结果如图 5-11 所示。

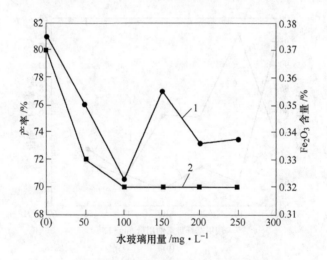

图 5-11　水玻璃对人工混合矿试验结果影响
1—精矿产率；2—精矿中 Fe_2O_3 含量

由图 5-11 可以看出，随着水玻璃用量的增大，人工混合矿浮选的精矿产率先下降，而后有一定程度的回升，而精矿中 Fe_2O_3 的含量则是首先下降然后趋于平稳状态，当水玻璃用量为 100mg/L 时，精矿中 Fe_2O_3 的含量就可以从 0.92% 降至 0.32%，下降幅度比较明显，因此水玻璃可以作为菱镁矿与褐铁矿分选的调整剂，下一步将考察水玻璃对菱镁矿实际矿浮选的除铁效果。

5.1.3.2 油酸钠条件下人工混合矿试验

由图 5-9（a）和图 5-10（a）可知，在 pH 值为 9.5 时，羧甲基纤维素钠对于菱镁矿抑制效果最好，有利于浮铁抑镁，因此选用羧甲基纤维素钠作为菱镁矿

与褐铁矿人工混合矿试验的调整剂。油酸钠用量为150mg/L下，考察羧甲基纤维
钠对菱镁矿和褐铁矿分离效果的影响；由图5-9（b）和图5-10（b）可知，在pH
值为11.5，水玻璃可以有效地抑制褐铁矿的上浮，同时对菱镁矿的上浮影响较
小，油酸钠用量为150mg/L下，以水玻璃作为调整剂，对菱镁矿与褐铁矿的人工
混合矿进行了浮选试验。试验结果如图5-12所示。

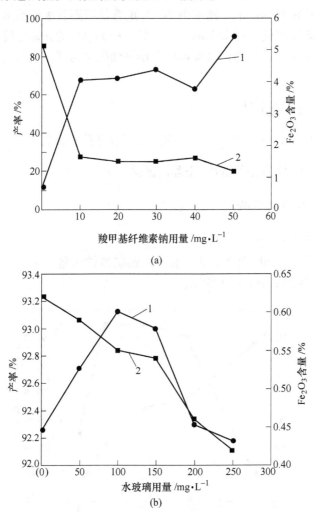

图 5-12　调整剂对人工混合矿试验结果的影响
（a）pH 值为 9.5；（b）pH 值为 11.5
1—精矿产率；2—精矿中 Fe_2O_3 含量

　　由图5-12（a）可以看出，精矿产率随着羧甲基纤维素钠用量的增大呈上升
趋势，精矿中 Fe_2O_3 含量随羧甲基纤维素钠用量的增大呈下降趋势，但精矿中

Fe_2O_3 含量均高于原矿的 Fe_2O_3 含量，说明菱镁矿的上浮率大于褐铁矿的上浮率，与单矿物试验结果出现冲突，这可能是人工混合矿溶液中两种矿物的离子相互影响造成的。因此，羧甲基纤维素钠作为菱镁矿反浮选除铁的调整剂需要进一步考证。

由图 5-12（b）可以看出，随着水玻璃用量的增大，精矿产率在较小的范围内波动，且维持在 92% 以上，精矿中 Fe_2O_3 的含量则随着水玻璃用量的增大而不断减小，当水玻璃用量达到 250mg/L 时，精矿中 Fe_2O_3 的含量已降至 0.42%，铁的去除率超过了 50%。因此，水玻璃可以作为油酸钠为捕收剂时菱镁矿正浮选除铁的调整剂。

5.2   菱镁矿石浮选试验

以表 2-1 中 C 矿样为研究对象，对其进行浮选除铁试验。

5.2.1   捕收剂 LKD 条件下的反-正浮选试验

5.2.1.1   反浮选试验

A   磨矿细度条件试验

用 HCl 控制矿浆 pH 值在 5.5 左右，六偏磷酸钠用量为 150g/t，捕收剂用量为 100g/t，试验结果如图 5-13 所示。

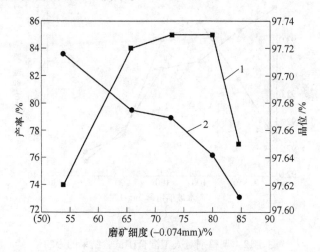

图 5-13   磨矿细度试验结果

1—精矿品位；2—精矿产率

由图 5-13 可以看出，精矿产率随着磨矿细度的增加不断降低，当磨矿细度在 -0.074 mm 占 72.8% 之前时，精矿中 MgO 的品位随着磨矿细度的增加不断升高，磨矿细度在-0.074mm占72.8%到80%之间基本保持不变，当磨矿细度超过-0.074mm占80%后，随着磨矿细度的增大，精矿中MgO的品位开始下降，这可能是由于过磨使菱镁矿被带到泡沫产品中。综合考虑，选择磨矿细度为-0.074mm占72.8%进行菱镁矿的浮选。

B　矿浆pH值对浮选效果的影响

在磨矿细度为-0.074mm占72.8%的条件下，以HCl和NaOH调节矿浆的pH值，六偏磷酸钠用量为150g/t，捕收剂用量为100g/t，按图2-4所示流程进行浮选试验，试验结果如图5-14所示。

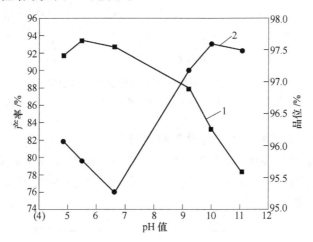

图5-14　矿浆pH值对浮选效果的影响
1—精矿品位；2—精矿产率

由图5-14可以看出，精矿产率随着pH值的升高先降低后升高，精矿品位随着pH值的升高先升高后降低。精矿产率在pH值为11.5左右的碱性条件下达到最大，但精矿中MgO的品位下降很大。综合考虑，选取pH=5.5作为分选pH，此时盐酸用量为3000g/t。

C　六偏磷酸钠用量对浮选效果的影响

在磨矿细度为-0.074mm占72.8%的条件下，以HCl调节矿浆pH值在5.5左右，捕收剂用量为100g/t，调节六偏磷酸钠用量，按图2-4所示流程进行浮选试验，试验结果如图5-15所示。

从图5-15可以看出，在六偏磷酸钠用量为150g/t之前，精矿产率随着六偏磷酸钠用量的增大而增大，精矿MgO品位也不断增大；当六偏磷酸钠用量在150~250g/t之间时，精矿产率随着六偏磷酸钠用量的增大开始下降，精矿MgO品位仍不断增大；当六偏磷酸钠用量超过250g/t后，精矿产率有小幅度上升，但精矿MgO品位迅速下降。综合考虑，将六偏磷酸钠用量定为150g/t。

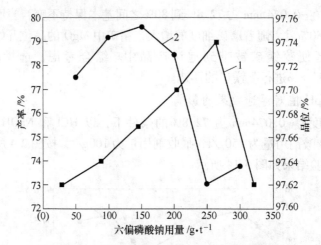

图 5-15   六偏磷酸钠用量对浮选效果的影响
1—精矿品位；2—精矿产率

D   捕收剂 LKD 用量对浮选效果的影响

在磨矿细度为-0.074mm 占 72.8%的条件下，以 HCl 调节矿浆 pH 值在 5.5 左右，六偏磷酸钠用量为 150g/t，调节 LKD 用量，按图 2-4 所示流程进行浮选试验，试验结果如图 5-16 所示。

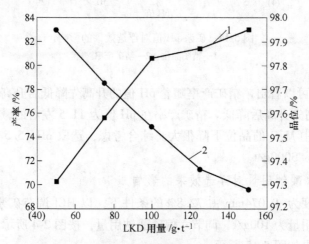

图 5-16   捕收剂 LKD 用量对浮选效果的影响
1—精矿品位；2—精矿产率

由图 5-16 可以看出，随着捕收剂 LKD 用量的增大，精矿产率不断降低，精矿中 MgO 品位不断升高。在捕收剂用量为 75g/t 时精矿中 MgO 品位已超过 97.5%，且产率较高，因此决定以 75g/t 的捕收剂用量继续进行考察。

E 流程试验

合适的浮选流程可以在最低的药剂用量下达到最优的浮选效果,因此在以上的试验条件下进行了一次粗选一次精选和一次粗选二次精选的流程试验以进一步对浮选效果进行优化,试验结果见表5-1。

表5-1 流程考察试验结果 (%)

流程	产品	产率	成 分				
			CaO	Fe_2O_3	Al_2O_3	SiO_2	MgO(IL=0)
一次粗选一次精选	精矿	80.55	0.49	0.42	0.03	0.18	97.67
	尾矿	19.45	0.80	0.74	0.98	6.38	83.47
	原矿	100	0.55	0.48	0.21	1.39	94.65
一次粗选二次精选	精矿	78.86	0.49	0.42	0.03	0.16	97.72
	尾矿	21.14	0.77	0.75	0.91	5.98	84.25
	原矿	100	0.55	0.49	0.22	1.39	94.64

由表5-1可以看出,两种流程的浮选效果相差较小,精矿中MgO品位都较高,但相较于一次粗选二次精选流程,一次粗选一次精选流程精矿产率更高,因此在以LKD作为捕收剂反浮选时选择一次粗选一次精选流程。由于精矿中 Fe_2O_3 含量仍在0.4%以上,相对仍然较高,因此决定对菱镁矿的除铁进行进一步研究。

5.2.1.2 正浮选试验

从纯矿物试验结果中得出,在LKD条件下的菱镁矿正浮选中,3种调整剂中水玻璃可以相对较好地保持菱镁矿与褐铁矿之间的可浮性差异,因此以下试验以水玻璃作为菱镁矿正浮选阶段的主要调整剂,并对另外两种调整剂与水玻璃联合使用的效果进行考察。试验流程为二次反浮选后,对反浮选精矿进行一次正浮选。在反浮选阶段中HCl用量为3000g/t,六偏磷酸钠用量为150g/t,LKD两次用量依次为50g/t和25g/t条件下考察正浮选试验条件。

A 水玻璃用量试验

用1%NaOH溶液将矿浆的pH值调至11.5,LKD用量为600g/t,调节不同水玻璃用量,进行浮选试验,试验结果如图5-17所示。

由图5-17可以看出,随着水玻璃用量的增大,精矿产率呈下降趋势,而精矿中MgO品位在水玻璃用量为0~1500g/t范围内不断上升,而在油酸钠用量超过1500g/t后趋于稳定,稳定后精矿MgO品位为98.24%。精矿中 Fe_2O_3 含量随着水玻璃用量的增大先下降,在水玻璃用量增大至1500g/t后趋于平稳,平稳后

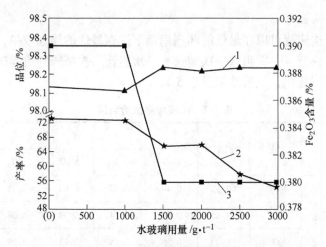

图 5-17　水玻璃用量试验结果

1—精矿品位；2—精矿产率；3—精矿中 Fe_2O_3 含量

Fe_2O_3 去除率为 25.49%。综合考虑，将水玻璃用量定为 1500g/t。

B　六偏磷酸钠用量试验

用 1%NaOH 溶液将矿浆的 pH 值调至 11.5，水玻璃用量为 1500g/t，LKD 用量为 600g/t，调节不同六偏磷酸钠用量，试验结果如图 5-18 所示。

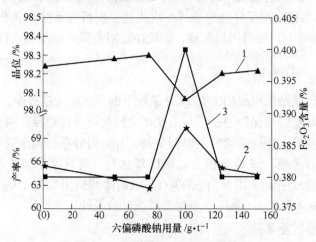

图 5-18　六偏磷酸钠用量试验结果

1—精矿品位；2—精矿产率；3—精矿中 Fe_2O_3 含量

由图 5-18 可以看出，随着六偏磷酸钠用量的增大，精矿产率在 62.63% ~ 70.32% 之间波动，而精矿中 MgO 品位在 98.06% ~ 98.3% 之间波动，精矿中含量在 0.38% ~ 0.40% 之间波动。通过比较发现，只有当六偏磷酸钠用量为 100g/t

时，精矿产率相较于单独使用水玻璃时高，但精矿中 MgO 品位和 Fe_2O_3 含量相对于单独使用水玻璃时都低，而在六偏磷酸钠的其他用量下，精矿中 MgO 品位和 Fe_2O_3 含量虽和单独使用水玻璃时相近，但产率都较低。由此可见，六偏磷酸钠与水玻璃的联合使用相对于水玻璃的单独使用并没有优势，因此，决定不将六偏磷酸钠与水玻璃联合使用。

C 羧甲基纤维素钠用量试验

用 1%NaOH 溶液将矿浆的 pH 值调至 11.5，水玻璃用量为 1500g/t，LKD 用量为 600g/t，调节不同羧甲基纤维素钠用量，进行浮选试验，试验结果如图 5-19 所示。

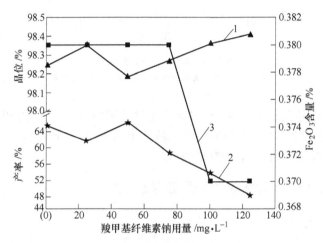

图 5-19 羧甲基纤维素钠用量试验结果
1—精矿品位；2—精矿产率；3—精矿中 Fe_2O_3 含量

由图 5-19 可以看出，随着羧甲基纤维素钠用量的增大，精矿产率呈下降趋势，而精矿中 MgO 品位呈上升趋势，与此同时，精矿中 Fe_2O_3 含量也呈下降趋势，当羧甲基纤维素钠用量增大为 100g/t 时，精矿中 Fe_2O_3 含量降至 0.37%，但此时精矿产率不到 60%。可见，羧甲基纤维素钠与水玻璃的联合使用相对于水玻璃的单独使用同样没有优势。

D LKD 用量试验

通过以上试验结果可以看出，调整剂的联合使用并不会得到更好的浮选效果，因此决定单独使用水玻璃作为正浮选阶段的调整剂。用 NaOH 将矿浆的 pH 值调至 11.5，水玻璃用量为 1500g/t，调节不同 LKD 用量，进行浮选试验，试验结果如图 5-20 所示。

由图 5-20 可以看出，随着 LKD 用量的增大，精矿产率先上升后下降，精矿中 MgO 品位呈上升趋势，而精矿中 Fe_2O_3 含量一直维持在 0.38%。在 LKD 用量

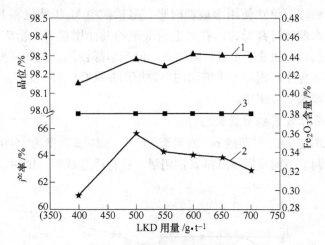

图 5-20　LKD 用量试验结果
1—精矿品位；2—精矿产率；3—精矿中 Fe_2O_3 含量

为 500g/t 时产率达到最大，为 65.61%，此时精矿中 MgO 品位为 98.28%，此时再增大 LKD 用量既不能增大精矿产率，精矿中 MgO 品位上升幅度也非常小，因此，正浮选阶段 LKD 最佳用量为 500g/t。

5.2.2　捕收剂 LKD-油酸钠条件下反-正浮选试验

5.2.2.1　菱镁矿的反-正浮选试验

从单矿物试验结果中得出，在油酸钠为捕收剂时的菱镁矿正浮选中，三种调整剂中只有水玻璃可有效地增大菱镁矿与褐铁矿之间的可浮性差异，因此以下试验以水玻璃作为菱镁矿正浮选阶段的主要调整剂，并对另外两种调整剂与水玻璃联合使用的效果进行考察。试验流程为二次反浮选后，对反浮选精矿进行二次正浮选。以下浮选试验中反浮选阶段条件为：HCl 用量为 3000g/t，六偏磷酸钠用量为 150g/t，LKD 两次用量依次为 50g/t 和 25g/t。

A　正浮选中水玻璃用量试验

用 NaOH 将矿浆的 pH 值调至 11.5，油酸钠用量为 400g/t（300g/t+100g/t），调节不同水玻璃用量，试验结果如图 5-21 所示。

由图 5-21 可以看出，在水玻璃用量增大到 2000g/t 之前，精矿产率变化不大，而当水玻璃用量超过 2000g/t 时，精矿产率急剧下降。当水玻璃用量在 0~2000g/t 之间变化时，精矿中 MgO 含量先上升，且在用量为 1500g/t 时趋于稳定，而此时精矿中 Fe_2O_3 含量达到最低，因此，水玻璃最佳用量为 1500g/t。

B　六偏磷酸钠用量试验

用 1%NaOH 溶液将矿浆的 pH 值调至 11.5，水玻璃用量为 1500g/t，油酸钠

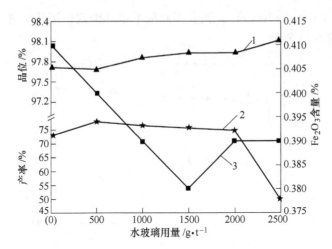

图 5-21　水玻璃用量试验结果

1—精矿品位；2—精矿产率；3—精矿中 Fe_2O_3 含量

用量为 400g/t（300g/t+100g/t），调节不同六偏磷酸钠用量，进行浮选试验，试验结果如图 5-22 所示。

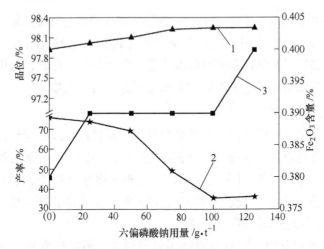

图 5-22　六偏磷酸钠用量试验结果

1—精矿品位；2—精矿产率；3—精矿中 Fe_2O_3 含量

由图 5-22 可以看出，随着六偏磷酸钠用量的增大，精矿中 Fe_2O_3 含量呈上升趋势，可见六偏磷酸钠的加入反而不利于铁的去除，因此，决定不将六偏磷酸钠与水玻璃联合使用。

C　羧甲基纤维素钠用量试验

用 1%NaOH 溶液将矿浆的 pH 值调至 11.5，水玻璃用量为 1500g/t，油酸钠用量为 400g/t(300g/t+100g/t)，调节不同羧甲基纤维素钠用量，进行浮选试验。试验结果如图 5-23 所示。

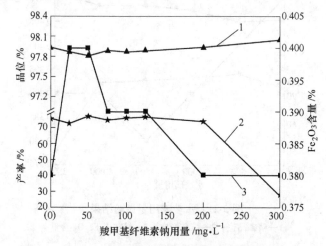

图 5-23　羧甲基纤维素钠用量试验结果
1—精矿品位；2—精矿产率；3—精矿中 Fe_2O_3 含量

由图 5-23 可以看出，精矿中 Fe_2O_3 含量在加入羧甲基纤维素钠后先上升再下降，直到羧甲基纤维素钠用量达到 200g/t 后才回到不加时的水平，而此时精矿产率相对于不加羧甲基纤维素钠时降低将近 2 个百分点。可见，羧甲基纤维素钠与水玻璃的联合使用相较于水玻璃的单独使用并不具有优势。

D　油酸钠用量试验

由以上两个试验可以看出，水玻璃单独作为正浮选阶段的调整剂时的浮选效果最好，因此决定单独以水玻璃作为正浮选阶段的调整剂，对油酸钠的用量进行考察。用 NaOH 将矿浆的 pH 值调至 11.5，水玻璃用量为 1500g/t，调节不同油酸钠用量，进行浮选试验。试验中只调节正浮选第一次的油酸钠用量，第二次用量一直为 100g/t，试验结果如图 5-24 所示。

由图 5-24 可以看出，随着油酸钠用量的增大，精矿产率呈上升趋势，而精矿中 MgO 品位呈下降趋势，当油酸钠用量增大为 350g/t 时，精矿产率达到74.98%，此后上升趋势趋缓，此时精矿中 MgO 品位为 97.92%，Fe_2O_3 含量为0.38%，两项指标相对都较好，而继续增大油酸钠用量，精矿中 MgO 品位会下降，Fe_2O_3 含量会增大。因此，取正浮选阶段油酸钠用量为 350g/t。

5.2.2.2　菱镁矿的反浮选试验

由于在单矿物试验中，羧甲基纤维素钠可以在 pH=9.5，油酸钠为捕收剂时

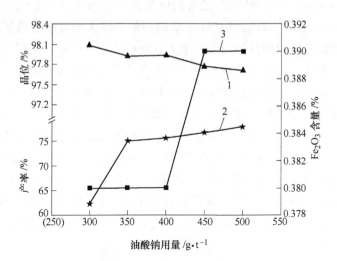

图 5-24 油酸钠用量试验结果

1—精矿品位；2—精矿产率；3—精矿中 Fe$_2$O$_3$ 含量

有效地增大菱镁矿与褐铁矿之间的可浮性差异，而人工混合矿试验结果与此发生了矛盾，因此决定对矿石浮选中相同条件下羧甲基纤维素钠的作用进行进一步考察。

用 1%NaOH 溶液将矿浆的 pH 值调至 9.5，油酸钠用量为 150g/t，调节不同羧甲基纤维素钠用量，试验结果如图 5-25 所示。

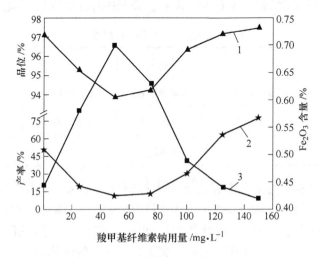

图 5-25 羧甲基纤维素钠用量试验结果

1—精矿品位；2—精矿产率；3—精矿中 Fe$_2$O$_3$ 含量

　　如图 5-25 所示，当羧甲基纤维素钠用量在 0~50g/t 之间变化时，精矿产率和精矿中 MgO 品位都随着羧甲基纤维素钠用量的增大而降低，精矿中 Fe_2O_3 含量随着羧甲基纤维素钠用量的增大而增大，使精矿中 Fe_2O_3 含量超过了原矿，铁去除率出现了负值，可见此用量范围的羧甲基纤维素钠加入对菱镁矿的选别没有任何好处。当羧甲基纤维素钠用量在 50~150g/t 之间变化时，精矿产率和精矿中 MgO 品位都随着羧甲基纤维素钠用量的增大而增大，精矿中 Fe_2O_3 含量随着羧甲基纤维素钠用量的增大而降低，但直到羧甲基纤维素钠用量增大到 150g/t，精矿中 MgO 品位才达到 97.49%，还不及只有一次粗选一次精选浮选流程时的97.67%，并且产率还有所降低，精矿中 Fe_2O_3 含量 0.42% 也只是与一次粗选一次精选浮选流程时持平。可见，从任何方面来讲，在 pH=9.5 的油酸钠条件下，羧甲基纤维素钠的加入对菱镁矿的分选提纯未获得好的效果。因此，决定不再进行进一步的考察。

5.3　磁选试验

　　菱镁矿作为生产耐火材料的原料，其中的铁杂质会严重影响产品的耐火性能。菱镁矿石含铁矿物一般为黄铁矿、褐铁矿、磁黄铁矿、磁铁矿和赤铁矿等磁性或弱磁性矿物，所以，以海城镁矿耐火材料总厂矿石（表 2-1 中 A）为对象，研究磁选方法的除铁效果。

　　反浮选除硅是菱镁矿石除杂的常规工艺，表 5-2 为最佳反浮选脱硅条件下获得的精矿中 Fe_2O_3 含量。由于类质同象体的存在，菱镁矿本身含 0.27% 的 Fe_2O_3，而浮选精矿中 Fe_2O_3 的含量为 0.44% 左右，表明还存在降铁的可能。

表 5-2　浮选精矿中 Fe_2O_3 的含量

产物名称	精矿 1	精矿 2	精矿 3	精矿 4
调整剂/g·t^{-1}	水玻璃 1000	六偏磷酸钠 100	水玻璃 1500	六偏磷酸钠 150
捕收剂/g·t^{-1}	十二胺 200	十二胺 125	叔胺 180	叔胺 120
Fe_2O_3 含量/%	0.43	0.45	0.44	0.45

　　磁选除铁试验针对来自海城镁矿耐火材料总厂浮选厂的菱镁矿浮选精矿进行。在磨矿产品给入浮选作业前，使用弱磁选设备——除铁器对矿浆进行了除铁。经化验其浮选精矿的 Fe_2O_3 含量为 0.39%~0.42%。在系统研究磁选除铁前，首先进行了磁选机的选择工作。为此，将来自浮选厂的浮选精矿晾干混匀后，发往若干个磁选机生产厂家，由他们对样品进行除铁试验后，将获得的磁选精矿返回。对各个厂家返回的精矿样品进行化验分析的结果见表 5-3。

表 5-3 不同种类磁选机的除铁效果

生产厂家	型号名称	磁感应强度/T	除铁次数	精矿 Fe$_2$O$_3$ 含量/%
淄博迈特磁电科技有限公司	LYGH 立环干式高梯度磁选机	1.3	1	0.36
		1.3	2	0.34
	YSH 立环湿式高梯度磁选机	1.2	2	0.36
山东华特磁电科技股份有限公司	LHGC 系列脉动高梯度磁选机	1.1	2	0.34
		1.1	3	0.34
	高性能平环高梯度磁选机	1.2	2	0.37
		1.2	3	0.35
		1.4	2	0.35
广东佛山市新概念磁电设备有限公司	高梯度永磁强磁除铁机	1.2	1	0.36
		1.2	2	0.35
抚顺隆基电磁科技有限公司	LGS 系列立式感应湿式强磁选机	1	2	0.35
美国伊利公司（Eriez agnetics）	湿式强磁过滤器（HI Filter）	0.5	1	0.27①
	SHP 系列湿式强磁选机	1.7	2	0.34
长沙矿冶研究院矿冶装备公司	CRIMM 系列双箱永磁高梯度磁选机（介质，钢棒#和钢毛&）	0.8	1，#	0.36
			2，#	0.33
			1，&	0.35

①厂家提供数据，并表示试验过程中存在着部分粗颗粒不能通过磁选机分选腔的现象。

从表 5-3 中可以看出，琼斯型磁选机和高梯度磁选机对菱镁矿浮选精矿中所含的杂质铁都有去除效果。因此，本书介绍了采用这两种类型的磁选机对菱镁矿浮选精矿进行的深入的除铁试验。

5.3.1 琼斯型湿式强磁选机的除铁试验

琼斯型强磁选机的特点是采用多层齿板型磁介质及通过分选转盘构成磁路。琼斯磁选机种类繁多，但结构基本相同。它有一个门形框架，在框架上装有两个横放的 U 形磁轭，在磁轭的水平位置上装有激磁线圈，线圈外部有密封的保护壳，壳外有冷却系统。垂直中心轴上装有分选圆盘，圆盘周边上有奇数个分选室（齿板箱），室内装有不锈钢导磁材料制成的齿形聚磁极板，齿尖对齿尖排列。U 形磁轭和圆转盘之间构成闭合磁路。

5.3.1.1 SHP 系列湿式强磁选机的除铁试验

SHP 系列湿式强磁选机由长沙矿冶研究总院开发生产。它的分选部位含有两对磁极，分选盘外径为 500mm，有 15 个分选室，每个分选室装有 5 块齿板。

在分选盘转速为 5r/min、矿浆浓度为 25%~30% 的条件下，调节电流以改变背景场强，对菱镁矿浮选精矿进行除铁试验，结果如图 5-26 所示。

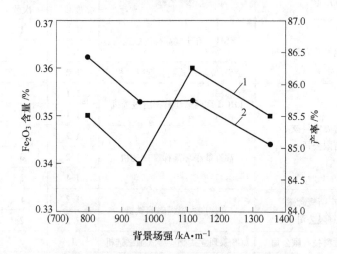

图 5-26 SHP 系列湿式强磁选机的分选效果
1—精矿中 Fe₂O₃ 含量；2—精矿产率

从图 5-26 中可以看出，随着背景场强从 796kA/m 增大到 1353kA/m，磁选精矿的产率呈略微下降趋势，但降低量很小，从 86.42% 降到了 85.06%。背景场强大小对磁选精矿的 Fe_2O_3 含量影响不明显，其值基本在 0.35% 左右。

为了探讨借助于磁选进一步降低菱镁矿精矿中 Fe_2O_3 含量的可能性，在最高场强 1353kA/m 的条件下，对浮选精矿连续进行两次除铁试验，获得的最终精矿的 Fe_2O_3 含量为 0.34%，产率为 70.43%。

虽然经过两次除铁可以使磁选精矿的 Fe_2O_3 含量接近极限值，但精矿产率明显偏低，浮-磁联合流程的最终精矿产率很难达到 70%。因此，SHP 系列湿式强磁选机并不太适合作为菱镁矿浮选精矿的磁选除铁设备。

5.3.1.2 XCSQ-50mm×70mm 湿式强磁选机的除铁试验

实验室用 XCSQ-50mm×70mm 湿式强磁选机为武汉探矿机械厂生产。它的分选部位相当于琼斯型强磁选机的一个基本结构单元，只具有一个尺寸为 50mm×70mm×220mm 的分选箱，聚磁介质依旧是齿板，但它的背景磁场可以提高到 1830kA/m。

在给矿浓度为 25%~30% 的条件下，调节电流以改变磁选机的背景场强，对菱镁矿浮选精矿进行磁选除铁试验，结果如图 5-27 所示。

由图 5-27 可见，即使背景场强从 796kA/m 提高到 1830kA/m，磁选精矿的

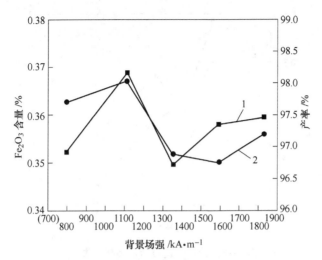

图 5-27　XCSQ-50×70 湿式强磁选机的分选效果
1—精矿中 Fe_2O_3 含量；2—精矿产率

Fe_2O_3 含量和产率变化都很小，精矿中 Fe_2O_3 的含量在 0.36% 左右波动，产率在 97% 左右波动，并没有显著的随场强变化的趋势。

虽然此磁选机的磁选精矿产率颇高，但由 SHP 系列湿式强磁选机的试验结果可以预见，此湿式强磁选机扩大化后的效果未必理想。所以湿式强磁选机并非是菱镁矿浮选精矿除铁最适合的磁选设备类型。

5.3.2　湿式高梯度磁选机的除铁试验

高梯度磁选机是在强磁选机的基础上发展起来的，它的特点是：均匀的背景磁场，小半径铁磁性介质及均匀的料浆流速场。这种磁介质在均匀的背景磁场中磁化达到饱和状态时，能产生很高的磁场梯度和磁场强度，形成非均匀的磁场，具有很大的捕捉矿物颗粒的工作面积。

5.3.2.1　Slon-500 立环脉动高梯度磁选机的分选试验

Slon-500 立环脉动高梯度磁选机由江西赣州金环磁选设备有限公司生产。其外环直径为 500mm，聚磁介质为转环上直径为 2mm 的钢棒，棒之间的间隙为 2mm。矿浆进入分选腔后，脉动装置保证矿浆均匀分散，转动的立环在分选腔内吸取磁性颗粒，立环转至分选腔外后由清水冲洗下磁性产物作为尾矿，非磁性产物则由底部排出。

A　转环转速对除铁效果的影响

将背景场强调至 801kA/m，在脉动频率为 200 次/min，给矿浓度为 23% 的条件下，改变转环转速，对菱镁矿浮选精矿进行磁选除铁试验，如图 5-28 所示。

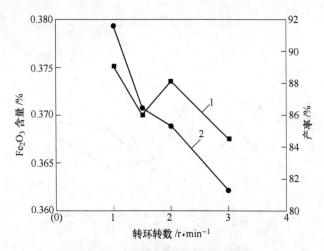

图 5-28　转环转速对精矿指标的影响
1—精矿中 Fe_2O_3 含量；2—精矿产率

图 5-28 中的试验结果表明，菱镁矿磁选精矿的产率随着转环转速的增大而降低，转环转速从 1r/min 增加到 3r/min，精矿产率则从 91.58% 降到 81.30%。虽然精矿中 Fe_2O_3 含量的变化不大，都在 0.37% 附近波动，但也在最大转环转速 3r/min 时出现最低值。由此可见，转环的适宜转速为 3r/min。

B　脉动对除铁效果的影响

将背景场强调至 801kA/m，在转环转速为 3r/min、给矿浓度为 23% 的条件下，改变脉动频率，对菱镁矿浮选精矿进行磁选除铁试验，如图 5-29 所示。

如图 5-29 所示，当脉动频率低于 200 次/min 时，磁选精矿的产率和 Fe_2O_3

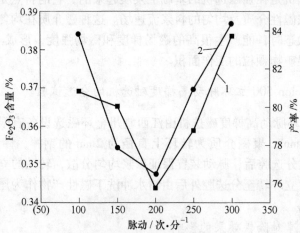

图 5-29　脉动对精矿指标的影响
1—精矿中 Fe_2O_3 含量；2—精矿产率

含量都随脉动频率的增大而降低；当脉动频率高于200次/min时，磁选精矿的产率和Fe_2O_3含量都随脉动频率的增大而升高；在脉动频率为200次/min时，磁选精矿中Fe_2O_3的含量最低，为0.34%，但此时的精矿产率也最低，为76.48%；脉动频率为250次/min时的精矿产率略高些，为80.95%，相应磁选精矿中Fe_2O_3的含量为0.36%，与脉动频率为200次/min时的磁选精矿中Fe_2O_3的含量最为接近。由此可见，脉动频率为200次/min或250次/min较为合适。

C 脉动频率为200次/min时背景场强对除铁效果的影响

在脉动频率为200次/min、转环转速为3r/min、给矿浓度为23%的条件下，调节激磁电流以改变背景场强，对菱镁矿浮选精矿进行了磁选除铁试验，结果如图5-30所示。

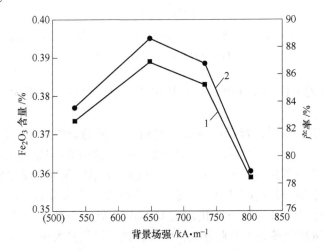

图5-30 脉动频率为200次/min时背景场强对精矿指标的影响
1—精矿中Fe_2O_3含量；2—精矿产率

图5-30中的试验结果表明，在801kA/m的最大背景场强下，磁选精矿才具有相对最低的Fe_2O_3含量，为0.36%，但此时的产率也最低，为78.89%，与上组改变脉动频率中的相同条件的试验结果相比，差距不大。

D 脉动频率为250次/min时背景场强对除铁效果的影响

在脉动频率为250次/min，转环转速为3r/min，给矿浓度为23%的条件下，调节激磁电流以改变背景场强大小，对菱镁矿浮选精矿进行磁选除铁试验，结果如图5-31所示。

图5-31中的试验结果表明，当背景场强为693kA/m时，磁选精矿的Fe_2O_3含量最低，为0.35%，此时的精矿产率为80.44%；当背景场强低于693kA/m时，精矿产率比较高，尤其是当背景场强为648kA/m时，精矿产率达到92.39%的最高值；当背景场强高于693kA/m时，精矿产率基本不变；当背景场强在

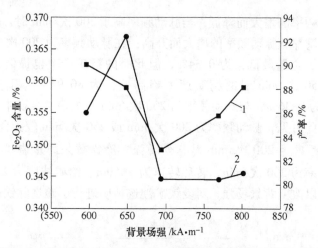

图 5-31　脉动频率为 250 次/min 时背景场强对精矿指标的影响
1—精矿中 Fe_2O_3 含量；2—精矿产率

596~801kA/m 的范围内变化时，磁选精矿的 Fe_2O_3 含量变化不大，其波动范围仅 0.01 个百分点。

上述试验结果表明，背景场强大小对精矿产率的影响较大：场强低，产率高；场强高，产率低；而背景场强对精矿的 Fe_2O_3 含量影响则因脉动频率不同而存在区别，脉动频率为 200 次/min 时，最佳精矿 Fe_2O_3 含量出现在最高背景场强处，而其他背景场强的精矿 Fe_2O_3 含量至少要高出 1 个百分点；脉动频率为 250 次/min 时，最佳精矿 Fe_2O_3 含量出现在 693kA/m 处，但其他背景场强条件下的精矿 Fe_2O_3 含量则至多高 1 个百分点，而且背景场强只要大于 693kA/m 即可获得 Fe_2O_3 含量为 0.35% 左右、产率为 80% 的精矿。由此可见，采用 Slon 立环脉动高梯度磁选机对菱镁矿浮选精矿进行磁选除铁时，适宜的操作参数为：转环转速 3r/min、脉动频率 250 次/min、背景场强 693kA/m（电流 1000 A）。

虽然磁选精矿 0.36% 的 Fe_2O_3 含量相较于浮选精矿 0.42% 确有降低，但是相对于 0.27% 的极限值，Slon 立环脉动高梯度磁选机的结果不太理想。若进行二次除铁，精矿产率势必低于 80%，致使磁-浮联合流程的最终精矿产率很难达到 70% 以上。

5.3.2.2　CRIMM DCJB70-200 型实验室电磁夹板强磁选机的分选试验

CRIMM DCJB70-200 型实验室电磁夹板强磁选机由长沙矿冶研究院矿冶装备公司生产制造，属于与表 5-2 中提到的 CRIMM 系列双箱永磁高梯度磁选机相同原理的实验室机型。他的外形与 XCSQ-50×70 湿式强磁选机颇为相似，不同之处在于分选盒内的聚磁介质。CRIMM DCJB70-200 型实验室电磁夹板强磁选机的聚磁介质除齿板外，还可替换为钢网、钢棒或钢毛。由于使用钢毛做介质时堵塞严重，因此只选用钢网和钢棒作为聚磁介质，对菱镁矿浮选精矿分别进行磁选试验。

虽然此电磁夹板强磁选机拥有电脑操控系统，可全自动完成磁选和冲洗，但为了保证冲洗干净彻底，选择人工冲洗中矿和尾矿。具体操作步骤为：激磁、给矿、人工冲洗下中矿、退磁，卸下分选介质人工冲洗下尾矿。由于中矿的量很少，故将其合并到尾矿中。

A 采用钢网介质时矿浆浓度对除铁效果的影响

选用钢网为聚磁介质，装于分选盒内，在背景场强为 641kA/m 的条件下，改变矿浆浓度，对菱镁矿浮选精矿进行了磁选除铁试验，结果如图 5-32 所示。

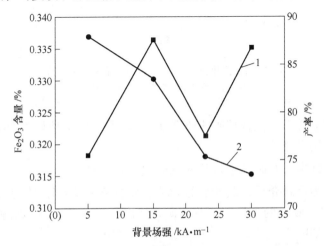

图 5-32 采用钢网介质时矿浆浓度对精矿指标的影响
1—精矿中 Fe_2O_3 含量；2—精矿产率

如图 5-32 所示，随着矿浆浓度的升高，精矿产率呈下降趋势，当矿浆浓度从 5% 升至 30%，精矿产率从 87.92% 降至 73.49%，而磁选精矿的 Fe_2O_3 含量则在 0.33% 左右波动。由于浓度太低不利于工业应用，因此确定后续试验中采取 23% 的矿浆浓度。

B 采用钢网介质时背景场强对除铁效果的影响

在矿浆浓度为 23% 的条件下，调节电流以改变背景场强大小，对菱镁矿浮选精矿进行了磁选除铁试验，如图 5-33 所示。

从图 5-33 可以看出，精矿的产率和 Fe_2O_3 含量都随着背景场强的升高而降低，当背景场强由 318kA/m 升高至 800kA/m，磁选精矿的产率从 78.56% 降低至 62.45%，精矿的 Fe_2O_3 含量由 0.32% 降至 0.29%。

上述试验结果表明，以钢网为聚磁介质的磁选精矿的除铁效果非常好，800kA/m 的背景场强就能使精矿 Fe_2O_3 含量降低到 0.29% 以下，但是在矿浆浓度

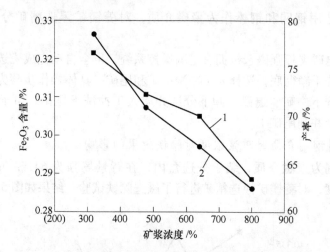

图 5-33 采用钢网介质时背景场强对精矿指标的影响
1—精矿中 Fe$_2$O$_3$ 含量；2—精矿产率

为 23%的给矿条件下，磁选精矿的产率过低，不足 80%。所以钢网不是菱镁矿精矿除铁适合的聚磁介质。

  C 采用钢棒介质时矿浆浓度对除铁效果的影响

  选用钢棒为聚磁介质，装于分选盒内，钢棒直径 2mm，棒间距 1.5mm。在背景场强为 641kA/m 的条件下，改变矿浆浓度，对菱镁矿浮选精矿进行磁选除铁试验，结果如图 5-34 所示。

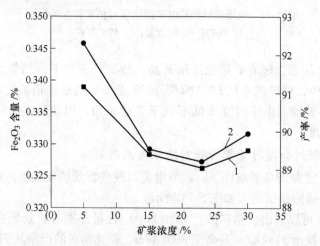

图 5-34 采用钢棒介质时矿浆浓度对精矿指标的影响
1—精矿中 Fe$_2$O$_3$ 含量；2—精矿产率

  如图 5-34 所示，当矿浆浓度由 5%增加到 15%后，精矿产率下降了 2.76 个百分点，精矿 Fe_2O_3 含量降低了 0.01 个百分点，继续增加矿浆浓度，则对精矿的产率和 Fe_2O_3 含量影响不再明显，磁选精矿的产率维持在 89.5% 左右，精矿中 Fe_2O_3 的含量维持在 0.33%。

D 采用钢棒介质时背景场强对除铁效果的影响

以半径 2mm，棒间距 1.5mm 的钢棒作为聚磁介质，在矿浆浓度为 23% 的条件下，调节电流以改变背景场强大小，对菱镁矿浮选精矿进行磁选除铁试验，结果如图 5-35 所示。

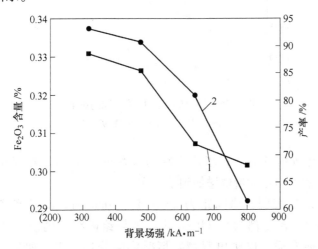

图 5-35 采用钢棒介质时背景场强对精矿指标的影响
1—精矿中 Fe_2O_3 含量；2—精矿产率

如图 5-35 所示，和采用钢网介质的试验结果类似，磁选精矿的产率和 Fe_2O_3 含量都随着背景场强的升高而降低；当背景场强为 318kA/m 时，精矿的产率最高，为 93.18%，其中 Fe_2O_3 含量为 0.33%；当背景场强为 641kA/m 时，精矿的产率依然在 80% 以上，为 81.06%，其中 Fe_2O_3 含量为 0.31%；当背景场强继续增加时，精矿产率就开始明显下降了。由此可见，以钢棒为聚磁介质时的最佳背景场强为 641kA/m。

E 钢棒间距对除铁效果的影响

聚磁介质的填充率会影响分选空间的磁场梯度和磁场强度，从而影响磁选效果。在矿浆浓度为 23%，背景场强为 641kA/m 的条件下，选用不同棒间距的钢棒作为聚磁介质，分别对菱镁矿浮选精矿进行了磁选除铁试验，结果如图 5-36 所示。

如图 5-36 所示，磁选精矿的产率和 Fe_2O_3 含量都随着棒间距的增加而增大，二者数值在棒间距小于 2mm 时增加缓慢，在棒间距大于 2.5mm 后趋于平缓，从 2mm 到 2.5mm 变化最剧烈；当棒间距为 2mm 时，磁选精矿的产率为 91.25%，

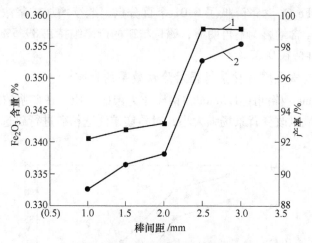

图 5-36　钢棒间距对精矿指标的影响

1—精矿中 Fe_2O_3 含量；2—精矿产率

其中的 Fe_2O_3 含量为 0.34%；当棒间距为 2.5mm 时，磁选精矿的产率猛增为 97.10%，其中的 Fe_2O_3 含量也增加到了 0.36%。

上述试验结果表明，棒间距为 2mm 和 1.5mm 时，精矿产率都在 90% 以上，而精矿 Fe_2O_3 含量都为 0.34%。所以如果给矿粒度稍粗，可选用 2mm 棒间距的钢棒聚磁介质，以防出现堵塞情况影响分选效果；如果给矿粒度较细时，1.5mm 的棒间距不会出现堵塞，则更应该选用 1.5mm 棒间距的钢棒作为聚磁介质。

5.3.3　CRIMM 系列电磁高梯度磁选机的分选试验

CRIMM 系列电磁高梯度磁选机也是长沙矿冶研究院生产的磁选设备。它的聚磁介质是钢毛网，分选箱直径为 100mm，截面积为 7850mm^2，背景场强最高可达 1273kA/m。

在给矿浓度为 20%、矿浆流速为 13.5mm/s 的条件下，改变背景场强，对菱镁矿浮选精矿进行了磁选除铁试验，结果如图 5-37 所示。

如图 5-37 所示，磁选精矿的产率随着背景场强的增大显著降低，当场强大于 796kA/m 时，精矿产率已经低于 60%；当场强大于 955kA/m 时，精矿产率已经低于 50%，但是精矿的 Fe_2O_3 含量并未随着背景场强的增加而有显著降低；在背景场强低于 796kA/m 时，精矿的 Fe_2O_3 含量随着背景场强的增加而略微下降；当背景场强大于 796kA/m 后，精矿的 Fe_2O_3 含量反而随着背景场强的增加而开始逐渐增加，但增加不多，最多仅为 0.01 个百分点。这说明在背景场强大于 796kA/m 后，一方面因机械夹杂增加了菱镁矿进入磁性产品的概率，另一方面也

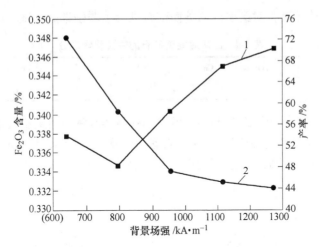

图 5-37 背景场强对精矿指标的影响

1—精矿中 Fe₂O₃ 含量；2—精矿产率

可能存在高铁含量菱镁矿被磁化的现象，使菱镁矿和含铁杂质的差异性减小，分选效果变差，磁选精矿产率也相应显著下降。虽然菱镁矿本身比磁化系数小，属于非磁性矿物范畴，但在岩矿鉴定中发现了有铁染菱镁矿和菱镁矿内部包裹铁矿物的情况，它们的存在会提高所在菱镁矿石颗粒的比磁化系数，使其在高背景场强条件下被磁化。

5.4 磁-浮联合流程试验

对菱镁矿石的浮选处理可以大幅度去除石英杂质，达到很好的除硅效果，虽然通过浮选也可以在一定程度降低精矿中铁的含量，但浮选精矿中含有的铁杂质还是有继续下降的空间。磁选在去除铁矿物的同时，也能去除与其紧密结合的石英杂质，但去除的量很小。可见采用单一浮选或磁选对菱镁矿石进行处理，难以达到理想的除硅、降铁提纯效果，因此采用浮-磁联合流程对其进行处理，可能会得到更好的提纯效果。

5.4.1 弱磁选试验

由于在磨矿过程中钢球存在机械磨损和腐蚀磨损，可直接导致菱镁矿石经磨矿后其中铁含量增加，为了确定具体情况，取 2400g 菱镁矿石样品（表 2-1 中 A 矿样），在球磨机中磨至 -0.074mm 粒级占 77%，然后烘干、混匀、化验，其结果见表 5-4。

菱镁矿原矿石中的 Fe₂O₃ 含量为 0.40%，而经过磨矿后菱镁矿石中的 Fe₂O₃ 含量上升到 0.61%，这将为高梯度磁选除铁增加负担。为了解决这一问题，考虑增加弱磁选除铁环节，对磨矿后的菱镁矿石进行了弱磁选除铁试验。

表 5-4   磨矿后菱镁矿石的主要化学成分

化学成分	MgO	CaO	SiO_2	Al_2O_3	Fe_2O_3	IL
含量/%	46.36	1.00	0.80	0.22	0.61	51.06

弱磁选试验同样使用 CRIMM DCJB70-200 型实验室电磁夹板强磁选机，只不过调节电流使其背景场强降至弱磁选范围，而聚磁介质采用 2mm 齿距的齿板。图 5-38 是场强对磁选影响的试验结果，矿浆浓度为 23%。

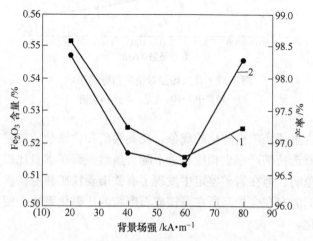

图 5-38   背景场强对精矿 Fe_2O_3 含量的影响

1—精矿中 Fe_2O_3 含量；2—精矿产率

如图 5-38 所示，20kA/m 的磁场强度就可以使菱镁矿矿样的 Fe_2O_3 含量由 0.61% 降至 Fe_2O_3 占 0.52%，而且精矿的产率高达 96.84%；背景场强继续再增加，则对 Fe_2O_3 含量和产率的影响减小。所以可采用 20kA/m 的磁场强度对磨矿后的菱镁矿石进行弱磁选除铁试验。

5.4.2　磁—浮联合流程试验

针对菱镁矿石样品的具体情况，分别采用浮选—弱磁选—强磁选、弱磁选—浮选—强磁选和弱磁选—强磁选—浮选 3 种分选流程进行了系统的试验。

浮选试验采用的药剂制度为：盐酸 2500g/t、六偏磷酸钠 150g/t、捕收剂 120g/t；弱磁选采用 2mm 齿距的齿板为磁介质，背景场强为 20kA/m，矿浆浓度为 23%；强磁选采用钢棒作为聚磁介质，棒间距为 1.5mm，背景场强为 641kA/m，矿浆浓度定为 23%。每次试验用 400g 矿样。

采用浮选—弱磁选—强磁选试验流程获得的分选结果见表 5-5。

表 5-5 浮选—弱磁选—强磁选流程的试验结果 （%）

产物	总产率	MgO 总回收率	SiO_2 总去除率	Fe_2O_3 总去除率	MgO 含量	CaO 含量	SiO_2 含量	Al_2O_3 含量	Fe_2O_3 含量	LOI
浮选精矿	87.73	88.08	85.35	24.52	47.00	0.86	0.13	0.07	0.52	51.41
浮选尾矿	12.27	—	—	—	44.87	1.71	4.81	0.26	1.91	46.37
弱磁精矿	85.99	86.36	86.77	34.07	47.01	0.87	0.12	0.06	0.47	51.47
弱磁尾矿	1.74	—	—	—	45.44	0.91	0.31	0.09	3.11	50.14
强磁精矿	82.60	83.03	93.27	55.25	47.06	0.91	0.07	0.07	0.33	51.56
强磁尾矿	3.39	—	—	—	46.03	0.81	0.29	0.10	1.66	51.11

表 5-4 中的试验结果表明，通过浮选可以去除矿石中的大部分硅，浮选精矿的 SiO_2 品位仅为 0.13%，同时还除去了少部分的铁。这是由于部分含铁矿物与含硅矿物连生，脱除硅的同时也可除掉与之连生的铁，而且还有部分铁是以氧化物矿物形式存在的，而胺类捕收剂正是铁氧化矿物的捕收剂，所以叔胺可用通过物理吸附方式捕集铁的氧化矿物。通过弱磁选和强磁选既可以进一步提高 SiO_2 的去除率，将最终精矿的 SiO_2 品位降到 0.07%，同时还将 Fe_2O_3 的去除率提高到 55.25%，使最终精矿的 Fe_2O_3 含量降到 0.33%、产率为 82.60%。

采用弱磁选—浮选—强磁选流程的试验结果见表 5-6。

表 5-6 弱磁选—浮选—强磁选流程的试验结果 （%）

产物	总产率	MgO 总回收率	SiO_2 总去除率	Fe_2O_3 总去除率	MgO 含量	CaO 含量	SiO_2 含量	Al_2O_3 含量	Fe_2O_3 含量	LOI
浮选精矿	96.92	96.68	23.67	18.97	46.69	0.98	0.63	0.15	0.51	51.04
浮选尾矿	3.08	—	—	—	45.08	1.04	0.74	0.20	3.11	49.83
弱磁精矿	84.51	85.00	87.00	41.83	47.08	0.87	0.12	0.07	0.42	51.43
弱磁尾矿	12.41	—	—	—	44.36	1.63	4.83	0.24	1.88	47.06
强磁精矿	81.33	81.82	87.49	54.83	47.09	0.86	0.12	0.07	0.34	51.52
强磁尾矿	3.18	—	—	—	45.08	0.79	0.35	0.13	2.35	51.31

从表 5-6 中可以看出，通过弱磁选可以使 Fe_2O_3 的品位降低 0.1 个百分点，并去除了少量的硅，但浮选依旧是除硅的关键作业；经过浮选后，精矿中 SiO_2 的去除率达到了 87.00%；经过强磁选使最终精矿的 SiO_2 品位降至 0.12%；浮选和磁选作业都对降低 Fe_2O_3 含量有贡献，将最终精矿的 Fe_2O_3 含量降至 0.34%，获得产率为 81.33% 的最终精矿。

采用弱磁选—强磁选—浮选试验流程的分选结果见表 5-7。

表 5-7　弱磁选—强磁选—浮选流程的试验结果　　　　　　　　（%）

产物	总产率	MgO 总回收率	SiO$_2$ 总去除率	Fe$_2$O$_3$ 总去除率	MgO 含量	CaO 含量	SiO$_2$ 含量	Al$_2$O$_3$ 含量	Fe$_2$O$_3$ 含量	LOI
浮选精矿	97.58	97.13	14.61	15.21	46.59	0.98	0.70	0.16	0.53	51.03
浮选尾矿	2.42	—	—	—	45.03	1.02	0.65	0.15	3.16	49.99
弱磁精矿	91.75	91.34	19.44	33.09	46.60	1.01	0.70	0.15	0.44	51.09
弱磁尾矿	5.83	—	—	—	44.67	1.25	1.16	0.24	2.63	50.05
强磁精矿	77.58	78.15	91.57	58.76	47.15	0.84	0.09	0.08	0.32	51.52
强磁尾矿	14.17	—	—	—	44.32	1.85	4.10	0.24	1.18	48.32

表 5-7 与表 5-5 和表 5-6 中的试验结果比较可知，采用弱磁选—强磁选—浮选流程获得的降铁效果最好，但是最终精矿的产率仅为 77.58%，比其他两种流程的都明显低。

（1）通过浮选条件试验，在适宜的浮选条件下，对 SiO$_2$ 含量为 0.76%，Fe$_2$O$_3$ 含量为 0.4% 的原矿浮选，可获得品位在 47.10% 以上、SiO$_2$ 含量在 0.15% 以下、Fe$_2$O$_3$ 含量为 0.4% 的精矿。对 SiO$_2$ 含量为 1.39%，Fe$_3$O$_3$ 含量为 0.4% 的原矿浮选，可获得品位在 47.10% 以上、SiO$_2$ 含量在 0.15% 以下、Fe$_3$O$_3$ 含量为 0.4% 的精矿。

（2）琼斯型强磁选机和高梯度磁选机对菱镁矿浮选精矿中的杂质铁都有去除效果，高梯度磁选机比琼斯型强磁选机更适合做菱镁矿精矿除铁的磁选设备。

琼斯型强磁选机场强的改变对磁选精矿的产率和 Fe$_2$O$_3$ 含量影响很小。SHP 系列湿式强磁选机可得到的磁选精矿产率在 85% 左右，精矿 Fe$_2$O$_3$ 含量在 0.35% 左右；XCSQ-50×70 湿式强磁选机可得到的磁选精矿产率在 97% 左右，精矿 Fe$_2$O$_3$ 含量在 0.36% 左右。

3 种高梯度磁选机对菱镁矿浮选精矿进行的操作参数条件试验结果表明，CRIMM DCJB70-200 型实验室电磁夹板强磁选机的磁选效果要优于 Slon-500 立环脉动高梯度磁选机和 CRIMM 系列电磁高梯度磁选机，是最适合的机型，其扩大化的 CRIMM 系列双箱永磁高梯度磁选机也是除铁效果最好的。

Slon-500 立环脉动高梯度磁选机获得磁选精矿产率为 80.42%，Fe$_2$O$_3$ 含量为 0.35% 的最佳操作参数为转环转速 3r/min，脉动频率 250 次/min，背景场强 693kA/m。以钢毛网作聚磁介质，用 CRIMM 系列电磁高梯度磁选机得到磁选精矿产率为 58.52%，Fe$_2$O$_3$ 含量为 0.33% 的最佳背景场强是 796kA/m。

CRIMM DCJB70-200 型实验室电磁夹板强磁选机获得产率为 81.06%、Fe$_2$O$_3$ 含量为 0.31% 的磁选精矿的最佳操作条件是：1.5mm 棒间距的钢棒为聚磁介质，23% 的矿浆浓度和 641kA/m 的背景场强。

（3）浮选和磁选都有降硅降铁的作用，但浮选以除硅为主，磁选以降铁为主。浮选的药剂制度采用：盐酸 2500g/t（调节 pH 值至 5.5 左右），六偏磷酸钠 150g/t，捕收剂 180g/t；弱磁选采用 2mm 齿距的齿板为磁介质，背景场强调至 20kA/m，矿浆浓度定为 23%；强磁选采用 1.5mm 棒间距的钢棒作为聚磁介质，背景场强调至 641kA/m，矿浆浓度定为 23%。

通过 3 种磁浮联合流程试验发现，无论是"浮选—弱磁选—强磁选""弱磁选—浮选—强磁选"还是"弱磁选—强磁选—浮选"，都能获得良好的除硅降铁效果，对 SiO_2 的去除率可达到 90%左右，对 Fe_2O_3 的去除率可达到 55%左右，并且联合流程的最终产率为 80%左右。

6 菱镁矿石除杂机理

6.1 菱镁矿石阳离子反浮选除硅机理

6.1.1 阳离子捕收剂 LKD 对矿物表面电性的影响

矿物表面在溶液中溶解，可以使矿物表面带有电荷，矿物表面的电性影响矿粒的聚结与分散，影响矿物表面的亲水性，还会影响药剂在矿物表面的吸附等。

LKD 在水溶液中会发生解离反应，胺盐在溶液中既存在一部分呈离子态的胺离子，又存在一部分仍呈中性状态的胺分子，中性分子和离子之间的比例的大小取决于本身的解离常数和介质的 pH 值。

6.1.1.1 LKD 对石英表面电性的影响

石英属于典型的框架结构矿物，其晶体结构四面体中均以其四个角上的 O^{2-} 分别与相邻的四面体共用形成三维空间框架结构。石英在受力后会造成 Si-O 大量断裂，导致矿物表面暴露大量的 Si^{4+} 和 O^{2-}，从而使得矿物表面带有电荷；石英在水溶液中还可以吸附定位离子，导致石英表面带有电荷；石英在不同的 pH 值条件下，也可产生不同的吸附或者解离作用，形成不同的表面电性，又因为这些吸附或者解离属于可逆过程，因此石英能在较宽的 pH 值下呈负电性。

LKD 与石英作用前后在不同 pH 值条件下的 ζ 电位的测定结果如图 6-1 所示。

从图 6-1 可以看出，石英表面动电位随着 pH 值不断升高而降低，pH = 2.7 时，石英动电位为零，当介质 pH 值大于石英的零电点（pH = 2.7）时，石英表面为 SiO^-，显负电性与胺类阳离子 RNH_3^+ 或 $(RNH_3)_2^{2+}$ 发生静电吸附，导致石英疏水，所以用阳离子捕收剂 LKD 能将石英浮起。石英与 LKD 作用后，在 pH 值为 5.5 时测得其 ζ 电位为 $-20.375mV$，动电位随着 pH 值的升高先降低后升高，在 pH = 3.5 时动电位为零，并且石英 ζ 电位整体偏高，这说明了十二胺在石英表面存在静电吸附，当 pH 值大于 11.4 后，石英的 ζ 电位反而升高，说明药剂与石英的作用增强了。由此可知，LKD 捕收剂通过静电吸附作用在石英上，可改变其 ζ 电位的符号，使石英的 ζ 电位升高。

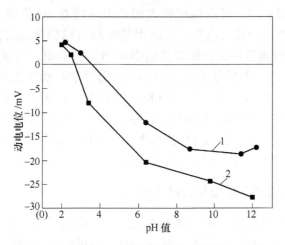

图 6-1 石英与 LKD 作用前后的 ζ 电位与 pH 值

1—石英+LKD；2—石英

6.1.1.2 LKD 对滑石纯矿物表面电性的影响

滑石为三层结构的镁硅酸盐矿物，在滑石的晶格结构中，硅氧四面体连接成层，构成六方网状层，活性氧朝向一端，每 6 个网状层的活性氧通过"氢氧镁石"层连接，形成"双层"。双层内电荷平衡，联结牢固；双层之间以余键吸引，联结不牢固。因此，双层间易解裂，具有天然疏水性，天然可浮性很好。

LKD 与滑石作用前后在不同 pH 值条件下的 ζ 电位的测定结果如图 6-2 所示。

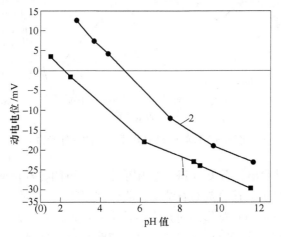

图 6-2 滑石与 LKD 作用前后的 ζ 电位与 pH 值

1—滑石；2—滑石+LKD

从图 6-2 可以看出，滑石纯矿物表面动电位随着 pH 值的升高而降低，且在大部分 pH 值范围内显负电性，其原因是在滑石结构中，结构单元内电荷是平衡的，在矿物解离后形成由面和棱边组成的滑石表面，其棱边暴露的 Si^{4+} 和 O^{2-} 具有较强的键合羟基的能力。当 pH=2.1 时，滑石动电位为零，在 pH 值为 5.5 时，其 ζ 电位为 -14.78mV。与 LKD 作用后，在 pH≈5.1 时动电位为零，并且滑石 ζ 电位整体向碱性方向移动，这说明了 LKD 在滑石表面存在静电吸附。选用适量阳离子捕收剂在 pH 值为 5.5 时可改变滑石纯矿物 ζ 电位的符号，试验结果表明，LKD 使滑石的 ζ 电位升高。

6.1.2 LKD 与矿物作用的红外光谱分析

红外光谱是对物质定性的重要方法之一，具有特性高、分析快速、所需的检测样少、不影响检测样、检测方便等特点，通过红外光谱图分析捕收剂在矿物表面吸附特性对于理解矿物的可浮性及特定矿物的选择性捕收剂具有重要意义。

6.1.2.1 LKD 与石英作用前后的红外光谱分析

石英与 LKD 作用前后的红外光谱如图 6-3 所示。

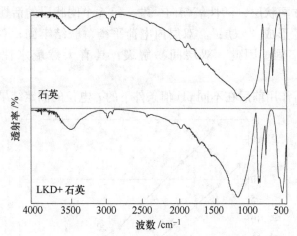

图 6-3 石英与 LKD 作用前后的红外光谱

从图 6-3 可以看出，石英与 LKD 作用前后，石英的各峰位均未发生位移，但在单矿物浮选试验中，捕收剂对石英的捕收作用很明显。峰位的无变化一方面说明胺类阳离子捕收剂与石英作用的方式不是化学吸附，另一方面捕收剂在干燥过程中随着水溶液挥发或者直接升华了，这也表明胺类捕收剂与石英的作用是不牢固的静电吸附或分子吸附。

6.1.2.2　LKD 与蛇纹石作用前后的红外光谱分析

蛇纹石属层状结构镁硅酸盐矿物，其氢氧镁石层与硅氧四面体层以 1∶1 的比例连接成构造单元层，层间依靠范德华力联系在一起，矿物本身很松散，矿物解离时，主要沿层间断裂。蛇纹石与 LKD 作用前后的红外光谱如图 6-4 所示。

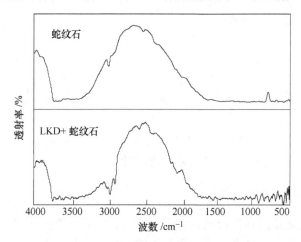

图 6-4　蛇纹石与 LKD 作用前后的红外光谱

从图 6-4 可以看出，蛇纹石纯矿物与 LKD 作用后，出现图中 765.94cm^{-1} 和 696.07cm^{-1} 的峰值是 Si—O—Si 对称伸缩振动的吸收峰；500.07cm^{-1} 和 456.26cm^{-1}的峰值是 Si—O 弯曲振动的吸收峰。由于在 pH 值为 5.5 时胺类捕收剂及蛇纹石均带有正电荷，且通过与药剂作用后的红外光谱分析发现 LKD 在蛇纹石表面发生化学吸附。

6.1.2.3　LKD 与滑石作用前后的红外光谱分析

滑石为三层结构硅酸盐矿物，与 LKD 作用前后的红外光谱如图 6-5 所示。

从图 6-5 可以看出，滑石与 LKD 作用后，出现 2926.08cm^{-1} 和 2858.42cm^{-1} 的峰是 N—H 伸缩振动的吸收峰；489.84cm^{-1} 的一个峰值是 Si—O 的弯曲振动的吸收峰。药剂吸附后 Si—O 键的弯曲振动峰从 489.84cm^{-1}变为 471.33cm^{-1}，发生了红移，即振动减弱，引起滑石表面裸露在外的 Si—O 的伸缩振动，减弱了 Si—O 键的弯曲振动效应。

综上所述，通过滑石及滑石与药剂作用后的红外光谱分析，在 pH 值为 5.5 时，滑石与捕收剂 LKD 作用后存在化学吸附。

6.1.3　改性捕收剂的作用效果分析

改性捕收剂 LKD 对菱镁矿石中硅的浮选脱除效果明显好于十二胺，现从捕

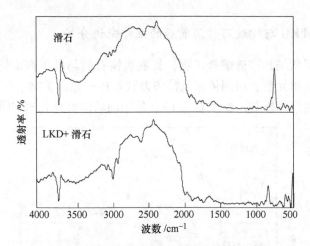

图 6-5　滑石与 LKD 作用前后的红外光谱

收剂的结构与性能入手，对二者的差异进行计算分析。

6.1.3.1　基团的电负性

元素的电负性是元素性质的一种定量标度，它表示在一个分子中，一原子将电子引向自己的能力。许多学者提出过不同的计算方法，其中，鲍林的电负性标度是用键能计算的；密利根的电负性是由原子的电势能和电子亲和能计算的；高蒂的电负性是由原子有效电荷与共价半径算得的。

分子中原子的电负性由于受到相邻原子，甚至间隔原子的影响而并不是一个不变的常数。不同基团中的同一原子，表现的电负性各不相同。因此在复杂分子中，对其中某一原子采用计算"基团电负性"的方法来表示受到影响后的电负性。所以基团电负性可以表示分子内部结构对分子性能的影响，基团电负性可以理解为基团中直接与外界接触键合的原子受到影响后的电负性。而计算捕收剂基团的电负性，可以用于分析药剂内部结构对捕收性能的影响。

采用如下方法计算浮选药剂的电负性。

设浮选药剂基团结构为：

$$A \underset{0}{———} B \underset{1}{———} C \underset{2}{———} D \tag{6-1}$$

式中，A 为键合原子，则基团电负性可用式（6-2）表示：

$$\chi_g = 0.31 \frac{n^* + 1}{r} + 0.5 \tag{6-2}$$

式中　χ_g——基团电负性；

n^*——分子中原子的有效价电子数；

r——键合原子的共价半径。

n^*的计算包括键合原子的未键合电子数及补正项，即

（1）未键和的电子数，等于$N-P$，N是 A 原子的价电子数，P是被 B 原子键合的电子数；

（2）A—B 键中电子对在 A 原子上的分数，其值为：

$$\sum 2m_0 \frac{\chi_A}{\chi_B + \chi_A} \tag{6-3}$$

式中，m_0 为零号键（即 A—B 键）间二电子键数。

（3）B 原子未成键电子 S_0 的诱导效应对零号键（即 A—B 键）产生的极性影响，其值为：

$$\sum S_0 \frac{\chi_B - \chi_A}{\chi_B + \chi_A} \tag{6-4}$$

（4）1 号键（即 B—C 键）中属于 B 原子的电子分数，其值为：

$$\frac{1}{a} \sum 2m_i \frac{\chi_B}{\chi_C + \chi_B} \tag{6-5}$$

式中，a 为隔离系数，其值为 2.7。

（5）C 原子未成键电子 S_1 的诱导效应造成 B—C 键的极性影响：

$$\frac{1}{a} \sum S_i \frac{\chi_C - \chi_B}{\chi_C + \chi_B} \tag{6-6}$$

则 $n^* = (N - P) + \sum 2m_0 \frac{\chi_A}{\chi_B + \chi_A} + \sum S_0 \frac{\chi_B - \chi_A}{\chi_B + \chi_A} + \sum \left(2\frac{m_1}{a_1} \frac{\chi_B}{\chi_C + \chi_B} + \right.$

$$\left. S_1 \frac{\chi_C - \chi_B}{\chi_C + \chi_B} \right) + \sum \left(2\frac{m_2}{a_2} \frac{\chi_C}{\chi_D + \chi_C} + S_2 \frac{\chi_D - \chi_C}{\chi_D + \chi_C} \right) \tag{6-7}$$

式中，a 为隔离系数（$a_i = 2.7^i$，i 为分子中对应相邻原子的号数）。

6.1.3.2 十二胺的电负性

十二胺属于伯胺，伯胺的官能团-NH_2 的结构如下所示：

$$\tag{6-8}$$

N 元素的共价半径 $r=0.71$；N 原子的外层价电子数是 5，故 $N=5$；N 原子被 C 原子和 H 原子键合的电子数是 3，故 $P=3$；各原子间都是单键，故 $m_0=1$，$m_1=1$，$m_2=1$；C 原子和 H 原子的外层未成键电子数都是 0，故 $S_0=0$，$S_1=0$，$S_2=0$；由鲍林标度电负性表查得 $\chi_N=3.04$，$\chi_C=2.55$，$\chi_H=2.20$。将各数值代入式 (6-1) 进行计算，则

$$n^* = (N-P) + 2\left(\frac{\chi_N}{\chi_C+\chi_N} + 2\frac{\chi_N}{\chi_H+\chi_N}\right) + \left(\frac{2}{2.7}\frac{\chi_C}{\chi_C+\chi_C} + 2\times\frac{2}{2.7}\frac{\chi_C}{\chi_H+\chi_C}\right) +$$

$$\left(\frac{2}{2.7^2}\frac{\chi_C}{\chi_C+\chi_C} + 2\times\frac{2}{2.7^2}\frac{\chi_C}{\chi_H+\chi_C}\right) = 7.01 \tag{6-9}$$

再将 $n^*=7.01$ 代入式 (6-2) 计算，则 $\chi_g = 0.31\times\dfrac{7.01+1}{0.71} + 0.5 = 4.00$，即伯胺基团电负性为 4.00。

6.1.3.3　叔胺的电负性

自制的捕收剂是一种混合胺类阳离子捕收剂，其最主要的成分是叔胺。叔胺基团 [≫N] 的结构如式 (6-10) 所示。

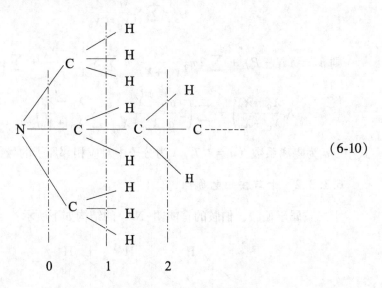

$$\tag{6-10}$$

将 $r=0.71$，$N=5$，$P=3$，$m_0=1$，$m_1=1$，$m_2=1$，$S_0=0$，$S_1=0$，$S_2=0$，$\chi_N=3.04$，$\chi_C=2.55$，$\chi_H=2.20$ 各数值代入式 (6-9) 进行计算，则

$$n^* = (N-P) + 2\times3\frac{\chi_N}{\chi_C+\chi_N} + \left(\frac{2}{2.7}\frac{\chi_C}{\chi_C+\chi_C} + 8\times\frac{2}{2.7}\frac{\chi_C}{\chi_H+\chi_C}\right) +$$

$$\left(\frac{2}{2.7^2} \frac{\chi_C}{\chi_C + \chi_C} + 2 \times \frac{2}{2.7^2} \frac{\chi_C}{\chi_H + \chi_C} \right) = 9.25 \tag{6-11}$$

再将 $n^* = 9.25$ 代入式（6-2）计算，则 $\chi_g = 0.31 \times \dfrac{9.25 + 1}{0.71} + 0.5 = 4.97$，

即叔胺基团的电负性为 4.97。

6.1.3.4 十二胺和叔胺的性能比较

由 6.1 节所得结论，十二胺和叔胺与石英作用是通过物理吸附方式来进行的。

胺类阳离子捕收剂分子中的极性基和非极性基分别影响药剂的作用能力，整个分子的性质是由各部分基团的性质加合而成，这叫作表面能的加合原理。

采用化学热力学和表面化学的方法，根据浮选药剂的上述作用特点，可以推导得到浮选剂非极性基和极性基作用的能量为：

$$\Delta F = \Delta F_{极} \pm \Delta F_{非} \tag{6-12}$$

式中，ΔF 为浮选剂作用的总自由能变化；$\Delta F_{极}$ 为极性基的自由能变化；$\Delta F_{非}$ 为非极性基自由能变化。

将非极性基的能量代入式（6-13）：

$$\Delta F_{非} = n\omega \tag{6-13}$$

式中，n 为直链烃基中—CH_2—基的个数；ω 为每个—CH_2—的能量，据研究，ω 值在 $400 \sim 1000$（卡/克分子）之间。表明，对于正构烷基而言，吸附自由能随着—CH_2—数目增长，是正比的关系。

极性基的能量则与基团电负性有关，即

$$\Delta F_{极} = \Delta F_{化} + ze\psi = a(\chi_g - \chi_M)^2 + b \tag{6-14}$$

式中，$\Delta F_{化}$ 为化学吸附的自由能变化；$ze\psi$ 为物理吸附为双电层吸附时的能量，其中 ψ 为双层的电极电位（或近似为 ζ 电位），z 为药剂离子的价数，e 为电子电荷；χ_g 为药剂的基团电负性；χ_M 为组成被浮矿物的元素的电负性；a、b 为常数。

N 原子的电负性较大，共价半径较小，易于通过静电力在矿物表面双电层外层的紧密层中吸附，因此对于以物理吸附为主的胺类捕收剂而言，药剂与矿物表面键合的极性越大，吸附能力越强，即 $\Delta\chi$ 值越大，吸附过程越易进行。伯胺的电负性为 4.00，叔胺的电负性是 4.97，高于伯胺的电负性，所以在发生静电吸附时，叔胺基团比伯胺基团拥有更强的吸附能力，故含有叔胺成分的捕收剂对石英的吸附能力比十二胺强，在反浮选菱镁矿过程中的选择性更好。

6.2 菱镁矿石除钙机理

在菱镁矿石中，目的矿物菱镁矿与白云石杂质矿物同属碳酸盐矿物，有着类

似的晶格构造，天然可浮性差异较小。因此，通过加入浮选药剂，使矿物表面的物理化学性质发生一定的改变，提高或降低矿物的可浮性，扩大目的矿物菱镁矿与脉石矿物的可浮性差异，是实现菱镁矿石有效分选的关键。以菱镁矿和白云石为研究对象，研究不同药剂对其作用和影响。

6.2.1　浮选药剂对矿物表面电性的影响

菱镁矿和白云石同属盐类矿物，在水溶液中溶解度较大同时溶解速率较快。矿物晶格离子在水分子作用下向介质中扩散，使矿物表面带有一定符号的电荷。在溶液中由于水分子对矿粒表面阴阳离子亲和力的差异，导致矿物表面离子选择性溶出；其次，矿物表面对溶液中阳离子和阴离子的吸附力也不同，导致了矿物表面对这两种离子不等量的吸附。这两个方面是使矿物表面荷电的主要原因。

6.2.1.1　pH 值对菱镁矿和白云石表面电性的影响

通过对菱镁矿和白云石纯矿物动电电位的测定，可以知道其各自的零电点。并可知道矿物在不同 pH 值下的荷电情况。以 5% 盐酸和 5% NaOH 为调整剂，测量不同 pH 值环境下两种纯矿物的动电电位变化情况，结果如图 6-6 所示。

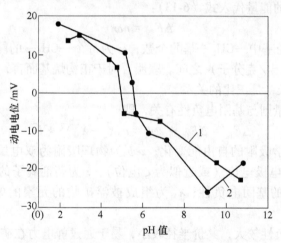

图 6-6　菱镁矿和白云石 ζ 电位 pH 值曲线
1—菱镁矿；2—白云石

图 6-6 结果表明，两种矿物的动电电位在不同 pH 值下变化极为相近。菱镁矿和白云石的等电点分别为 pH=5.0 和 pH=5.6。对于菱镁矿溶液，pH 值大于 5.0 时矿物表面荷负电，pH 值小于 5.0 时矿物表面荷正电。而白云石表面则在 pH 值大于 5.6 时荷负电，pH 值小于 5.6 时荷正电。这样在 pH=5.0~5.6 之间，便出现了一个两种矿物带不同电性的区间，可以在这个区间进行两者分离的试验探究。

6.2.1.2 六偏磷酸钠对菱镁矿和白云石表面电性的影响

分别取 30mL 事先配好的纯矿物悬浊液于锥形中，添加不同剂量的六偏磷酸钠。对添加六偏之后的白云石和菱镁矿进行表面 ζ 的测定，如图 6-7 所示。

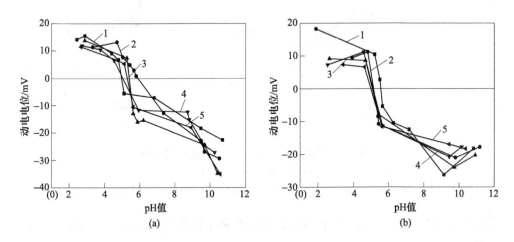

图 6-7　六偏磷酸钠对菱镁矿、白云石 ζ 电位的影响

（a）菱镁矿；（b）白云石

1—0mg/L 六偏磷酸钠；2—3mg/L 六偏磷酸钠；3—10mg/L 六偏磷酸钠；

4—20mg/L 六偏磷酸钠；5—30mg/L 六偏磷酸钠

图 6-7 结果显示，六偏磷酸钠均能改变菱镁矿和白云石的表面电性。对菱镁矿而言，当用量为 3mg/L 时，菱镁矿的 ζ 电位酸性环境下略微增长，碱性环境下略有下降，此用量下菱镁矿的等电点为 pH = 5.9；继续增加六偏用量，菱镁矿的等电点降到 pH = 5~5.5，且六偏磷酸钠能显著降低 pH>6 后的菱镁矿 ζ 电位，但对 pH<6 菱镁矿表面 ζ 电位影响不大。对于白云石，少量六偏磷酸钠便可显著降低其表面 ζ 电位，在 3~30mg/L 用量下其零电点降低到 pH = 5.0 左右。

6.2.1.3 水玻璃用量对菱镁矿和白云石表面电性的影响

同样在保持单矿物体积分数不变的情况下，向水溶液体系中添加不同剂量的水玻璃，测定菱镁矿和白云石表面的 ζ 电位，结果如图 6-8 所示。

由图 6-8 结果表明，水玻璃的添加并不能对白云石的表面电位造成显著影响，只会使其 ζ 电位略微下降。而添加水玻璃却能显著改变菱镁矿的表面 ζ 电位，使碱性条件下的菱镁矿 ζ 电位明显降低，而对酸性环境下的菱镁矿 ζ 电位有略微的提升。当水玻璃用量在 100~400mg/L 时，菱镁矿零电点从 pH = 5.0 上升到了 pH = 6.0 左右，而白云石的零电点却没有明显变化，稳定在 pH = 5.6 左右。

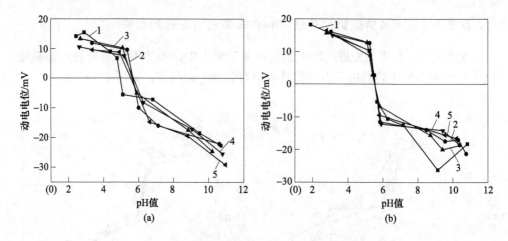

图 6-8 水玻璃对菱镁矿、白云石 ζ 电位的影响

（a）菱镁矿；（b）白云石

1—0mg/L 水玻璃；2—100mg/L 水玻璃；3—200mg/L 水玻璃；4—300mg/L 水玻璃；5—400mg/L 水玻璃

这说明在 pH=5.0~6.0 环境下添加水玻璃有利于阳离子捕收剂从菱镁矿中浮选分离出白云石。

6.2.1.4 捕收剂 LKD 对菱镁矿和白云石表面电性的影响

同样为考察捕收剂 LKD 对两种矿物动电电位的影响，进行了不同 LKD 用量下，菱镁矿和白云石表面 ζ 电位的测定试验，结果如图 6-9 所示。

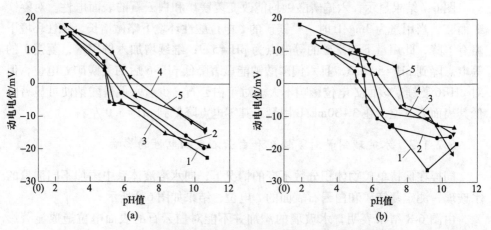

图 6-9 捕收剂 LKD 对菱镁矿、白云石 ζ 电位的影响

（a）菱镁矿；（b）白云石

1—0mg/L LKD；2—10mg/L LKD；3—30mg/L LKD；4—60mg/L LKD；5—120mg/L LKD

由图 6-9 结果表明，低浓度的捕收剂 LKD 对菱镁矿的 ζ 电位影响不明显，却能显著降低白云石的动电电位 ζ，使其等电点向酸性方向移动。当 LKD 浓度大于 60mg/L 时，白云石和菱镁矿的 ζ 电位均有明显幅度的增大，两者的零电点均向碱性方向移动了。当 LKD 用量为 120mg/L 时，菱镁矿和白云石的零电点分别增加到 pH=6 和 pH=7.5。

6.2.2 药剂与矿物作用的红外光谱分析

分别将 3g 矿置于不同浓度的药剂溶液中，其中水玻璃浓度为 300mg/L、六偏浓度为 100mg/L、捕收剂（LKD、油酸钠、RA-715）浓度为 100mg/L。用 5% 盐酸和 5%氢氧化钠调节 pH 值在 5~6（油酸钠 pH=7.5，RA-715，pH=8.95），充分搅拌反应 15min，将和药剂作用后的矿样用蒸馏水清洗 3 遍，使用真空过滤机过滤，常温晾干后做红外光谱测定。

6.2.2.1 六偏磷酸钠与矿物作用的红外光谱分析

六偏磷酸钠是常用的菱镁矿、方解石等碳酸盐矿物的抑制剂。由 ζ 电位试验可知，其作用原因可能是水溶液中其水解的 PO_4^{3-}、HPO_4^{2-}、$H_2PO_4^-$ 等离子与矿物表面发生静电吸附，从而引起矿物表面的电位发生变化。为考察其引起的矿物 ζ 电位变化是否有化学吸附的作用，进行了六偏磷酸钠对白云石、菱镁矿影响的红外光谱试验，红外光谱分析如图 6-10 所示。

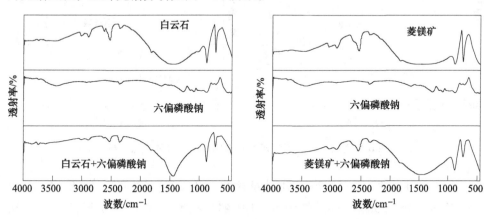

图 6-10　白云石、菱镁矿与六偏磷酸钠作用后红外光谱分析

由图 6-10 结果分析，1278.14cm^{-1} 是六偏磷酸钠中 P═O 伸缩振动特征峰，879.99cm^{-1} 处为 P—O—P 特征峰，P—O 伸缩振动峰在 1095.15cm^{-1} 和 969.98cm^{-1}处。白云石与六偏磷酸钠作用后，在 681.61cm^{-1} 和 1102.58cm^{-1}处出现了新峰，其中 1102.58cm^{-1}为 P—O 的伸缩振动峰，2531.12cm^{-1}处的峰值强度

也有明显增加，1277cm⁻¹的 P＝O 伸缩振动峰由于处于 CO_3^{2-} 的二重兼并反对称伸缩振动频率，1453.79cm⁻¹附近表现得并不十分明显。菱镁矿经处理后在710cm⁻¹出现了微小的新峰，2538.03cm⁻¹的峰强较与药剂作用前有所增加。因此，六偏磷酸钠与两种矿物均发生了化学吸附，但与白云石的吸附效果明显强于菱镁矿的。

6.2.2.2 水玻璃与矿物作用的红外光谱分析

水玻璃是矿物浮选中常用调整剂，具有来源广，成本低等优点。其不仅对矿物有选择性抑制作用，而且对矿浆能够起到分散作用，可有效防止泥化。其在矿浆中主要是 $Si(OH)_4$、$SiO(OH)_3^-$、$SiO_2(OH)_2^{2-}$ 起到作用。在 pH＝5~6 时主要以 $Si(OH)_4$ 形式存在，其次以少量 $SiO(OH)_3^-$ 存在，碱性环境下多以 $SiO_2(OH)_2^{2-}$ 存在。这就不难解释在电位试验中，碱性条件下水玻璃对矿物表面的 ζ 电位有明显的降低作用，主要是 $SiO(OH)_3^-$ 和 $SiO_2(OH)_2^{2-}$ 靠物理静电力吸附在矿物表面导致的。但水玻璃对矿物是否也发生了化学吸附，进行了水玻璃对白云石、菱镁矿影响的红外光谱试验。红外光谱试验结果如图 6-11 所示。

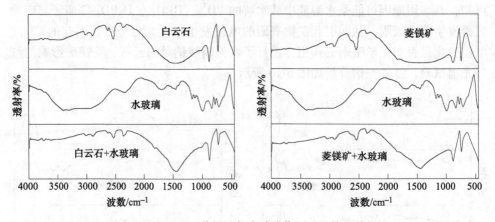

图 6-11 白云石、菱镁矿与水玻璃作用后红外光谱分析

由图 6-11 可见，官能团—OH 特征峰出现在 3395.62cm⁻¹、1448.64cm⁻¹和1687.78cm⁻¹处，3305.57cm⁻¹处为 Si—OH 的特征峰。Si—O—Si 特征峰出现在1172.33cm⁻¹、992.40cm⁻¹、715.29cm⁻¹三处。水玻璃作用后的白云石多出了3449.17cm⁻¹和 683.15cm⁻¹两处 Si—OH 和 Si—O—Si 伸缩振动峰，白云石本身 CO_3^{2-} 基团的吸收峰（1440.45cm⁻¹）的峰形较药剂作用前也变尖了。菱镁矿经水玻璃作用后在 2536.89cm⁻¹的峰发生了明显变化和偏移，CO_3^{2-} 的特征峰也有了明显的变化。表明水玻璃与两种矿物均发生了化学吸附，水玻璃对白云石的吸附效果明显优于对菱镁矿的。

6.2.2.3 LKD 与矿物作用的红外光谱分析

LKD 与白云石、菱镁矿的红外光谱分析如图 6-12 所示。

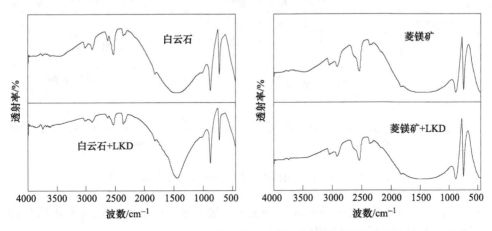

图 6-12 白云石、菱镁矿与 LKD 作用后红外光谱分析

根据 ζ 电位试验，LKD 的添加能显著增加矿物的 ζ 电位，可能是胺类药剂水溶液中 RNH_3^+、$(RNH_3)_2^{2+}$ 等在矿物表面静电吸附的原因。结合图 6-13 红外光谱试验结果，LKD 作用前后菱镁矿的光谱几乎没有变化，初步断定 LKD 对菱镁矿只存在静电吸附；白云石经药剂作用后也没有明显的变化。因此，LKD 对菱镁矿和白云石均不存在化学吸附。

6.2.2.4 油酸钠与矿物作用的红外光谱分析

油酸钠与白云石、菱镁矿的红外光谱分析如图 6-13 所示。在常规的油酸钠用量条件下，溶液中油酸的浓度均大于其溶解度 $S(S=10^{-7.5}mol/L)$。溶液中因存在溶解平衡反应，油酸主要以 $RCOO^-$、$(RCOO)_2^{2-}$、$RCOOH$、$(RCOOH \cdot RCOO)^-$ 几种形式存在。武汉工业大学张志京和中南大学冯其明的研究认为，在油酸溶解平衡临界点 $pH_0=7.5\sim8$ 时油酸主要以油酸离子-分子缔合物 $(RCOOH \cdot RCOO)^-$ 存在，碱性环境下主要 $RCOO^-$、$(RCOO)_2^{2-}$ 存在。

由图 6-13 知，白云石经油酸钠作用后有新峰出现，如 1580.77cm^{-1} 出现了 COO^- 的不对称伸缩振动吸收峰，可能是矿物表面有油酸镁或油酸钙生成的原因，在 1821.38cm^{-1}、1719.12cm^{-1}、1659.86cm^{-1} 几处也出现了 R—COOH 中—COO—基团的特征吸收峰。而对于菱镁矿，与药剂作用后 1581.04cm^{-1}、1535.98cm^{-1} 吸收峰对应是 COO^- 的不对称伸缩振动和对称伸缩振动，是油酸镁的特征峰，在 1660.32cm^{-1}、1719.96cm^{-1}、1821.81cm^{-1} 多了—COO—的吸收峰。综上说明，油酸钠一部分以离子形式存在吸附于矿物表面，并与其反应生成油酸钙（油酸

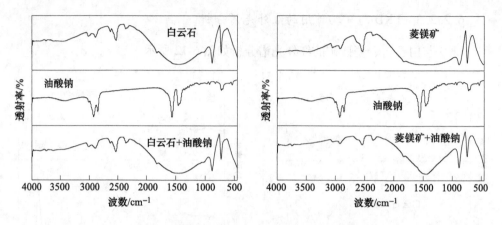

图 6-13　白云石、菱镁矿与油酸钠作用后红外光谱分析

镁），还有一部分以分子形态吸附于白云石（菱镁矿）表面。说明两种矿物与油酸钠的作用兼有化学吸附和物理吸附。

6.2.2.5　RA-715 与矿物作用的红外光谱分析

RA-715 与矿物作用的红外光谱分析如图 6-14 所示。RA-715 是脂肪酸的改性药剂，其药剂结构模型为 $Cl\text{-}R_1\text{-}R(COOH)\text{-}R_2\text{-}M_2$，主要是在脂肪酸 R—COOH 基础上引入了活性基团以提高其选矿性能，其作用机理与油酸类药剂类似。

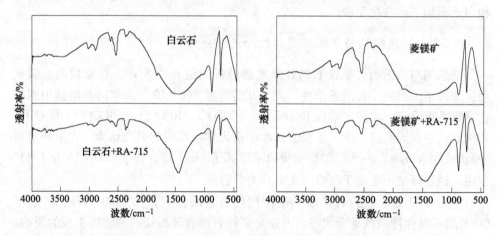

图 6-14　白云石、菱镁矿与 RA-715 作用后红外光谱分析

红外光谱试验表明与白云石、菱镁矿作用后均在 1580.81cm^{-1} 处出现 RCOOMg 峰谱，1821.08cm^{-1}、1719.07cm^{-1} 左右出现了—COO—基团特征峰。因此，可断定药剂 RA-715 与菱镁矿、白云石均存在化学吸附。

6.2.3 菱镁矿与白云石溶解的选择性

6.2.3.1 矿浆浓度对矿石浸出率的影响

两种矿物在水中存在溶解平衡，查阅相关数据绘制了白云石和菱镁矿在水中的溶解组分图，如图 6-15 所示。从图中可以看出，白云石在水中溶解平衡时，溶解出的组分离子浓度主要以 Mg^{2+}、$Mg(OH)^+$、Ca^{2+}、$Ca(OH)^+$、$CaCO_{3(aq)}$、$MgCO_{3(aq)}$、H_2CO_3 和 HCO_3^- 为主，菱镁矿主要以 Mg^{2+}、$Mg(OH)^+$、H_2CO_3、$MgCO_{3(aq)}$、$Mg(OH)_{2(aq)}$ 和 HCO_3^- 为主。同时可以看出，溶液组分浓度仅与矿浆 pH 值有关，并不随矿浆浓度的增大而改变，即不能促进矿石溶解，因此增大矿浆浓度并不能提高浸出率。图 4-17 中，白云石和菱镁矿的浸出率均随矿浆浓度的升高而降低，这是在其他条件不变的情况下，矿浆中 Mg^{2+} 和 Ca^{2+} 浓度不随矿浆浓度的升高而升高造成的。

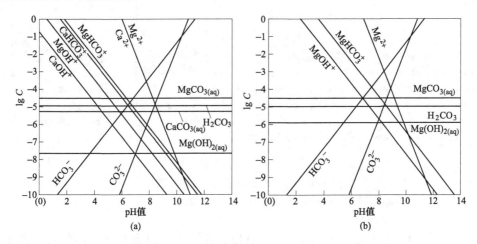

图 6-15 白云石 (a)、菱镁矿 (b) 在水中的溶解组分对数图

6.2.3.2 pH 值对矿物浸出率的影响

根据文献，菱镁矿和白云石在水中的溶解度分别见式 (6-15) 和 (6-16)。

$$S_{\text{菱镁矿}} = (C_{ZMg}^{2+} \cdot C_{ZCO_3^{2-}})^{\frac{1}{2}} = \left(\frac{[Mg^{2+}]}{\alpha_{Mg^{2+}}} \cdot \frac{[CO_3^{2-}]}{\alpha_{CO_3^{2-}}} \right)^{\frac{1}{2}} = \left(\frac{K_{S0}}{\alpha_{Mg^{2+}} \cdot \alpha_{CO_3^{2-}}} \right)^{\frac{1}{2}} \quad (6\text{-}15)$$

$$S_{\text{白云石}} = \left[\frac{1}{4} C_{ZCa^{2+}} \cdot C_{ZMg^{2+}} \cdot (2C_{ZCO_3^{2-}})^2 \right]^{\frac{1}{4}}$$

$$= \left(\frac{[Ca^{2+}]}{\alpha_{Ca^{2+}}} \cdot \frac{[Mg^{2+}]}{\alpha_{Mg^{2+}}} \cdot \frac{[CO_3^{2-}]^2}{\alpha_{CO_3^{2-}}^2} \right)^{\frac{1}{4}} = \left(\frac{K_{S1}}{\alpha_{Ca^{2+}} \cdot \alpha_{Mg^{2+}} \cdot \alpha_{CO_3^{2-}}^2} \right)^{\frac{1}{4}} \quad (6\text{-}16)$$

式中，$\alpha_{Ca^{2+}}$、$\alpha_{Mg^{2+}}$、$\alpha_{CO_3^{2-}}$ 分别为 Ca^{2+}、Mg^{2+} 和 CO_3^{2-} 的离子分配系数，可以看出，菱镁矿和白云石的溶解度均随 pH 值的降低而升高，因此，浸出试验中两种矿石的浸出率均随 pH 值的降低而升高；计算结果显示 $S_{菱镁矿}/S_{白云石}>1$，说明菱镁矿的溶解度大于白云石，计算结果与已有文献结果一致。

6.2.3.3 浸出过程分子动力学模拟

菱镁矿和白云石在酸浸前后矿浆中和矿物表面离子分布情况如图 6-16 所示，浸出过程中具体的离子分布情况如图 6-17 所示。

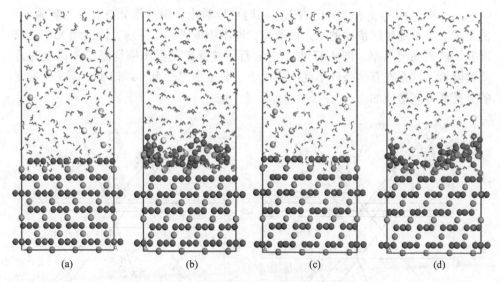

图 6-16 菱镁矿和白云石盐酸浸出模型

(a) 菱镁矿浸出前；(b) 菱镁矿浸出后；(c) 白云石浸出前；(d) 白云石浸出后

从图 6-16 (a) 和 6-16 (c) 可以看出，菱镁矿和白云石在浸出前表面原子排列整齐，图 6-16 (b) 和 6-16 (d) 显示酸浸后表面原子均呈现不同程度的重排，且有向溶液中迁移的趋势。溶液中的 H^+ 在浸出过程中有一部分逐渐移动至矿物表面，与矿石表面的 CO_3^{2-} 结合。图 6-17 (a) 中数据说明菱镁矿酸浸后表面 CO_3^{2-} 和 Mg^{2+} 迁移至 3.8×10^{-10} m 附近，同时在 6×10^{-10} m 附近有 H^+ 出现，另外在 1.8×10^{-9} m、2.5×10^{-9} m 和 2.8×10^{-9} m 分布有 H^+，此部分 H^+ 由于与菱镁矿表面相距过远而没有参加反应。白云石表面离子浓度分布情况与菱镁矿有所不同，图 6-16 (b) 中显示白云石表面的 CO_3^{2-} 和 Ca^{2+} 也在一定程度上向溶液中迁移，不同的是 CO_3^{2-} 和 Ca^{2+} 在迁移中是不同步的，一部分 Ca^{2+} 随 CO_3^{2-} 迁移至 4×10^{-10} m 附近，而一部分 Ca^{2+} 停留在 2×10^{-10} m 附近。此外，在 5×10^{-10} m 附近有 H^+ 出现，此部分 H^+ 与白云石表面的 CO_3^{2-} 反应。总之，菱镁矿表面的 CO_3^{2-} 和 Mg^{2+} 同步迁移，

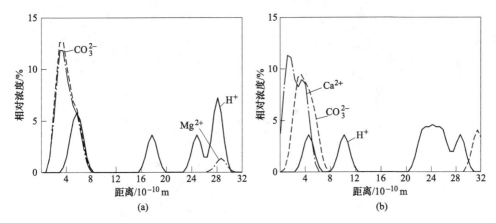

图 6-17 浸出液中菱镁矿（a）和白云石（b）表面离子和基团的相对浓度

而白云石表面的 CO_3^{2-} 和 Ca^{2+} 迁移不同步，这说明菱镁矿表面的 CO_3^{2-} 与 Mg^{2+} 结合强度大于白云石表面的 CO_3^{2-} 与 Ca^{2+}，说明在浸出过程中白云石的浸出速度大于菱镁矿，这与浸出试验结果是一致的。

6.3 菱镁矿石浮选除铁机理

矿物的浮选分离是通过矿物之间的可浮性差异来实现的，合适的药剂可以使两种矿物之间出现可浮性差异或有效地增大这种差异，从而实现矿物的分选。研究矿物与药剂之间的作用机理可以为矿物的浮选分离提供理论依据。

6.3.1 药剂对矿物表面电性的影响

当矿物-溶液两相在外力作用下发生相对运动，紧密层中的配衡离子因为吸附牢固，会随着矿物同时移动，而扩散层将沿位于紧密层稍外一点的滑移面移动，滑移面的电位就称为电动电位或动电位。在矿物的浮选分离中，某些药剂的加入会改变矿物表面的电动电位，而矿物表面电动电位的变化会影响到药剂与矿物之间的静电吸附作用，从而影响矿物的浮选分离。研究矿物表面的电性变化，是研究药剂与矿物作用机理的一种重要方法，从而能够判断矿物的可浮性。

6.3.1.1 pH 值对矿物表面电性的影响

本次试验以菱镁矿和褐铁矿纯矿物作为研究对象，以 HCl 和 NaOH 调节 pH 值，测定两种矿物不同 pH 值时的电动电位值，测定结果如图 6-18 所示。

由图 6-18 可以看出，随着 pH 值的增大，两种矿物电动电位都呈下降趋势，其中菱镁矿的电动电位在 pH 值超过 11 后开始出现小幅的回升，这可能是由于在碱性条件下在菱镁矿表面生成了部分 $Mg(OH)^+$，而 $Mg(OH)^+$ 的零电点为 pH = 12。

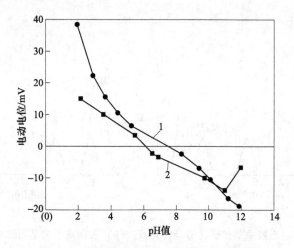

图 6-18 菱镁矿和褐铁矿 ζ 电位 pH 值曲线
1—褐铁矿；2—菱镁矿

从图中可以看出，菱镁矿的实测零电点为 pH = 6.0，褐铁矿的实测零电点为 pH = 7.5。

6.3.1.2 六偏磷酸钠对矿物表面电性的影响

分别取 30mL 事先配好的纯矿物悬浊液于锥形瓶中，添加不同剂量的六偏磷酸钠。对添加六偏磷酸钠之后的菱镁矿和褐铁矿进行表面电动电位的测定。菱镁矿和褐铁矿的测定结果如图 6-19 所示。

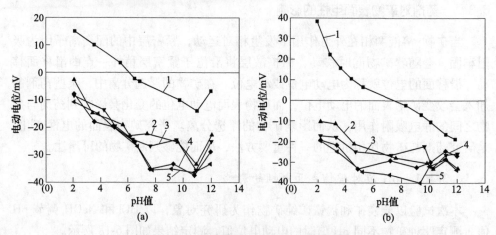

图 6-19 六偏磷酸钠对矿物 ζ 电位的影响
（a）菱镁矿；（b）褐铁矿
1—0mg/L；2—10mg/L；3—20mg/L；4—40mg/L；5—50mg/L

由图 6-19 可以看出, 六偏磷酸钠会显著降低两种矿物的电动电位。在六偏磷酸钠浓度为 10mg/L 时, 就可以使两种矿物在测量的 pH 值范围内的电动电位值完全变为负值, 且浓度越大, 电动电位值降低的幅度越大。

6.3.1.3　水玻璃对矿物表面电性的影响

保持纯矿物的浓度不变, 向两种矿物的矿浆中加入不同剂量的水玻璃, 测定它们的电动电位值, 测定结果如图 6-20 所示。

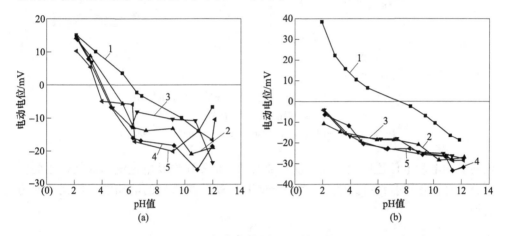

图 6-20　水玻璃对矿物 ζ 电位的影响
（a）菱镁矿；（b）褐铁矿
1—0mg/L；2—50mg/L；3—100mg/L；4—150mg/L；5—200mg/L

由图 6-20 可以看出, 水玻璃的加入会降低菱镁矿的电动电位值, 使其零电点向左移动, 且水玻璃浓度越大, 向左移得越多, 当水玻璃用量为 50mg/L 时, 菱镁矿零电点由 6.0 降至 4.6, 当水玻璃用量增大至 200mg/L 时, 菱镁矿零电点进一步降至 3.6；水玻璃对褐铁矿电动电位值的降低作用更为显著, 当水玻璃用量为 50mg/L 时就可以使褐铁矿电动电位值在测量的 pH 值范围内完全变为负值。

6.3.1.4　羧甲基纤维素钠对矿物表面电性的影响

保持纯矿物的浓度不变, 向两种矿物的矿浆中加入不同剂量的羧甲基纤维素钠, 测定它们的电动电位值, 测定结果如图 6-21 所示。

由图 6-21 可以看出, 羧甲基纤维素钠在酸性条件下会显著降低菱镁矿的电动电位值, 当羧甲基纤维素钠浓度为 10mg/L 时, 菱镁矿的零电点由 6.0 降至 2.2, 当羧甲基纤维素钠浓度进一步增大时, 在测量 pH 值范围内, 菱镁矿的电动电位值完全变为负值；但由于羧甲基纤维素钠的加入, 菱镁矿电动电位值随 pH 值的增大而下降的速度变缓。因此, 在碱性区域, 羧甲基纤维素钠的加入反而使

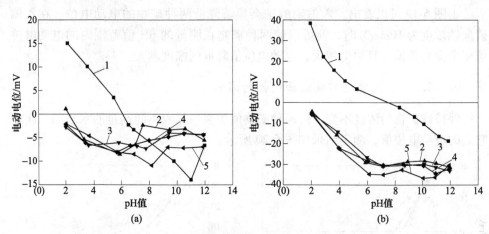

图 6-21　羧甲基纤维素钠对菱镁矿 ζ 电位的影响

（a）菱镁矿；（b）褐铁矿

1—0mg/L；2—10mg/L；3—20mg/L；4—30mg/L；5—40mg/L

菱镁矿的电动电位值增大。羧甲基纤维素钠对褐铁矿电动电位值的降低作用同样显著，且在羧甲基纤维素钠浓度为 10mg/L 时就使褐铁矿的电动电位值完全变为负值。

6.3.1.5　LKD 对矿物表面电性的影响

保持纯矿物的浓度不变，向两种矿物的矿浆中加入不同剂量的 LKD，测定它们的电动电位值，测定结果如图 6-22 所示。

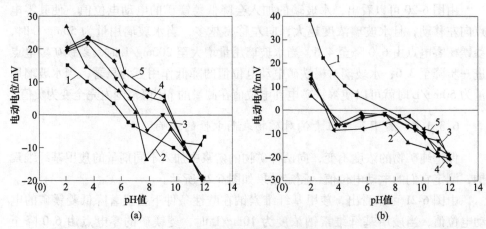

图 6-22　LKD 对菱镁矿 ζ 电位的影响

（a）菱镁矿；（b）褐铁矿

1—0mg/L；2—50mg/L；3—100mg/L；4—150mg/L；5—200mg/L

由图 6-22 可以看出，LKD 会提升菱镁矿的电动电位值，且随着 LKD 浓度的增大，提高得越大，当 LKD 浓度为 50mg/L 时，菱镁矿的零电点由 6.0 升至 7.0，当 LKD 浓度增大至 200mg/L 时，菱镁矿零电点进一步增大至 9.6；与之相反的是，褐铁矿在 LKD 作用下其电动电位值会降低，从而使其零电点向酸性方向移动，当 LKD 用量为 50mg/L 时，褐铁矿零电点降至 3.2，再增大 LKD 浓度其值变化不大。此外，LKD 的加入使褐铁矿随 pH 值升高时下降的速度变缓，从而使其电动电位值在碱性条件下与不加 LKD 时出现重合。

6.3.1.6　油酸钠对矿物表面电性的影响

保持纯矿物的浓度不变，向两种矿物的矿浆中加入不同剂量的油酸钠，测定它们的电动电位值。测定结果如图 6-23 所示。

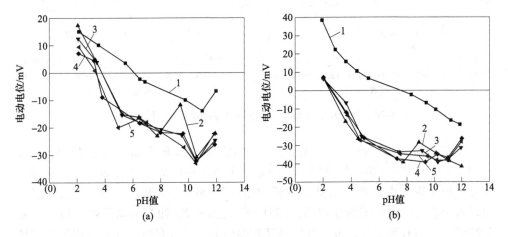

图 6-23　油酸钠对菱镁矿 ζ 电位的影响

（a）菱镁矿；（b）褐铁矿

1—0mg/L；2—50mg/L；3—100mg/L；4—150mg/L；5—200mg/L

由图 6-23 可以看出，油酸钠对菱镁矿与褐铁矿的电动电位都具有降低作用，当油酸钠用量为 50mg/L 时，菱镁矿零电点由 6.0 降至 3.8，褐铁矿零电点由 7.5 降至 2.5。

6.3.2　药物与矿物作用的红外光谱分析

将一束不同波长的红外射线照射到物质的分子上，某些特定波长的红外射线被吸收，形成这一分子的红外吸收光谱。每种分子都有由其组成和结构决定的独有的红外吸收光谱，据此可以对分子进行结构分析和鉴定，因此通过对与药剂作用前后矿物的红外光谱进行分析，可以判断药剂与矿物之间是否发生了化学吸附。

6.3.2.1　六偏磷酸钠与矿物的红外光谱分析

将 2g 纯矿物矿样置于六偏磷酸钠浓度为 50mg/L 的溶液中，调节溶液 pH 值为 11.5，充分搅拌 5min，将和药剂作用后的矿样用蒸馏水清洗 3 遍，使用真空过滤机过滤，常温晾干后做红外光谱测定。菱镁矿、褐铁矿与六偏磷酸钠作用前后的红外光谱如图 6-24 所示。

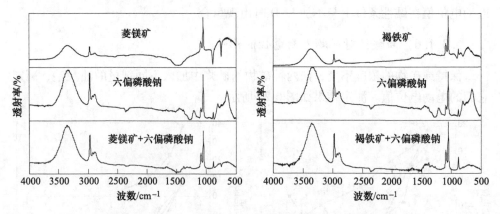

图 6-24　菱镁矿、褐铁矿与六偏磷酸钠作用后红外光谱分析

由图 6-24 可以看出，与六偏磷酸钠作用后，菱镁矿表面多出了 1376cm^{-1} 和 1273cm^{-1} 处的 P—O 伸缩振动峰。可能是由于所用菱镁矿不是特别干燥，所测红外光谱中出现了由水吸收所造成的假谱带（2978cm^{-1} 处和 3351cm^{-1} 处）。此外，可以看出在与六偏磷酸钠作用后，3351cm^{-1} 处的—OH 伸缩振动吸收峰较与六偏磷酸钠作用前有所增加，说明其在菱镁矿表面的浓度也有所增加。这说明六偏磷酸钠与菱镁矿之间发生了化学吸附。

由图 6-24 可以看出，在与六偏磷酸钠作用后，褐铁矿的光谱中在 882cm^{-1} 处出现了六偏磷酸钠中 P—O—P 特征峰，在 1207cm^{-1} 处出现了 P＝O 伸缩振动峰，说明六偏磷酸钠和锑矿表面发生了化学吸附。

6.3.2.2　水玻璃与矿物的红外光谱分析

将 2g 纯矿物矿样置于水玻璃浓度为 200mg/L 的溶液中，按上述相同步骤制备样品。菱镁矿、褐铁矿与水玻璃作用前后的红外光谱如图 6-25 所示。

由图 6-25 可以看出，与没和水玻璃作用前相比，与水玻璃作用后的菱镁矿红外光谱在 876cm^{-1} 处出现了 Si—O—Si 不对称伸缩振动吸收峰，1460cm^{-1} 处的 CO$_3^{2-}$ 的特征峰出现了明显的变化，说明菱镁矿与水玻璃之间发生了化学吸附。

由图 6-25 可以看出，在于水玻璃作用过后，褐铁矿光谱中在 1185cm^{-1} 处出现了水玻璃中的 Si—O—Si 伸缩振动峰，说明菱镁矿与褐铁矿之间发生了化学吸附。

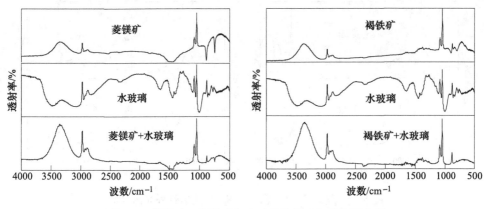

图 6-25 菱镁矿、褐铁矿与水玻璃作用后红外光谱分析

6.3.2.3 羧甲基纤维素钠与矿物的红外光谱分析

将 2g 纯矿物矿样置于羧甲基纤维素钠浓度为 50mg/L 的溶液中，按上述相同步骤制备样品。菱镁矿、褐铁矿与羧甲基纤维素钠作用前后的红外光谱如图 6-26 所示。

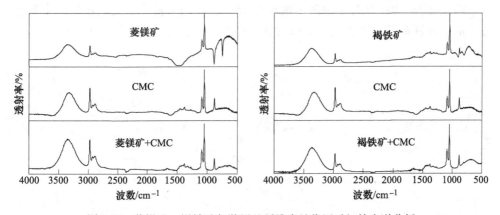

图 6-26 菱镁矿、褐铁矿与羧甲基纤维素钠作用后红外光谱分析

由图 6-26 可以看出，与羧甲基纤维素钠作用后，菱镁矿在 $1372cm^{-1}$ 和 $1256cm^{-1}$ 处出现了羧甲基纤维素钠中所对应的特征峰，说明羧甲基纤维素钠与菱镁矿之间发生了化学吸附。褐铁矿与羧甲基纤维素钠作用前后，红外光谱无明显差别，说明羧甲基纤维素钠与褐铁矿之间未发生化学吸附。

6.3.2.4 LKD 与矿物的红外光谱分析

将 2g 纯矿物矿样置于 LKD 浓度为 150mg/L 的溶液中，按上述相同步骤制备样品。菱镁矿、褐铁矿与 LKD 作用前后的红外光谱如图 6-27 所示。

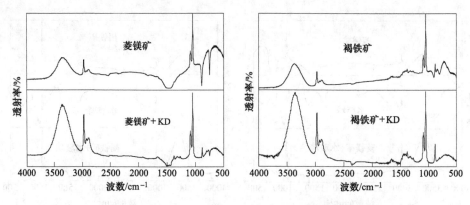

图 6-27   菱镁矿、褐铁矿与 LKD 作用后红外光谱分析

由图 6-27 可以看出，菱镁矿、褐铁矿与 LKD 作用后的光谱与反应之前没有明显差别，说明两种矿物与 LKD 之间没有发生化学吸附或 LKD 在矿物晾干过程中蒸发（LKD 主要成分熔点较低）。

6.3.2.5   油酸钠与矿物的红外光谱分析

将 2g 纯矿物矿样置于油酸钠浓度为 150mg/L 的溶液中，按上述相同步骤制备样品。菱镁矿、褐铁矿与六偏磷酸钠作用前后的红外光谱如图 6-28 所示。

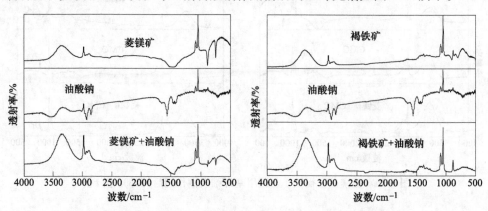

图 6-28   菱镁矿、褐铁矿与油酸钠作用后红外光谱分析

由图 6-28 可以看出，与油酸钠作用后，菱镁矿光谱图中在 1372cm^{-1} 处出现了油酸钠中—COO—基团的特征吸收峰，在 882cm^{-1} 处出现了油酸钠中 C—H 面内弯曲振动吸收峰，表明油酸钠在菱镁矿表面发生了化学吸附。与油酸钠作用后，褐铁矿红外光谱图上 2920cm^{-1} 和 2881cm^{-1} 处分别出现了新峰，这是油酸钠中—CH$_2$—和—CH$_3$ 中 C—H 键的对称振动吸收峰，这说明油酸钠在褐铁矿上发生了化学吸附。

6.3.3　磁选过程中各形态铁的行为

6.3.3.1　磁选除铁的作用效果分析

取 800g 浮选厂的菱镁矿浮选精矿，和同样量的经钢棒介质（钢棒直径 2mm，棒间距 1.5mm）的电磁夹板强磁机处理过的磁选精矿进行粒度筛分，并化验各粒级的 Fe_2O_3 含量，结果见表 6-1。

表 6-1　菱镁矿浮选精矿和磁选精矿的各粒级 Fe_2O_3 含量　　（%）

粒级/mm	产率		累计产率		Fe_2O_3 含量	
	浮选精	磁选精	浮选精	磁选精	浮选精	磁选精
+0.200	6.98	7.51	6.98	7.51	0.38	0.36
−0.200　+0.150	12.71	12.71	19.69	20.22	0.37	0.34
−0.150　+0.125	18.06	16.03	37.75	36.25	0.38	0.34
−0.125　+0.100	7.09	15.31	44.84	51.55	0.41	0.34
−0.100　+0.074	21.99	14.27	66.83	65.82	0.42	0.34
−0.074　+0.050	4.16	4.00	70.99	69.82	0.41	0.33
−0.050　+0.045	8.56	8.81	79.55	78.63	0.41	0.3
−0.045　+0.038	4.51	5.85	84.06	84.48	0.40	0.33
−0.038	15.94	15.52	100	100	0.47	0.35
总计	100	100	—	—	0.41	0.34

从表 6-1 中可以看出，磁选过程对各粒级的铁杂质都有一定的去除，使各粒级的 Fe_2O_3 含量降低了 0.02~0.12 个百分点，但精矿中 Fe_2O_3 含量高于其类质同象铁含量（0.27%），说明磁选精矿的各粒级都有未被去除的独立铁矿物。

表 6-1 中的试验数据还表明，粒度越细，Fe_2O_3 品位降低越多，其中 −0.038mm 粒级的 Fe_2O_3 含量得到了最大量的降低，说明细粒度的铁杂质更易被去除，也说明浮选精矿细粒级中的杂质铁含量多的原因是存在相对更多的独立铁矿物。磁选过程还减少了 −0.150mm+0.125mm、−0.100mm+0.050mm 和 −0.038mm 3 个粒级的产率，而使 +0.200mm、−0.125mm+0.100mm 和 −0.053mm+0.038mm 3 个粒级的产率增多。

6.3.3.2　磁选产品分析

A　能谱分析

对来自浮选厂的浮选精矿及其经 CRIMM 系列双箱永磁高梯度磁选机磁选得到的磁选精矿和磁选尾矿进行了能谱分析，结果如图 6-29 所示。

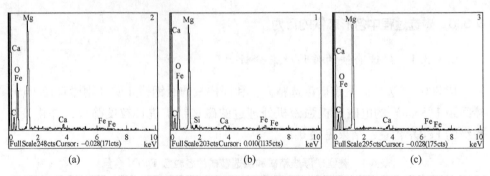

图 6-29 浮选精矿及其磁选产品的能谱

（a）浮选精矿；（b）磁选尾矿；（c）磁选精矿

图 6-30 中的测定结果表明，在 3 个样品中，磁选精矿的 Fe 含量最低。通过能谱对比，可证明磁选工艺除铁是有效的。磁选尾矿中含量较高的 Si 表明磁选工艺也有除硅效果。

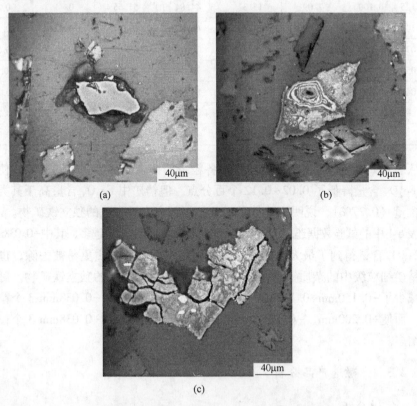

图 6-30 浮选精矿中的独立铁矿物的鉴定图像

（a）磁铁矿单体（粉色颗粒）；（b）呈胶状构造的褐铁矿单体颗粒；
（c）较粗褐铁矿颗粒及其包裹的少量细小硫化物（磁黄铁矿）颗粒

B　显微镜观察

浮选工艺降铁作用很有限。图 6-30 显示了显微镜下观察到的浮选精矿中存在的独立铁矿物，包括磁铁矿、褐铁矿以及被褐铁矿包裹的细小黄铁矿。浮选精矿中未见原矿中与石英紧密结合的铁矿物，说明浮选在除掉石英的同时也除掉了与之相连的铁矿物。

由于褐铁矿是主要铁矿物，所以强磁选的效果当然最好。但是，如图 6-31 所示，磁选精矿中还是有少量的褐铁矿存在，它们未进入磁尾矿中的原因就在于其中含杂质高而含 Fe 低，比磁化系数小，在磁场中受到的磁力小，不足以脱离出原运动轨迹。只有比磁化系数大的磁铁矿和含杂少而含 Fe 高的褐铁矿单体（见图 6-32）才能进入磁选尾矿中。

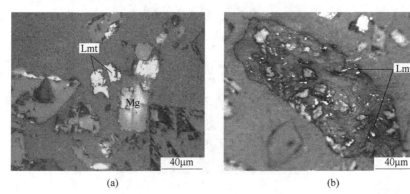

（a）　　　　　　　　　　　　　　　　　　　（b）

图 6-31　磁选精矿中的独立铁矿物的鉴定图像
（a）极细粒低铁褐铁矿（Lmt）；（b）夹杂有细粒褐铁矿（Lmt）的含铁颗粒

C　X 射线衍射分析

对浮选精矿和磁选尾矿进行 X 射线衍射分析，其 X 射线衍射分析结果的差别从肉眼上无法分辨，均显示其中主要矿物为菱镁矿。由于矿样中铁含量过低，无法分析出各独立铁矿物，但经软件细致辨别，在浮选精矿和磁选尾矿中都发现了不同铁氧比例的铁氧晶体和铁染菱镁矿。说明磁选过程并没有把独立铁矿物完全从精矿中去除，而且含有类质同象状态的铁的菱镁矿也有部分进入到磁选尾矿中。

在第 2 章岩矿鉴定中指出了在菱镁矿颗粒中所含的类质同象状态的铁的含量是在一定范围内有高低变化的，而第 5 章的磁选试验也显示了场强越高则菱镁矿磁选精矿的产率越低。另外，菱铁矿的比磁化率（$98 \times 10^{-6} \mathrm{cm}^3/\mathrm{g}$）略大于菱镁矿的比磁化率（$15 \times 10^{-6} \mathrm{cm}^3/\mathrm{g}$）。据此可推测，磁选尾矿中类质同象状态的铁含量是高于磁选精矿中的，即磁选不仅选别出了含铁量不同的独立铁矿物，而且也选别出了类质同象铁含量不同的菱镁矿。

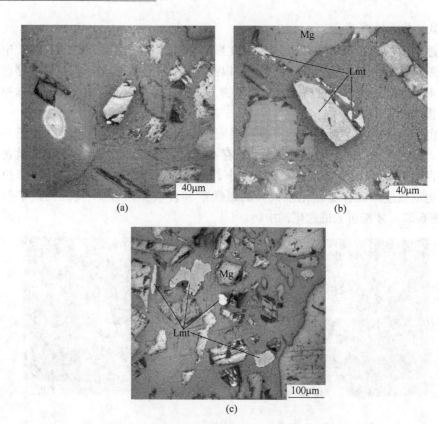

图 6-32　磁选尾矿中的独立铁矿物的鉴定图像

(a) 磁铁矿单体；(b) 因含铁量不同而呈不同反射率的褐铁矿（Lmt）颗粒；

(c) 含 Fe 较高的褐铁矿（Lmt）单体颗粒

7　菱镁矿区土壤结皮及破壳

7.1　菱镁矿区土壤结皮的形成

结皮动态研究过程为 8 周，土壤污染的镁粉尘主要成分为轻烧氧化镁，本小节主要介绍菱镁矿区土壤经 1~8 周时间结皮的物相组成及形态变化。

7.1.1　1~2 周结皮物相组成变化及形态

经过 1~2 周时间形成的结皮样品 X 射线衍射分析结果如图 7-1 所示。第 1 周的主要物质为 MgO 和 $MgCO_3$。第 2 周分析到的物相种类与第 1 周相同，氧化镁含量略减小。结皮形成的前两周结皮表观呈灰白色。氧化镁和碳酸镁扫描电镜如图 7-2 所示，图中清晰可见片状氧化镁和花瓣状碳酸镁。

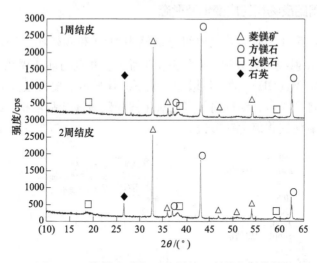

图 7-1　土壤结皮形成 1~2 周的 X 射线衍射分析

碳酸镁的生成是因为氧化镁的活性较高，而试验所用轻烧氧化镁的活性更高，可以在空气中迅速与 CO_2 反应生成 $MgCO_3$，故扫描电镜表层多为碳酸镁，X 射线衍射分析还检测到少量氢氧化镁。在一周时间形成的结皮内还发现了 $Mg(OH)_2$，其主要是因为在降雨条件下，氧化镁与水发生化合反应生成 $Mg(OH)_2$。另外表层中的氧化镁和空气中的水反应。但经过 1 周时间形成的结皮中 $Mg(OH)_2$ 含量并不多。

在结皮形成的 1~2 周发生的反应主要有：

$$MgO + CO_2 \longrightarrow MgCO_3 \tag{7-1}$$

$$MgO + H_2O \Longleftrightarrow Mg(OH)_2 \tag{7-2}$$

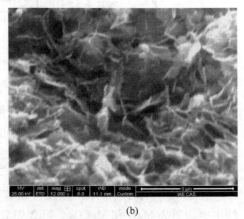

(a)　　　　　　　　　　　(b)

图 7-2　前 2 周结皮中氧化镁（a）结构和碳酸镁结构（b）

7.1.2　3~5 周结皮物相组成变化及形态

结皮发育至第 3 周时，其主要组分仍然为 MgO 和 $MgCO_3$，经过 3 周时间形成的结皮样品 X 射线衍射分析结果如图 7-3 所示。并且与前 2 周相比，经 3 周时间形成的结皮中 $Mg(OH)_2$ 的含量增加。镜下图片显示结皮有很多不规则的气孔，孔隙度较高，排列松散，结皮内部多见氧化镁和碳酸镁杂乱堆积，结皮表层有碳酸镁和少量氢氧化镁将氧化镁覆盖。

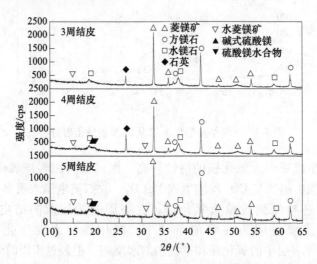

图 7-3　土壤结皮形成 3~5 周的 X 射线衍射分析

第3周和第4周结皮样品扫描电镜图如图7-4所示，图7-4（a）为第3周样品电镜下观察到的 MgO 表面的微小、短片状的 Mg(OH)$_2$晶体，图7-4（b）为第4周样品中扫描电镜扫描到的纤维状的 Mg(OH)$_2$晶体。

(a)   (b)

图7-4 第3周和第4周结皮中氢氧化镁的镜下结构

（a）短片状氢氧化镁晶体；（b）纤维状氢氧化镁晶体

结皮发育中期的第3周X射线衍射分析显示检测到了碱式碳酸镁，化学式为 MgCO$_3$·Mg(OH)$_2$·3H$_2$O。4～5周衍射峰碱式碳酸镁的衍射峰逐渐增强，含量增多。但检测到的碱式碳酸镁化学式为 4MgCO$_3$·Mg(OH)$_2$·4H$_2$O，与第3周略有区别。图7-5为第5周检测到的碱式碳酸镁扫描电镜图，碱式碳酸镁为图中成簇的花瓣状晶体。

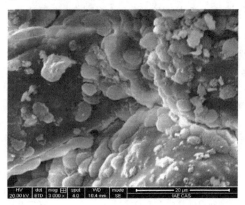

图7-5 第5周结皮中的成簇的花瓣状碱式碳酸镁结构

在第4周则发现了少量的3.1.8相硫氧镁水合物 3Mg(OH)$_2$·MgSO$_4$·8H$_2$O。它是镁水泥的主要组分部分，它的形成主要源于雨水中的 SO$_4^{2-}$ 和结皮中的

$Mg(OH)_2$ 的反应，图 7-6 为第 4 周样品的扫描电镜图，其中图 7-6（a）为在结皮的截面中间部分扫描到的这种网状物质 $3Mg(OH)_2 \cdot MgSO_4 \cdot 8H_2O$，这种网状结构可以阻截物质向下迁移，这样可以增加 3.1.8 相硫氧镁水合物以下的结皮强度，对结皮的发育起到支架的作用。另外还发现此周结皮样品中检测到了微量的 $MgCO_3 \cdot 3H_2O$。

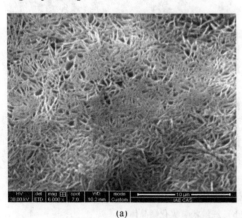 

(a)　　　　　　　　　　　　　　　　(b)

图 7-6　第 4 周样品的扫描电镜图
（a）网状 3.1.8 相硫氧镁水合物；（b）中柱状硫镁水合物

　　图 7-3 显示结皮形成的第 3 周衍射图谱中的 $MgCO_3 \cdot 3H_2O$ 的衍射峰消失，其他存在物相与第 4 周相同，另外还要提到的是在第 4 周和第 5 周都存在的图 7-6（b）所示的中柱状的硫镁水合物（$MgSO_4 \cdot 6H_2O$）。衍射图谱显示随着时间的延长，这种物质的衍射峰增强。这可能是由于 3.1.8 相硫氧镁水合物水解或是由于雨水中的 SO_4^{2-} 与轻烧氧化镁发生反应生成 $MgSO_4 \cdot 6H_2O$，这种物质不稳定，可以水解生成 $MgSO_4$，$MgSO_4$ 在孔隙间形成须状晶体，进一步降低了结皮层的孔隙度。

　　在结皮形成的 3~5 周主要发生的化学反应方程式如下：

$$3MgCO_3 + Mg(OH)_2 + 3H_2O \longrightarrow 3MgCO_3 \cdot Mg(OH)_2 \cdot 3H_2O \quad (7\text{-}3)$$

$$4MgCO_3 + Mg(OH)_2 + 4H_2O \longrightarrow 4MgCO_3 \cdot Mg(OH)_2 \cdot 4H_2O \quad (7\text{-}4)$$

$$MgCO_3 + 3H_2O \longrightarrow MgCO_3 \cdot 3H_2O \quad (7\text{-}5)$$

$$3Mg(OH)_2 + Mg^{2+} + SO_4^{2-} + 8H_2O \longrightarrow 3Mg(OH)_2 \cdot MgSO_4 \cdot 8H_2O \quad (7\text{-}6)$$

$$Mg^{2+} + SO_4^{2-} + 6H_2O \longrightarrow MgSO_4 \cdot 6H_2O \quad (7\text{-}7)$$

$$MgCO_3 \cdot 3H_2O \longrightarrow MgCO_3 + 3H_2O \quad (7\text{-}8)$$

7.1.3　6~8 周结皮物相组成变化及形态

　　经过 6~8 周时间形成的结皮样品 X 射线衍射分析结果如图 7-7 所示。结皮形成的后期 6~8 周是碱式碳酸镁不断增加的过程，其衍射峰不断增强。但是在结皮形成的6~8周，3.1.8相硫氧镁水合物衍射峰消失，硫氧镁水合物衍射峰逐渐增强。因此扫描电镜下多见成簇的碱式碳酸镁和柱状硫镁水合物，图7-8为结皮形成的第8周扫描电镜下花瓣状碱式碳酸镁和柱状硫镁水合物。与第5周的电镜下结皮结构相比，经过8周时间碱式碳酸镁（图7-8（a））和硫镁水合物（图7-8（b））结晶状态更好。以上两种物质的增多可能是因为3.1.8相硫氧镁水合物具有较差的水稳定性，容易发生水解。它的水解促进了硫镁水合物和碱式碳酸镁的生成。

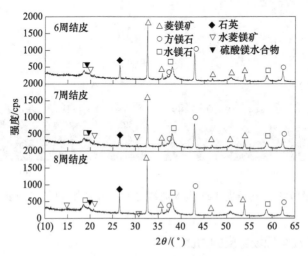

图7-7 土壤结皮形成6~8周的XRD图谱

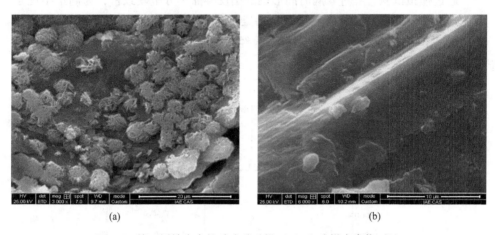

图7-8 第8周结皮中的碱式碳酸镁（a）和硫镁水合物（b）

后期新发生的化学反应为：

$$3Mg(OH)_2 \cdot MgSO_4 \cdot 8H_2O \longrightarrow 3Mg(OH)_2 + Mg^{2+} + SO_4^{2-} + 8H_2O$$

$$(7-9)$$

7.1.4   8周结皮与1周结皮的外观形貌对比

经8周时间形成的结皮与经1周时间形成的结皮外观形貌对比如图7-9所示。图7-9（a）为经过一周形成的结皮，图7-9（b）为经过8周时间形成的结皮，其外观对比，经8周时间形成的结皮明显颜色更深，呈水泥灰色，且更致密。

(a)   (b)

图7-9   1周结皮（a）与8周结皮（b）中的外观形貌对比图

7.1.5   8周结皮与现场结皮的对比

通过模拟试验，经过8周时间形成的结皮样品十分坚硬致密，为确定结皮是否已达到稳定，采集了菱镁矿煅烧厂污染地区的土壤结皮样品进行了X射线衍射，图7-10为现场结皮样品与模拟实验经8周时间形成的结皮样品X射线衍射对比图。

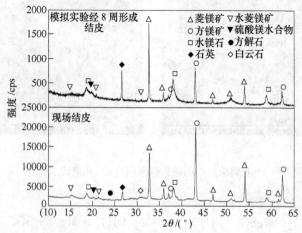

图7-10   模拟实验经8周形成的结皮与现场结皮样品的X射线衍射

其对比结果为：

现场结皮中检测到了一些 8 周结皮中未检测到的物质，如白云石（$CaMg(CO_3)_2$）和方解石（$CaCO_3$），一方面是由于在自然条件下包括降雨对地面的冲蚀，土壤中及岩石中的白云石和方解石随雨水进入结皮层；另一方面是因为煅烧厂的烟尘、粉尘中也存在这些物质。

现场结皮是经过长时间的粉尘累积及自然环境的作用下形成的，其组成成分已趋于稳定。两结皮样品中的主要物质都是氧化镁、碳酸镁、氢氧化镁和碱式碳酸镁，这说明模拟实验中的经 8 周时间形成的结皮已达到稳定状态，其主要组分将不再变化。

7.2 不同比例镁粉尘污染条件下形成结皮的组成

菱镁矿区污染物质除主要的氧化镁粉尘，还有菱镁石粉尘等，本小节主要讨论了氧化镁粉尘与菱镁石粉尘不同比例组合形成的粉尘污染对结皮形成的影响。X1、X2、X3、X4 分别代表氧化镁粉尘与菱镁石粉尘质量之比为 1∶0、3∶1、1∶1、1∶3 时形成的结皮样品。

7.2.1 结皮形成初期的物相组成对比

经过一周时间形成的 X1～X4 样品的 X 射线衍射分析如图 7-11 所示，结皮中主要物质的相对百分数见表 7-1。

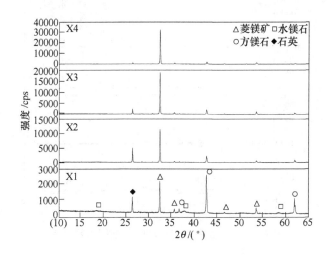

图 7-11 1 周土壤结皮样品的 X 射线衍射分析对比

表 7-1　1 周结皮 X1~X4 的主要物相相对质量百分数 　　　　　　　　（%）

样品	镁粉尘比例 （MgO：菱镁石）	氧化镁	碳酸镁	氢氧化镁	二氧化硅
X_1	1：0	39.5±11.12	52.74±3.37	4.05±2.75	3.66±0.61
X_2	3：1	24.23±4.39	69.07±8.25	2.32±0.28	4.38±0.68
X_3	1：1	14.45±6.02	79.66±2.40	—	5.89±0.58
X_4	1：3	9.52±5.01	84.48±4.05	—	6.00±0.19

由图 7-11 结皮的衍射图谱可以知道，经过一周时间，不同比例的镁粉尘污染形成的结皮中的主要物质为 MgO 和 $MgCO_3$，4 组结皮样品 X 射线衍射结果中均没有检测到碱式碳酸镁的生成，另外表 7-1 结皮组成分析结果显示：粉尘中菱镁石比例越低，1 周内形成的 $Mg(OH)_2$ 含量越少；另外随着粉尘中菱镁石的增多，SiO_2 的含量略微升高，这是因为菱镁石中有少量的 SiO_2，图谱中也显见 SiO_2 衍射峰峰强增强。

同样第 2 周的结皮 XRD 检测发现其中存在的主要物相仍和第 1 周相同，但是 $Mg(OH)_2$ 的相对质量百分数与第 1 周相比有少量增加。

7.2.2　结皮形成中期的物相组成对比

经过 3 周时间形成的 X1~X4 样品的 X 射线衍射如图 7-12 所示，结皮中主要物质的相对百分数见表 7-2。

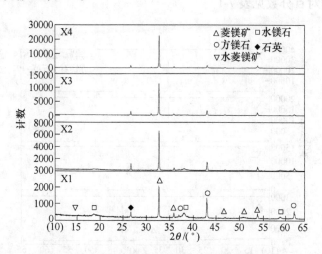

图 7-12　3 周土壤结皮样品的 X 射线衍射对比

结皮形成的中期，镁粉尘全部为轻烧氧化镁的样品经过 3 周形成的结皮，X1 中发现 $MgCO_3 \cdot Mg(OH)_2 \cdot 3H_2O$，但其他比例粉尘经 3 周形成的结皮中未发现这种物质，这可能是由于未形成或形成的量较少，由此可推断结皮中 $MgCO_3 \cdot Mg(OH)_2 \cdot 3H_2O$ 的形成与 MgO 粉尘的沉降有关。

表 7-2　3 周结皮 X1～X4 的主要物相相对质量百分数　　　　　（%）

样品	镁粉尘比例 （MgO：菱镁石）	氧化镁	碳酸镁	氢氧化镁	二氧化硅
X1	1：0	32.5±11.03	57.28±3.41	6.31±2.59	3.85±0.48
X2	3：1	18.58±4.32	66.44±8.17	2.51±0.28	4.74±0.68
X3	1：1	10.33±6.03	83.26±2.09	1.18±1.10	4.80±0.58
X4	1：3	8.32±5.23	86.25±4.05	—	4.93±0.14

由表 7-2 可知 3 周结皮的主要物质仍然为氧化镁、碳酸镁和氢氧化镁，但是氢氧化镁和碳酸镁的含量比前两周略增加。各不同比例粉尘形成的结皮样品中检测到氢氧化镁的时间随着菱镁石粉尘比例的提高而滞后。

图 7-13 为经过 4 周时间形成的结皮样品的 X 射线衍射，通过图 7-13 可以看出经 4 周形成的结皮，在 X1 样品中发现了碱式碳酸镁。其分子式为 $Mg_5(CO_3)_4(OH)_2 \cdot 4H_2O$。结皮 X2 中出现了在上一周 X1 中发现的 $MgCO_3 \cdot Mg(OH)_2 \cdot 3H_2O$。但形成量较少，而在 4 周 X3、X4 结皮中未出现这种物质，这再一次印证了碱式碳酸镁的出现是因为 MgO 粉尘的加入。另外值得注意的是在 4 周 X1 样品中还检测到了微量的水泥物质 3.1.8 相硫氧镁水合物（$3Mg(OH)_2 \cdot MgSO_4 \cdot 8H_2O$）和硫氧镁水合物（$MgSO_4 \cdot 6H_2O$）。

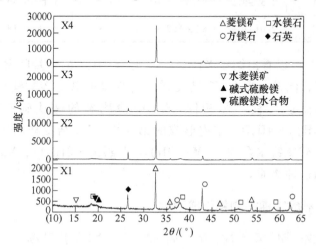

图 7-13　4 周土壤结皮样品的 X 射线衍射对比

经过 5 周时间形成的 X1～X4 样品的 X 射线衍射如图 7-14 所示，结皮中主要物质的相对质量分数见表 7-3。

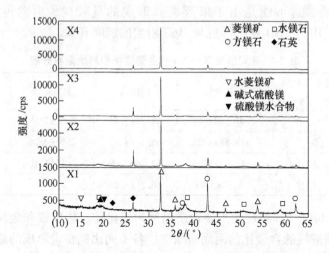

图 7-14 5 周土壤结皮样品的 X 射线衍射对比

表 7-3 5 周结皮 X1~X4 的主要物相相对质量分数 （%）

处理	MgO∶菱镁石	氧化镁	碳酸镁	氢氧化镁	二氧化硅	碱式碳酸镁
X1	1∶0	27.16±10.21	56.29±3.33	7.17±2.59	4.28±0.48	5.10±1.54
X2	3∶1	14.23±4.32	74.18±8.36	4.25±0.26	5.33±0.75	2.01±0.16
X3	1∶1	8.53±2.27	84.47±7.04	1.85±6.09	5.15±0.60	—
X4	1∶3	7.01±0.29	87.63±3.97		5.36±0.18	—

通过表 7-3 可以看出结皮 X1~X3 中 $Mg(OH)_2$ 的含量随着时间的延长，仍然不断增多，同样，也在 X2 结皮样品有少量的碱式碳酸镁出现，但晶型与 X1 中的碱式碳酸镁不尽相同，X2 中检测到的碱式碳酸镁化学式为 $Mg_5(CO_3)_4(OH)_2 \cdot 4H_2O$。结皮形成的第 5 周，X2 结皮样品中均能见水泥物质 3.1.8 相硫氧镁水合物（$3Mg(OH)_2 \cdot MgSO_4 \cdot 8H_2O$），X3、X4 在中期均没有检测到这种物质。

7.2.3 结皮形成末期的物相组成对比

在结皮形成后期，第 6 周、第 7 周 X2、X3、X4 结皮陆续出现碱式碳酸镁，但 XRD 检测到的碱式碳酸镁晶型各不相同，包括 $Mg_4(OH)_2(CO_3)_2(H_2O)_3$、$Mg_2CO_3(OH)_2 \cdot 3H_2O$、$Mg_5(CO_3)_4(OH)_2 \cdot 4H_2O$。经过 8 周时间形成的结皮的 X 射线衍射如图 7-15 所示，结皮中主要物质的相对质量分数见表 7-4。

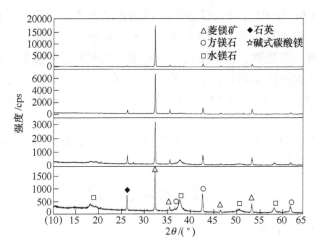

图 7-15　8 周土壤结皮样品的 X 射线衍射对比

表 7-4　8 周结皮 X1～X4 的主要物相相对质量分数　　（%）

处理	MgO：菱镁石	氧化镁	碳酸镁	氢氧化镁	二氧化硅	碱式碳酸镁
X1	1：0	24.36±7.21	52.45±3.33	9.07±2.59	3.11±0.48	11.01±4.54
X2	3：1	11.43±4.32	71.22±8.36	5.21±0.26	4.03±0.75	8.10±0.16
X3	1：1	7.56±1.52	83.12±7.04	3.13±6.09	4.07±0.60	2.12±0.49
X4	1：3	6.56±1.29	88.09±3.97	1.17±1.28	4.18±0.13	—

　　由表 7-4 可知，与中期相比，在结皮形成的末期碱式碳酸镁的含量不断增加，可知结皮中主要物质碱式碳酸镁的形成是镁粉尘中 MgO 的存在引起的，在降雨环境作用下，MgO 和水反应成氢氧化镁，才能进一步反应生成结皮中的主要物质——碱式碳酸镁。

　　结皮形成的必要条件可以确定只有粉尘中含有 MgO 时，才能生成结皮中的水泥物质 3.1.8 相硫氧镁水合物和碱式碳酸镁。

　　通过模拟实验证明菱镁矿区土壤结皮的形成主要是由 MgO 粉尘沉降在地面，从而形成坚实的土壤结皮，只有在镁尘中含有氧化镁粉尘时，结皮才能随时间变化，在自然环境中逐步生成碳酸镁、氢氧化镁、碱式碳酸盐、硫氧镁化合物等物质，这些物质与氧化镁一起维持着相对稳定的比例，共同构成了结皮。随着镁尘中氧化镁粉尘比例的减小以及菱镁石粉尘比例的增加，结皮中由 MgO 反应生成的物质的相对含量开始减少。镁粉尘中菱镁石粉末的加入对结皮形成并没有抑制或促进作用。

　　结皮组分随时间变化试验表明，形成坚硬稳定结皮的时间约为 5 周。其整个形成过程是动态的、连续的。在结皮形成的 1～2 周是 MgO 和空气中的 CO_2 以及

水分别生成 $MgCO_3$ 和 $Mg(OH)_2$ 的过程。在结皮形成的 3~5 周是结皮趋于坚硬稳定的一个时期,第 4 周和第 5 周中出现 3.1.8 相硫氧镁水合物形成网状、针柱状结构,阻断物质向下迁移,使得结皮下层有足够的时间趋于稳定。3~5 周结皮中也是结皮中碱式碳酸镁不断增加。结皮形成的 6~8 周是结皮的稳定时期,这一时期,3.1.8 相硫氧镁水合物水解消失,硫镁水合物、碱式碳酸镁增加,结皮更坚实。

结皮的厚度主要取决于菱镁矿区沉降粉尘的性质和结皮的完善程度,随着时间的延长,结皮的厚度逐渐增加。

7.3　菱镁矿区土壤结皮形成过程的热力学计算

7.3.1　反应焓变的计算

等温等压下化学反应的热效应 $\Delta_r H$ 等于产物焓的总和与反应物焓的总和之差:

$$\Delta_r H = \left(\sum_B H_B\right)_{产物} - \left(\sum_A H_A\right)_{反应物} \tag{7-10}$$

若能知道反应系统中各个化合物(或元素)焓的绝对值,则只要把焓的绝对值代入式(7-1)中,就可以计算出反应的热效应。但是,焓的绝对值是无法测定的,人们通常采用一种相对标准求出焓的绝对值,可用来计算反应的 $\Delta_r H$。考虑反应物中各组分的摩尔分数,则反应热为:

$$\Delta_r H_m = \sum V_i \Delta_f H_m(产物) - \sum v_i \Delta_f H_m(反应物) \tag{7-11}$$

式中,v_i 为物质 i 在反应物或生成物中的计量系数。

而反应物由室温加热到反应所需温度,所需的热量可由物质的热熔计算:

$$Q_p = \Delta H = \int_{T_1}^{T_2} C_p dT \tag{7-12}$$

根据物质间反应所消耗的反应热量由盖斯定律可得反应温度下的反应焓变:

$$\Delta_f H_m = \Delta_f H^\ominus + \int_{T_1}^{T_2} C_p dT \tag{7-13}$$

7.3.2　反应吉布斯自由能计算

采用 Holland 等的热力学模型,计算反应组分的摩尔吉布斯生成自由能:

$$\Delta_f G_m = \Delta_f H^\ominus - TS^\ominus + \int_{298}^{T} C_p dT - \int_{298}^{T} C_p/T dT \tag{7-14}$$

$$C_p = a + bT + cT^{-2} + dT^{-1/2}$$

任一化学反应的 Gibbs 自由能都可以由式(7-6)计算:

$$\Delta_f G_m = \sum v_i \Delta_f G_m(产物) - \sum v_i \Delta_f G_m(反应物) + RT\ln Q_a \tag{7-15}$$

$$\ln Q_a = \sum v_i \ln a_i(产物) - \sum v_i \ln a_i(反应物) \tag{7-16}$$

式中，v_i 为物质 i 在反应物或生成物中的计量系数；Q_a 为活度熵。

7.3.3 热力学参数

标准状态下的热力学参数查看物理化学附录部分，见表 7-5，未给出的部分反应物由 HSC Chemistry 5.0 估算。

表 7-5 标准状态下结皮生成反应的热力学参数

反应	温度/K	ΔH	$\Delta G/kJ \cdot mol^{-1}$
式 (7-16)	298	-117.656	-33.31
式 (7-17)	298	-37.02	-37.552
式 (7-18)	298	-10.148	-2.655
式 (7-19)	298	-15.029	-10.613
式 (7-20)	298	-5.681	-0.030
式 (7-21)	298	-4.274	-0.015
式 (7-22)	298	0.777	-2.619

7.3.4 热力学分析软件

HSC Chemistry 5.0 是应用最为广泛的热力学数据库计算软件，它可以针对系统可能发生的反应，用 HSC Chemistry 软件分别计算各反应的焓变 ΔH 以及吉布斯自由能 ΔG 随温度 T 变化情况，再通过比较各反应的 ΔG 变化趋势，得出各反应式进行的相对难易程度。

7.3.5 结皮形成过程中的热力学计算

在结皮形成过程主要发生的化学反应如下：

$$MgO + CO_2(g) \longrightarrow MgCO_3 \tag{7-17}$$
$$MgO + H_2O(l) \Longleftrightarrow Mg(OH)_2 \tag{7-18}$$
$$MgCO_3 + Mg(OH)_2 + 3H_2O(l) \longrightarrow MgCO_3 \cdot Mg(OH)_2 \cdot 3H_2O \tag{7-19}$$
$$4MgCO_3 + Mg(OH)_2 + 4H_2O(l) \longrightarrow 4MgCO_3 \cdot Mg(OH)_2 \cdot 4H_2O \tag{7-20}$$
$$MgCO_3 + 3H_2O(l) \longrightarrow MgCO_3 \cdot 3H_2O \tag{7-21}$$
$$3Mg(OH)_2 + Mg^{2+} + SO_4^{2-} + 8H_2O(l) \longrightarrow 3Mg(OH)_2 \cdot MgSO_4 \cdot 8H_2O \tag{7-22}$$
$$Mg^{2+} + SO_4^{2-} + 6H_2O(l) \longrightarrow MgSO_4 \cdot 6H_2O \tag{7-23}$$

由表 7-5 可以看出，在室温条件下，所可能发生的反应均为自发反应，但是反应 (7-17) 和反应 (7-18) 与其他反应相比较易发生，这就是结皮形成的初级阶段，生成 $Mg(OH)_2$ 和 $MgCO_3$ 的过程，这两个过程皆为放热反应。

在结皮形成的第 3~5 周，随着 $Mg(OH)_2$ 和 $MgCO_3$ 的增多，促进了

$MgCO_3 \cdot Mg(OH)_2 \cdot 3H_2O$ 和 $4MgCO_3 \cdot Mg(OH)_2 \cdot 4H_2O$ 的生成。

由表7-6可知，$3MgCO_3 \cdot Mg(OH)_2 \cdot 3H_2O$ 和 $4MgCO_3 \cdot Mg(OH)_2 \cdot 4H_2O$ 皆为碱式碳酸镁的一种，只是结晶构成有所不同，两个过程相比，室温下，$4MgCO_3 \cdot Mg(OH)_2 \cdot 4H_2O$ 的生成反应更容易进行，考虑初期形成的 $Mg(OH)_2$ 量较少，故在第3周形成的碱式碳酸镁化学式为 $MgCO_3 \cdot Mg(OH)_2 \cdot 3H_2O$。

表7-6 不同温度下反应 (7-20) 的热力学变化

温度/℃	$\Delta H/kJ \cdot mol^{-1}$	$\Delta S/J \cdot (K \cdot mol)^{-1}$	$\Delta G/kJ \cdot mol^{-1}$
0	−14.365	−12.485	−10.954
10	−14.630	−13.439	−10.825
20	−14.896	−14.362	−10.686
30	−15.162	−15.253	−10.538
40	−15.427	−16.114	−10.381
50	−15.692	−16.946	−10.215
60	−15.956	−17.752	−10.042
70	−16.220	−18.533	−9.860
80	−16.484	−19.292	−9.671
90	−16.749	−20.031	−9.475
100	−17.014	−20.751	−9.271

由表7-7可以看出，$MgCO_3 \cdot 3H_2O$ 的生成只有在20℃左右反应才能自发进行，后期随着反应的进行，温度升高。$MgCO_3 \cdot 3H_2O$ 逐渐转变为碱式碳酸镁。周相廷等人指出 $MgCO_3 \cdot 3H_2O$ 随着温度的升高超过一定温度即会转变成亚稳态碱式碳酸盐，在此基础上如果温度继续升高，$MgCO_3 \cdot 3H_2O$ 将转变为稳定的 $4MgCO_3 \cdot Mg(OH)_2 \cdot 4H_2O$。

表7-7 反应 (7-21) 不同温度下的热力学变化

温度/℃	$\Delta H/kJ \cdot mol^{-1}$	$\Delta S/J \cdot (K \cdot mol)^{-1}$	$\Delta G/kJ \cdot mol^{-1}$
0	20.442	72.673	0.591
10	9.433	33.083	0.066
20	−0.823	−2.521	−0.084
30	−10.363	−34.528	0.104
40	−13.377	−44.410	0.530
50	−13.606	−45.131	0.978
60	−13.827	−45.806	1.433
70	−14.041	−46.438	1.894

温度/℃	$\Delta H/kJ \cdot mol^{-1}$	$\Delta S/J \cdot (K \cdot mol)^{-1}$	$\Delta G/kJ \cdot mol^{-1}$
80	-14.248	-47.032	2.361
90	-14.448	-47.589	2.834
100	-14.640	-48.113	3.313

根据表 7-5 中 ΔG 数据，生成 3.1.8 相硫氧镁水合物的反应在常温下也可进行，但是 ΔG 较小，这和其不稳定易水解也有一定的关系。Cole 和 Demediuk (1974) 在 30~120℃ 的温度条件下，将 MgO 与过量的 $MgSO_4$ 水溶液混合搅拌，他们通过研究证实在较低温度时会有 $3Mg(OH)_2 \cdot MgSO_4 \cdot 8H_2O$ 这种晶相存在，温度在 40℃ 以上这种晶相会消失。这也解释了结皮反应过程中随着放热反应的进行，3.1.8 相硫氧镁水合物逐渐减少，直至检测不到。Soreell 和 Urwongse 建立了 MgO-$MgSO_4$-H_2O 三元相图，认为实际生产中产生的 3.1.8 相硫氧镁水泥也远远低于理论生成量。

而在中后期 $MgSO_4 \cdot 6H_2O$ 的生成一方面是因为 3.1.8 相硫氧镁水合物水解释放出 SO_4^{2-}，促进了式 (7-23) 的正向进行，另一方面因为反应 (7-23) 为吸热反应，随着前期其他放热反应的进行，温度升高，亦可促进其生成。表 7-8 是反应 (7-23) 在 0~100℃ 下热力学参数的变化。另外 3.1.8 相硫氧镁水合物的水解，也会促进反应正向进行。这也是后期检测到 $MgSO_4 \cdot 6H_2O$ 的主要原因。

表 7-8 反应 (7-23) 不同温度下的热力学变化

温度/℃	$\Delta H/kJ \cdot mol^{-1}$	$\Delta S/J \cdot (K \cdot mol)^{-1}$	$\Delta G/kJ \cdot mol^{-1}$
0	-0.945	5.316	-2.397
10	-0.056	8.515	-2.467
20	0.543	10.597	-2.564
30	0.984	12.079	-2.677
40	1.354	13.279	-2.804
50	1.700	14.366	-2.943
60	2.037	15.394	-3.091
70	2.381	16.410	-3.250
80	2.750	17.471	-3.420
90	3.154	18.598	-3.600
100	3.601	19.812	-3.792

热力学计算结果与其 XRD 分析结果一致，虽结皮形成过程中的反应常温下大部分为放热反应，且 ΔG 为负，可以认为都可以自发反应。但是生成

$MgCO_3$ 和 $Mg(OH)_2$ 更易发生，其次为生成碱式碳酸镁反应。而其他微量物质如 $MgCO_3 \cdot 3H_2O$ 仅在 $20 \sim 30℃$ 下可以自发进行，这也解释了为何仅在第 4 周检测到微量的 $MgCO_3 \cdot 3H_2O$。3.1.8 相硫氧镁水合物易水解不稳定，促进了唯一的吸热反应 $MgSO_4 \cdot 6H_2O$ 的生成。

7.4　矿区土壤结皮对土壤渗透速度的影响

渗透速度是由多种因素所决定的一个关于土壤的主要物理参数，其中一方面，它由土壤本身结构特性土粒密度、土壤容重、颗粒组成共同决定，并与渗透水温度、黏性、压力呈线性关系，另一方面非常容易受外界环境因素干扰，所以土壤渗透率不仅是制约土壤侵蚀发生的重要因子，同时也是合理调控土壤水分，为研究土壤渗透性能提供重要依据。

质地、结构、总孔隙、孔隙连续性和大小分布、土壤的含水量和地面的糙度是影响土壤渗透率的主要因素。通过野外采样调查与室内实验模拟相结合，研究菱镁矿结皮对土壤渗透速度的影响，分析导致土壤渗透速度下降的主要影响因素，研究结果也将为菱镁矿区土壤环境质量的修复提供理论依据。

采用人工填充土柱进行渗透实验，以稳定水头的方式（5cm）测定土柱的渗透速度。渗透速度是用来衡量土壤渗透水溶液的能力，它也是土壤中有效孔隙的总空间与孔隙传导度的指标。在初期的降雨过程中，土壤具有良好结构，所以土壤渗透速率高，但随着降雨时间加长和次数的增加，土壤会发生熟化并分散，导致孔隙空间降低，促使了结构型和沉积型结皮形成。渗透速率随着孔隙空间的减少而一直下降直至结皮形成后的土壤最终渗透速度。本实验利用渗透率量化土壤表面结皮，进而研究破壳剂对土壤渗透率性能的影响。

采用人工填充土柱进行渗透实验的方法，供试土壤采自海城市梨树村农田土壤（0~15cm）。供试土壤理化性质：pH 值为 8.36，有机质为 6.7g/kg，总镁含量为 18.07g/kg，黏粒 39.2%，粉粒 41.6%，沙砾 19.3%，水溶态镁 33.53%，水溶态钙 25.86%，交换态镁 1.77%，交换态钙 1.29%。采集的土壤放于室内自然风干，1 周后用研钵磨细，使其全部过 2mm 筛，备用。分别称取 300g 土壤装入 6 个内径为 5cm 的有机玻璃柱内，填充高度为 16cm，使得土壤容重约为 1.15g/cm³。称取 100g 土壤和 5.0g 轻烧氧化镁粉末混合样 3 份，分别装入土柱，厚度约为 5cm。剩下的 3 个土柱分别用 105g 土壤填充作为空白对照实验。将土柱浸泡于蒸馏水中，注意水面不要超过土柱。浸泡 8 ~ 12h 后用蒸馏水进行土柱渗透实验，其间保持稳定水头（5cm）。分别在一定时间间隔测得渗出液的体积，在渗透速度达到稳定时停止渗透，计算渗透速度。

7.4.1　空白对照土壤的渗透速度

空白对照土壤，即无结皮土壤的渗透速度变化如图 7-16 所示。

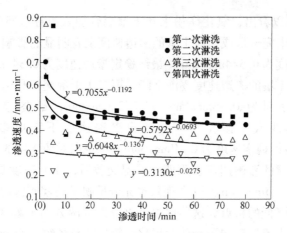

图 7-16 空白对照土壤渗透速度影响

由图 7-16 每一次淋洗都显示了一个大致相同的趋势，径流稳定后最初短时间内，土壤的渗透速度不断降低，然后逐步趋于稳定并达到最小渗透速度。在第一次淋洗过程中，土壤的渗透速度从 0.637mm/min 降低到 0.469mm/min。土壤的渗透速度和土壤结构的大孔隙有关，大孔隙对溶质在土壤中的迁移起到关键作用，而非毛管孔隙能快速排空并不断接受地表水分，使得地表径流变成地下径流，非毛管孔隙水流快速地迁移到土壤深层中，更容易产生一种优势流。土壤的渗透速度会随着团聚体不断占据大孔隙而变的逐步稳定，随着实验干湿交替的进行，对照土壤的渗透速度逐渐下降，最终达到稳定速度为 0.3mm/min。土壤的渗透速度下降主要原因是物理机械作用，雨滴的打击导致土壤团聚体的分散和压实。整体来看，空白土壤的渗透速度均大于 0.3mm/min。

7.4.2 混有氧化镁粉末的土壤渗透速度

混有氧化镁粉末的土壤渗透速度变化情况如图 7-17 所示。

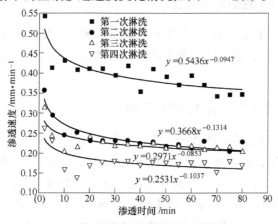

图 7-17 结皮覆盖对土壤渗透速度的影响

由图 7-17 可以看出，氧化镁粉末和土壤混合加入土柱进行淋洗过程，在淋洗初期，结皮还未完全形成，对土壤的渗透速度没有明显的影响，第一次淋洗过程土壤的渗透速度为 0.544mm/min，最终稳定渗透速度为 0.346mm/min。经过四次的干湿交替，土壤的渗透速度逐渐下降。第二次干湿交替和第三次干湿交替之后，初始速度分别为 0.36mm/min 和 0.32mm/min，最终渗透速度稳定在 0.22mm/min。第四次干湿交替，土壤的渗透速度下降更多，初始速度为 0.26mm/min，最终稳定速度为 0.17mm/min。和空白对照土壤的渗透速度相比差异较大，对照土壤的渗透速度在第四次干湿交替后，初始速度是 0.459mm/min，最终稳定速度为 0.3mm/min。这个现象也充分反映了菱镁矿区周围受镁粉尘污染的土壤渗透性能降低的特点。这种现象可以分别从两方面来解释：(1)土壤结构中的大孔隙利于水流快速向下迁移，氧化镁粉尘的粒径约为 5μm，粉尘随着水流进入土壤的大孔隙中，在向下迁移过程中土壤的孔隙逐渐被堵塞，土壤的孔隙度下降导致土壤的渗透速度下降；(2)在干湿交替过程中，氧化镁释放的交换态镁促进土壤胶团分散，氧化镁和分散的土壤胶团颗粒反应形成沉积型结皮，使得土壤渗透性能严重降低，土壤结皮的厚度也不断增加，破坏了土壤结构。经过三次干湿交替后，利用 pH 值测试仪测得渗出液的 pH 值为 8.97。

通过人工模拟菱镁矿区周围污染土壤形成结皮对土壤渗透速度的影响可以反映出，氧化镁粉尘沉降土壤表层会大幅度降低土壤渗透速度，和空白对照土壤产生的物理性结皮相比较，镁粉尘造成土壤表层形成的沉积型结皮对土壤结构的破坏更大，土壤的团聚体分散后形成硬质板结层，结皮的坚实度和容重也很大程度的影响土壤渗透性能，随着干湿交替的多次进行，二者与土壤渗透性能的负相关性就越明显，土壤的表层结构发生变化，降低土壤渗透性能，严重时可能导致水分无法向下迁移。

7.5　菱镁矿区土壤结皮的破壳

土壤的渗透率越低，表明土壤中结皮的发育越好，反之则说明结皮的发育较差，所以，通过土壤渗透率的高低来判断出土壤结皮的发育程度，进而研究土壤结皮的破壳效果。

7.5.1　柠檬酸对土壤结皮渗透速度的影响

土壤的渗透速度在柠檬酸作用下变化如图 7-18 所示。

由图 7-18 可知，渗透速度曲线的变化比较大，反映出柠檬酸对土壤渗透性能的影响较大。第一次淋洗的初始渗透速度是 0.535mm/min，淋洗 50min 之后，渗透速度大于 0.70mm/min。第一次干湿交替后土柱的渗透速度略有下降，初始速度仅为 0.293mm/min，最终稳定速度为 0.520mm/min。经过第二次的干湿交替

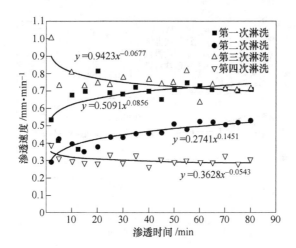

图 7-18 柠檬酸对土壤渗透速度的影响

后，初始和最终稳定的渗透速度都显著地提升，初始渗透速度达到 1.006mm/min，45min 之后渗透速度均超过 0.730mm/min。和仅有氧化镁粉末的土柱相比，柠檬酸处理过的土柱在两次干湿交替之后，渗透速度明显的上升 3.4 倍。实验结果表明柠檬酸有延缓或抑制结皮形成的作用。第四次淋洗之后测得渗出液的 pH 值为 7.23，和未添加任何破壳剂土柱的渗出液相比，pH 值下降了 1.74，说明柠檬酸能显著调节镁污染碱化土壤 pH 值的作用。

在第一次干湿交替后，土柱的渗透速度降低，可能是因为氧化镁粉尘的粒径较小，在第一次淋洗过程中堵塞土壤孔隙，直接降低土壤的渗透性能，柠檬酸的反应效果并没有表现出来。但在第二次干湿交替之后，由拟合曲线图可以反映出，柠檬酸的改良效果突出。

柠檬酸（$C_6H_8O_7$）是一种小分子有机酸，有三个 H^+ 可以电离，在淋洗的环境下，与土壤表面主要成分为碳酸镁（$MgCO_3$）的结皮开始反应，经过柠檬酸还原淋洗，镁离子的活动性增加，将土壤中一部分矿物组分溶解促使其向有机结合态转化，故土壤中的有机结合态比例增加，反应后形成络合物柠檬酸镁（$C_6H_5O_7$）Mg_3，络合物会从淋滤液中沉淀出来。土壤淋洗后，pH 值降低，说明柠檬酸中和一部分土壤中的碱基离子，改变土壤的性质。柠檬酸有效改善土壤盐碱性质，对土壤表面形成的结皮达到破壳并有抑制的作用，从而可以增加土壤的入渗能力，降低地表径流。柠檬酸在菱镁矿区污染土壤中会发生如下反应：

$$2C_6H_8O_7 + 3MgCO_3 \longrightarrow (C_6H_5O_7)_2Mg_3 + 3CO_2 + 3H_2O \tag{7-24}$$

7.5.2 阴离子型聚丙烯酰胺对土壤结皮渗透速度的影响

土壤的渗透速度在聚丙烯酰胺（PAM）作用下变化如图 7-19 所示。

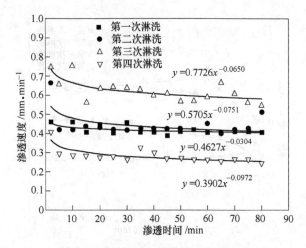

图 7-19　PAM 对土壤渗透速度的影响

由图 7-19 可知，PAM 对土壤渗透速度的影响较大，渗透速度先缓慢下降之后再升高。第一次淋洗的初始渗透速度是 0.459mm/min，在 45min 之后，渗透速度稳定在 0.408mm/min。第一次干湿交替后土柱的渗透速度略有提升，经过第二次的干湿交替后，初始和最终稳定的渗透速度都显著地提升，5min 时渗透速度达到 0.657mm/min，30min 之后渗透速度均超过 0.639mm/min，初始和最终渗透速度均超过 0.55mm/min。和有结皮覆盖的土柱相比，施加 PAM 的土柱在两次干湿交替之后，渗透速度明显的上升将近 3 倍。实验结果表明 PAM 有延缓或抑制结皮形成的作用。利用 pH 值测试仪测得三次干湿交替之后土壤渗出液，测得 pH 值为 7.84，和未添加破壳剂的镁粉尘土壤相比，pH 值下降了 1.13，表明 PAM 对镁污染造成的土壤碱化有改良的效果。

PAM 是一种高分子聚合物，其单体为丙烯酰胺。分子式为：

$$-CH_2-CH-$$
$$|$$
$$CONH_2$$

PAM 是一种良好的絮凝剂，溶解在水中之后，PAM 会发生改变，由颗粒状变成纤维状，多枝纤维状会把土壤颗粒紧密缠绕，同时 PAM 会吸收水分变得膨胀，阴离子型 PAM 具有一定的负电荷，与土壤黏粒表面的性质相似，所以 PAM 会与土壤黏粒发生排斥作用。PAM 会以离子架桥的方式与一些负电荷点位相结合，每个二价阳离子的正电荷都会与土壤黏粒或 PAM 粒子相结合。在淋洗初期，因为氧化镁粉尘的粒径较小，所以会随着水分在土壤中发生迁移，逐渐堵塞土壤结构中的孔隙，最终导致土柱的渗透速度显著降低。经过两次的干湿交替之后，PAM 的改良土壤的效果逐渐展现，PAM 粒子上附着二价阳离子会促进土壤胶团的稳定性，由于土壤团聚体的物理化学分解会促进结皮的生成，所以 PAM 缓解了土壤团聚体的分散，进而抑制了土壤结皮的形成。土壤的地表径流降低，渗透性能增强。

7.5.3 石膏对土壤结皮渗透速度的影响

硫酸钙对土壤渗透速度的影响如图 7-20 所示。

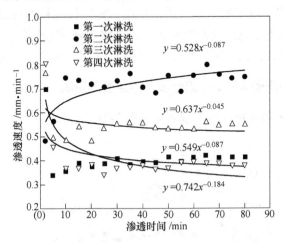

图 7-20　硫酸钙对土壤渗透速度的影响

从图 7-20 中可以看出硫酸钙对土壤的渗透性影响具有短暂性。与只有氧化镁粉末覆盖的土柱相比，第一次淋洗的初始渗透速度是 0.340mm/min，40min 之后渗透速度为 0.397mm/min，最终稳定速度达到 0.414mm/min。这是土壤中的氧化镁粉末还没有完全反应，即结皮还没有开始发育，对土柱的渗透速度还没有明显的影响。第一次干湿交替之后，土柱的渗透速度明显提升，从 0.484mm/min 上升到 0.744mm/min。但在第二次干湿交替之后，渗透速度有明显的降低，与第二次淋洗时的最终稳定速度相比，速度降低至 0.550mm/min。

经过三次的干湿交替后，土柱的渗透速度均超过 0.36mm/min，和仅有氧化镁粉末的土柱相比，经过硫酸钙处理之后的土壤渗透速度提高约 2.2 倍。在本实验中，第三次淋洗时土柱渗透速度降低，可能是跟氧化镁的反应和硫酸根的溶出有关。MgO 在水溶液中会发生如下反应：

$$MgO + H_2O \longrightarrow Mg(OH)_2 \tag{7-25}$$

生成的氢氧化镁能与溶液中的镁离子和硫酸根离子发生反应：

$$Mg(OH)_2 + Mg^{2+} + SO_4^{2-} + H_2O \Longleftrightarrow 3Mg(OH)_2 \cdot MgSO_4 \cdot 8H_2O \tag{7-26}$$

生成的 3.1.8 相硫氧镁水合物具有网状结构，这种针网状结构会阻拦土壤表层从上往下迁移的物质，土壤孔隙度会降低，这直接导致土壤渗透速度降低。比较硫酸钙和 PAM 对污染土壤的改良效果，在第四次淋洗之后，硫酸钙处理后的土柱最终稳定渗透速度是 0.382mm/min，经过 PAM 作用的土柱最终稳定渗透速度是 0.265mm/min，由此可看出，虽然硫酸钙会促进土壤中生成 3.1.8 相硫氧镁水合物，一定程度上促进结皮的形成，但整体来看，PAM 对结皮土壤的改良性优于硫酸钙的改良性。Miller 研究表明：在美国东南部三种典型土壤中使用石膏能够显著提高土壤的渗透性能，地表径流和地表侵蚀都有效减少。石膏在降雨过程中溶解，会提高土壤溶液中电解质的浓度，能阻碍黏粒的分散和结皮的形成。用 pH 值测试仪测得经过破壳剂处理后的土柱渗出液的 pH 值为 8.37，和空白对照土壤的 pH 值相近，比未添加破壳剂的镁粉尘污染土壤的 pH 值下降 0.6。

7.5.4　腐殖酸和焦磷酸钙对土壤结皮渗透速度的影响

腐殖酸对土壤渗透速度的影响效果如图 7-21 所示。

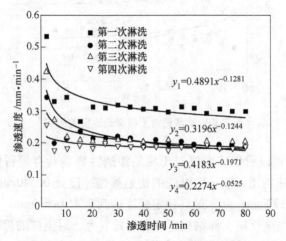

图 7-21　腐殖酸对土壤渗透速度的影响

由图 7-21 可以看出，腐殖酸的添加对土壤的渗透速度影响不大。第一次淋洗时的初始速度从 0.535mm/min 降低到 0.299mm/min，经过三次干湿交替之后，土柱的渗透速度逐渐降低，第四次淋洗时，土柱的初始渗透速度是 0.255mm/min，30min 之后土柱渗透速度稳定在 0.189mm/min，和未施加任何破壳剂的土柱相比（见图 7-16），土柱的最终渗透速度相近，均为 0.180mm/min 左右。

腐殖酸（HA）是远古时期森林、草原、沼泽等动植物遗骸在地壳变化和微生物分解过程中，经过不断地转化积累形成的天然有机化合物。腐殖酸是一种多价酚型芳香族化合物和氮化合物的缩聚物。由于腐殖酸含有多种功能团，这些活性基团使腐殖酸具有酸性、亲水性、离子交换性、络合性，以及较高的缓冲、吸附和催化作用。羧酸基团使腐殖酸具有酸性，酚羟基使腐殖酸对金属具有螯合能力，能够提高金属离子的生物有效性，腐殖酸能改良土壤理化性质并活化土壤养分，促进作物生长发育，加强土壤肥效。很多地区选用腐殖酸作为土壤肥料，尤其是改善盐碱地的条件，利用腐殖酸能促进团粒结构的形成，提高土壤的保水保肥能力和通风透气性，改变土壤碱性 pH 值、土壤团粒的分散的性质。腐殖酸能螯合土壤中的 Ca、Fe、Mg 和 Al 减少这些金属阳离子对磷素养分的固定，活化磷素同时促进作物吸收，提高磷的利用率，在本实验中土柱中腐殖酸螯合土壤中游离的镁离子生成螯合物腐殖酸镁，但腐殖酸只起到了减少土壤中游离镁离子，也许它只改善了土壤中各种营养元素，使其利于作物生长的条件，但对富含氧化镁、碳酸镁的土壤结皮并没有改善的作用，腐殖酸没有抑制土壤结皮形成的改良效果，因此土壤的渗透速度没有提高。

研究焦磷酸钙对镁粉尘污染土壤的改良效果，在试验中发现施加焦磷酸钙的土柱在第一次干湿交替之后，土壤的渗透速度几乎为零，第一次淋洗时土壤的渗透速度和未添加任何破壳剂的土柱相比，渗透速度相近，这时镁粉尘还没有完全起到反应，结皮还未形成。经过一周的反应，土壤中形成一定的结皮，但由于焦磷酸钙不溶于冷水中，焦磷酸钙粉末会随着淋洗水进入土壤结构的孔隙中，进一步堵塞土壤孔隙度，导致土壤的渗透性能恶化，因此，在形成的结皮过程中，焦磷酸钙不仅不会抑制结皮的形成，反而会促进结皮对土壤渗透性能的破坏。

7.5.5 硫酸铵对土壤结皮渗透速度的影响

硫酸铵对土壤结皮渗透速度的影响如图 7-22 所示。

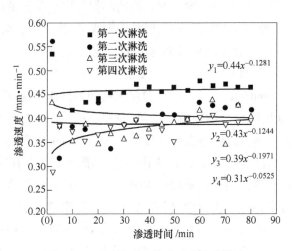

图 7-22 硫酸铵对土壤渗透速度的影响

由图 7-22 可以看出，在第一次淋洗时，土壤的渗透速度稳定在 0.45mm/min

左右。随着干湿交替的进行，虽然土壤最终稳定渗透速度有所降低，第二次、第三次淋洗时渗透速度由最初 0.501mm/min 降低到稳定的 0.428mm/min。第四次淋洗时，虽然初始渗透速度降低，为 0.289mm/min，但土壤渗透速度逐渐升高并最终稳定在 0.392mm/min 左右。和未添加任何破壳剂的土柱相比，添加硫酸铵后土壤的渗透速度整体上升，经过 4 次淋洗后的最终渗透速度均超过 0.365mm/min，可以表明硫酸铵能够改善镁粉尘污染土壤的渗透速度，而且改良的效果是稳定的。硫酸铵在土壤中的反应呈酸性，会在碱性土壤中发生反应，调节 pH 值，破坏结皮形成的条件，说明硫酸铵具有潜在的改良土壤渗透性能的效果。硫酸铵是一种广泛应用于土壤的氮肥，虽然施加硫酸铵能对土壤结皮的形成产生一定的抑制作用，但随着硫酸根的输入，从长远角度来看，土壤中硫酸根的含量增加反而会促进镁粉尘污染土壤中特有的结皮发育。测得 3 次干湿交替后土壤渗出液的 pH 值是 7.73，相比于仅含有镁粉尘土柱的渗出液 pH 值下降了 1.24，硫酸铵能有效改善土壤碱化问题。

在土壤溶液中会发生如下化学反应：

$$Mg(OH)_2 + SO_4^{2-} + H^+ \longrightarrow MgSO_4 + H_2O \tag{7-27}$$

综上，通过柠檬酸、PAM、石膏和硫酸铵对土壤结皮的改良的实验结果分析来看，从长远角度来看，添加柠檬酸的土柱渗透性能最好，即柠檬酸对抑制土壤结皮形成的效果最好，经过三次干湿交替后，土壤的最终渗透速度达到 0.29mm/min，和图 7-16 空白对照土壤相比渗透速度相当（0.3mm/min），前两次淋洗时渗透速度呈上升趋势，第三次淋洗时土壤渗透速度达到最大，平均超过 0.75mm/min，而且柠檬酸作为广泛应用的添加剂，对环境的环保性也是特有的优势。其次是以 PAM 作为破壳剂，经过 PAM 处理后土壤在前两次淋洗时，渗透速度稳定在 0.45mm/min，与空白对照土壤的渗透速度曲线趋势几乎相同，第三次淋洗时，稳定的渗透速度平均超过 0.61mm/min，经过三次的干湿交替之后，土壤的最终渗透速度达到 0.265mm/min，接近空白对照土壤的最终渗透速度（0.3mm/min），PAM 的改良效果也很可观。添加硫酸铵的土柱在每次淋洗中土壤的渗透速度都很稳定，虽然第四次淋洗时渗透速度降低到 0.387mm/min，但高于空白对照土壤的最终稳定速度。硫酸铵对菱镁矿区周围污染土壤的改良没有像柠檬酸和 PAM 一样显著提高渗透速度，但可以减缓土壤中结皮的形成。由石膏对土壤渗透速度变化曲线图可以看出，第二次干湿交替之后，土壤的渗透速度呈下降趋势，最终渗透速度稳定在 0.35mm/min，尽管石膏对结皮的形成有一定的抑制作用，但随着土壤溶液中硫酸根的含量增多，反而有促进镁粉尘污染土壤中特有的结皮形成。对于菱镁矿区周围污染土壤表层结皮的破壳剂筛选工作有待于进一步的讨论。

7.6 破壳剂抑制土壤结皮发育的过程

7.6.1 破壳剂对土壤结皮形貌的影响

用小型花盆装 270g 土壤，在土壤表层铺上 30g 轻烧氧化镁粉末，通过模拟间歇降雨来制作结皮，每隔一周进行一次模拟降雨，在氧化镁粉末上浇 40mL 的配置雨水。生成的结皮用于研究破壳剂的改良效果。配置模拟雨水的成分见表 7-9。

表 7-9 模拟雨水的成分配置

成分	NH_4^+	Na^+	K^+	Ca^+	Mg^+	SO_4^{2-}	NO_3^-	Cl^-
含量/$\mu g \cdot L^{-1}$	141.93	20.06	12.25	169.29	34.49	272.69	26.89	36.28

配置 4g 柠檬酸、0.04gPAM 和 4g 硫酸钙的 100mL 水溶液，每间隔一周淋洗在结皮表面，经过四周的反应时间，利用扫描电镜观察经过破壳剂处理后的结皮表层的形态和微观结构。

经过 4 周的反应的结皮，进行 SEM 样品的采取和制备。实验结束后将形成的结皮整块取下，用滤纸先将样品包好，然后放在不太强的阳光下进行风干，静置约 12h 后，用小竹刀将结皮底部的土壤刮下，再用 100% 酒精进行冲洗，将结皮表面颗粒清洗干净，再将样品静置风干。用木凿将干燥后的样品凿成表面积为 1cm^2 大小的长方体样品。选取剖面较为平整的结皮，用木凿沿着结皮剖面开凿。用酒精冲洗凿好的长方形样品，直到不再有颗粒被冲洗下来，样品隔夜干燥后放在铝管中，在其表面铺上金粉。通过环境扫描电子显微镜（SEM）观察结皮的形态和微观结构，如图 7-23 所示。

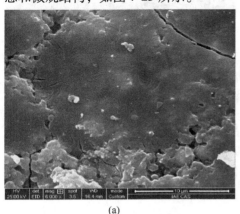
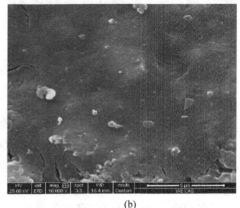

(a)　　　　　　　　　　　　　　　　(b)

图 7-23 土壤结皮表面结构

（a）6000 倍；（b）10000 倍

从图 7-23 可以看出，结皮表层的颗粒堆积紧密，结皮结构的孔隙很小，再大一些的孔隙也被小颗粒所填充，结皮结构比较坚实平整。

柠檬酸作用下结皮表面形态和微观结构如图 7-24 所示。

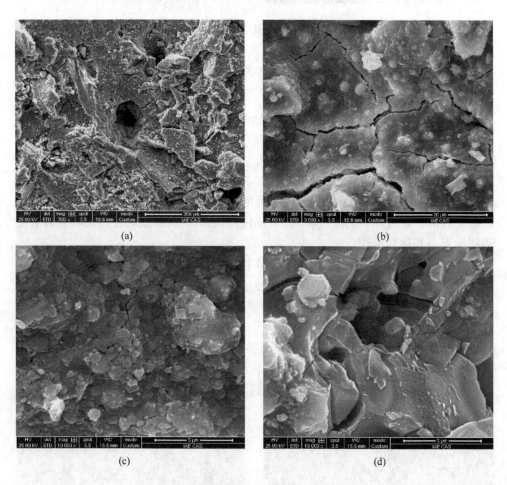

图 7-24 柠檬酸作用后的结皮表面结构
(a) 300 倍；(b)，(c) 3000 倍；(d) 10000 倍

由图 7-24 知，经过柠檬酸处理过的结皮表层，在扫描电镜扩大 300 倍的条件下观察，发现已经出现凹槽，扩大 3000 倍时，发现结皮的结构由坚实平整变得松裂不平，直观地反映出柠檬酸能够抑制结皮形成甚至分解结皮的作用。结皮表面结构变成凸起的小颗粒并且小颗粒之间有大小不同的缝隙或孔洞，这种结构特征在扫面电镜一万倍的条件下显而易见。

PAM 作用下结皮表面的形态和微观结构图如图 7-25 所示。

经过 PAM 处理过的结皮表层，经过扫描电镜扩大 300 倍时，发现结皮表层

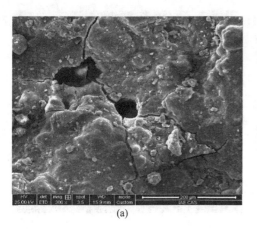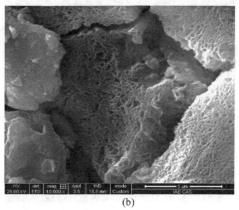

（a） （b）

图 7-25　PAM 作用后的结皮表面结构
（a）300 倍；（b）10000 倍

出现了孔洞，并且大颗粒表面附着很多细小颗粒，扩大 1 万倍时，看到结皮表面呈多枝纤维状，颗粒之间有絮状物的连结，结构类似格架状，这种结构具有孔隙大连通好的优点。结皮形成的前提是团聚体的分散及随后细小颗粒的位移和填充，但经过 PAM 的处理后，结皮形成的条件被改变。PAM 和土壤黏粒表面性质相似进而相互排斥，同时 PAM 吸收水分发生膨胀，处理后的土壤表层不见颗粒紧密充填和沉积的特征，SEM 图显示出表面疏松多孔的结构，这与 PAM 在结皮结构中起到絮凝保水作用有关，PAM 溶解之后会形成黏絮物质，如同分子中的化学键连接多个土壤颗粒，这种围绕大颗粒而形成团聚体，其结构越大越稳定，这种 PAM 键，即丝状黏絮物，具有较强的粘黏作用，使颗粒之间不再是点对点的接触，形成的结构也更为稳定，这种格架式纤维状的孔隙不易遭到破坏。PAM能起到抑制结皮形成的主要因素是 PAM 溶解后形成的格架式结构能有效地削弱土镁粉尘污染土壤的封闭作用，格架式纤维状的结构利于土壤胶团的稳定和水分的流动，因此提高土壤的渗透性能，增加渗流的动能和迁移物质的能力，减少土壤表面的径流量和径流的冲刷作用。SEM 图直观的显示出 PAM 能够缓解或抑制结皮形成的改良效果。

硫酸钙作用下结皮表面形态和微观结构图如图 7-26 所示。

经过硫酸钙处理过的结皮表层，在扫描电镜扩大 300 倍的条件下观察，发现结皮表面是凸起的球状小颗粒，扩大 6000～10000 倍时，发现结皮的结构变成条形成簇的小晶体，结皮变得不再密实，可以认为硫酸钙具有改变结皮结构或抑制结皮形成的作用。

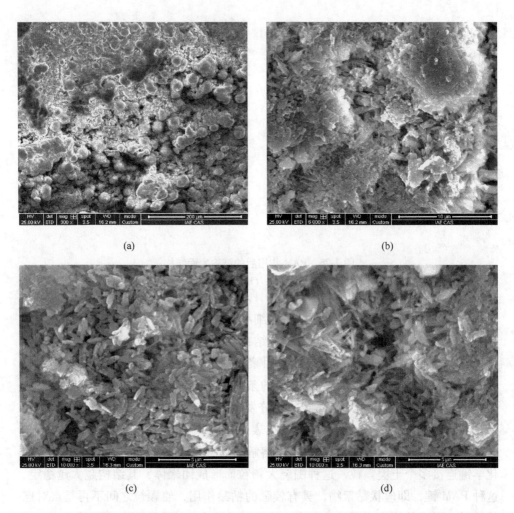

图 7-26 硫酸钙作用后的结皮表面结构
(a) 300 倍；(b), (c) 6000 倍；(d) 10000 倍

7.6.2 土壤结皮破壳前后的物相组成

本实验进一步研究柠檬酸、PAM 和硫酸钙处理后结皮的物相组成。将之前花盆中反应 4 周时间的样品研磨成粉末，过 0.074mm（200 目）筛。处理好的样品的 X 射线衍射图如图 7-27 所示。

由图 7-27 可知，样品中主要含有氧化镁（MgO）、碳酸镁（$MgCO_3$）、氢氧化镁（$Mg(OH)_2$）、碱式碳酸镁（$Mg_5(CO_3)_4(OH)_2 \cdot 4H_2O$）、硅酸镁（$Mg(SiO_3)$）和二氧化硅（$SiO_2$）。

经过柠檬酸处理后的结皮样品的 X 射线衍射分析图如图 7-28 所示。

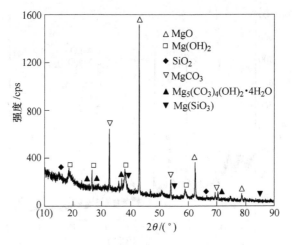

图 7-27　4 周土壤结皮样品的 X 射线衍射

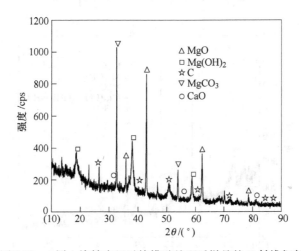

图 7-28　4 周土壤结皮经过柠檬酸处理后样品的 X 射线衍射

　　由图 7-28 知，样品中主要含有碳（C）、氧化镁（MgO）、碳酸镁（$MgCO_3$）、氢氧化镁（$Mg(OH)_2$）。可以看出氢氧化镁和碳酸镁的百分比明显减少，说明柠檬酸能有效抑制结皮发育的改良效果，其中柠檬酸的加入使得 C 元素增加。

　　经过 PAM 处理后的结皮样品的 X 射线衍射如图 7-29 所示。

　　由图 7-29 知，样品中主要含有氧化镁（MgO）、碳酸镁（$MgCO_3$）、氢氧化镁（$Mg(OH)_2$）。和结皮样品和柠檬酸处理后的样品相比较，这些物质的相对百分比不相同，经过 PAM 反应后的结皮物相组成和结皮样品的物相组成的成分相近，但碳酸镁的含量减少，说明 PAM 有抑制结皮进一步发育的潜能。

　　经过硫酸钙处理后的结皮样品的 X 射线衍射如图 7-30 所示。

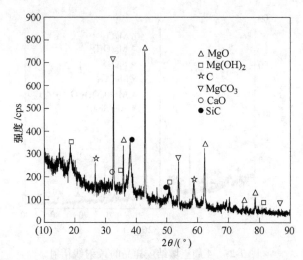

图 7-29 4 周土壤结皮经过 PAM 处理后样品的 X 射线衍射分析

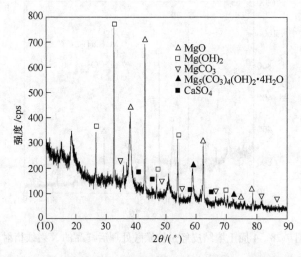

图 7-30 4 周土壤结皮经过硫酸钙处理后样品的 X 射线衍射分析

由图 7-30 知，样品中主要含有氧化镁（MgO）、碳酸镁（$MgCO_3$）、氢氧化镁（$Mg(OH)_2$）、石膏（$CaSO_4$）以及少量的碱式碳酸镁（$Mg_5(CO_3)_4(OH)_2 \cdot 4H_2O$）。从 XRD 衍射图谱可以看出氢氧化镁和碳酸镁的百分含量比结皮样品小，但显著多于柠檬酸和 PAM 分别处理后结皮样品，其中还测到碱式碳酸镁，说明硫酸钙对结皮形成的抑制效果比较弱。

8 菱镁矿提纯、矿区环境污染控制与土地复垦技术实践

8.1 低品位菱镁矿石提纯实践

8.1.1 海城市华宇镁砂有限公司

海城市华宇镁砂有限公司拥有菱镁矿石矿山开采权，其矿山地质储量达 $2.66×10^8t$ 以上。每年开采 $1.0×10^6t$ 的菱镁石矿，据统计，每年开采中产生的风化废料约 $1.5×10^5t$，矿石破碎过程中产生约 $5×10^4t$ 的废料，共计每年产矿山废料约 $2.0×10^5t$，到目前为止，海城市华宇镁砂有限公司矿山开采中已产生了约 $1.5×10^6t$ 的菱镁石矿山废料。为了实现矿山废物资源化再利用，开发出菱镁矿矿山废料的提纯工艺技术和提纯料隧道窑轻烧技术。该公司生产工艺情况如下：

（1）原料贮存及水洗。该公司使用的原料来自华宇公司矿山生产过程的废弃菱镁矿（（MgO）品位不小于45%，SiO_2 含量不大于2.6%），粒度小于5mm，含有一定数量的夹杂矿物和泥土，生产工艺设置废料经过水洗设施以去除泥土。

废料由公司车辆运入本工程的原料库，保证细磨浮选工段稳定供料，连续生产。废料用铲车供料，提升送到振动式水冲洗设备给料机，经冲洗后物料中的泥土和菱镁粉分离，含泥土的冲洗水经 $100m^3$ 沉淀池沉淀后循环使用，沉泥定期清理堆放，运往矿山作回采覆盖土，造地还田，绿化矿山，改善其生态环境，干净的物料送入细磨工段的大型球磨机。根据处理需要量和振动式单机能力，设置7台振动式冲洗机（8吨/台·时），6开1备，3台组成一个系统，两条生产线并联生产。每个冲洗系统设一台水泵，共设3台，2开1备。

浮选提纯工艺由细磨、分级、加药搅拌、浮选四道工序组成。

冲洗干净的小于5mm的碎矿进入湿式球磨机（MQY2700mm×3600mm，2台）细磨，采用螺旋分级机（2FC-15φ1500mm，2台）分级，按合理的矿浆浓度和磨矿介质进行磨矿分级，使物料粒度达−0.074mm占70%左右。细粒料浆进入浮选工序，粗粒物料返回球磨机，达到有用矿物单体分离，提高 SiO_2 脱除率，提高精矿品位。

细磨的料浆进入加药搅拌混合池，根据料浆浓度，入选矿石的品位和矿物可选性的区别，按照华宇公司开发的浮选药剂（浮选提纯药剂由本厂在当地市场采购，

本地区可以充分供应）配方加入一定比例药剂，均化后导入浮选机（BF2.0-00，32套），根据浮选的基本原理，料浆中的高硅矿石上浮刮出，达到提纯目的。

细磨料浆经选矿后获得精矿料浆和尾矿料浆（品位：$w(MgO) \leqslant 41\%$，$w(SiO_2) \geqslant 4\%$；回收率 $\varepsilon \leqslant 15\%$；产率 $\gamma \leqslant 35\%$）。尾矿料浆送尾矿处理沉淀池，精矿料浆用泵送脱水工段处理后送往精矿库（品位：$w(MgO) \geqslant 47\%$，$w(SiO_2) \leqslant 0.3\%$；产率 $\gamma \geqslant 65\%$）。

根据入磨原料的处理量和大型湿式球磨机的单机处理能力，设置2台MQY2700mm×3600mm 湿式球磨机，各配置一台 2FC-15ϕ1500mm 螺旋分级机，浮选区分为2个系列，每个系列设16台 BF2.0-00 浮选机，共32台浮选机。

（2）脱水工艺。脱水工艺指精矿和尾矿脱水，浮选精矿料浆汇聚后进入浓缩池，料浆在此沉淀浓缩后，由泥浆泵送真空吸滤机脱水，脱水精矿含水率小于12%经带式输送机入精矿库待运，溢流水与过滤水返回细磨浮选系统重复使用；尾矿料浆在尾矿沉淀池沉淀，定期清理堆存，由华宇集团统一收集作炼钢造渣球生产原料，力求最大限度的资源化再利用，沉淀后清水可送废料冲洗工段冲洗泥土，重复使用，节省水资源，降低能耗。选择3个ϕ1.8×10⁴mm的浓缩池，每个处理量为7×10⁴t/a；选3台真空吸滤脱水机，每台处理量为7×10⁴t/a，脱水机配置4台真空泵，4开1备。

（3）精矿粉轻烧。经带式干燥机干燥后的菱镁石精矿粉，根据级别、水分大小等配入适当的结合剂在混炼机中混炼。选用ϕ750混合机，每个系统一台，共12台，产量为6吨/台·时，混炼机的泥料从混合机中卸入料斗，由推料小车将料斗送入成型车间。料斗由10t吊车提升到机压上方料仓卸料，用液压机成型，砖坯容重达到2.3g/cm³以上。砖坯码装在干燥铁车上，由3t推车推入隧道干燥器（30.5m×0.95m×1.6m）进行干燥，使砖坯水分小于1.0%。砖坯轻烧在隧道窑（100m×3.5m×1.2m）中进行。由于制成的物料团块不大于65mm，所以煅烧温度严格控制在850~900℃之间，并且由于物料团块的均等，煅烧高温时间可以在10~30min完成，这为提高轻烧镁粉的活性质量和产量奠定了基础。其反应式为：

$$MgCO_3（微粒团块）\xrightarrow{\quad 轻烧\ 850\sim900℃\quad} MgO + CO_2 \uparrow$$

生产的轻烧镁粉烧减为小于3.0%。

（4）生产工艺流程。

菱镁石浮选精矿或尾矿→泥料混炼→机制成型→干燥→轻烧→出窑检验→入库。

隧道窑采用煤气做燃料，新建煤气发生站，为使隧道窑轻烧活化工艺顺利进行，拟采用经过净化的冷煤气，这为减少管道堵塞、操作自动化奠定了基础。

煤气站特点：

1）煤气净化工艺改变了常用的竖管，煤气直接洗涤工艺，既节约用水，又消除了含酚污水对环境污染的弊端，而少量间冷煤气冷凝含酚水，送旋风除尘器冷却夹套汽化后，与汽化剂一起经炉底鼓入煤气炉气化。

2）煤气更加洁净，加压输送，增加了煤气的压力稳定性，为烧嘴使用创造条件。

菱镁矿石废料提纯工艺技术可使菱镁石废料 SiO_2 含量降低到 0.3%以下，MgO 含量提高到 47%以上，使菱镁石废料变为优质菱镁矿石，变废为宝。不仅为国家节约了矿山资源，同时解决了废料的污染及占用土地等的问题。该公司开发出的菱镁石废料提纯工艺技术每年可处理 30 万吨菱镁石废料，年生产 20 万吨优质菱镁石原料、10 万吨优质镁质轻烧粉产品，为企业增加约 50000 万产值，同时每年为国家节约 20 万吨优质菱镁矿资源。该公司开发出了适合粉料轻烧的隧道窑工艺及设备，该工艺设备填补了我国菱镁矿粉料隧道窑轻烧的工艺技术空白，为提纯废料的轻烧打下了坚实的技术基础。

8.1.2 海城镁矿耐火材料总厂

海城镁矿耐火材料总厂浮选厂（原名海城镁矿高纯镁砂厂浮选车间）1986年 5 月开工，1988 年 5 月竣工投产。投产时浮选流程为反-正浮选流程，反浮选和正浮选均为一次粗选、一次精选两个作业，反浮选工艺中的浮选药剂为十二胺、六偏磷酸钠及盐酸；正浮选工艺中的浮选药剂为碳酸钠、水玻璃、油酸。1993 年改为一次粗选、二次精选的单一反浮选流程，浮选药剂为十二胺、六偏磷酸钠及盐酸。反浮选流程沿用至今。浮选工艺最初的主要目的是脱除矿石中的含硅脉石矿物，原矿 SiO_2 含量由最初的约 0.7%到目前的 2%的高硅矿，随着资源的开采利用，原矿品位逐渐降低，不仅含硅杂质比以前明显提高，钙铁杂质也不断增加，钙和铁的去除也不断引起企业的高度重视。为了适应矿石性质，提高资源利用效果，企业在单一反浮选流程条件下，开展了多次新型捕收剂的研发和应用实验。目前生产及技术指标稳定，是国内生产最长，运转最稳定的企业。

该厂由于扩大了生产规模，矿石处理量增加，粉矿、低品位矿石的积压量也在不断增加，同时还占用了大量土地，既污染环境又浪费资源。又因优质矿石供给紧张，造成资源危机，该公司开始对粉矿、低品位矿石进行综合利用。2003年初，海镁对浮选系统生产线进行改造，把浮选生产的精矿粉与轻烧镁粉混合后直接压球，将其用作电熔镁砂的原料。目前，海城镁矿耐火材料总厂投资 3.0×10^7 元，建成了国内先进的粉矿浮选生产线，使约占矿石总量 30%的废弃矿粉得到再利用。浮选流程为 3 或 4 次单一反浮选流程，磨矿细度为 $-0.074mm$ 占 70%左右，采用盐酸为 pH 值调整剂，六偏磷酸钠为调整剂，十二胺或以十二胺为主的改性药剂为阳离子捕收剂。原矿中 SiO_2 含量约 2.0%，经反浮选后菱镁矿回收率为 70% 左右，所得菱镁矿精矿中 SiO_2 含量小于 0.3%，精矿品位（烧减为 0 时 MgO 含量）96.5% 以上。

海城镁矿耐火材料总厂浮选厂主要设备见表 8-1。

表 8-1　海城镁矿耐火材料总厂浮选厂主要设备

序号	设备名称	台数	规格	设备性能
1	反击式破碎机	2	$\phi 1000mm \times 700mm$	入口粒度 250~0mm 排口粒度 30~0mm 处理能力 15~30t/h
2	自定中心振动筛	2	1000mm×250mm	筛孔尺寸 14mm 面积 3.13m² 处理能力 15~30t/h
3	溢流型球磨机	2	$\phi 1500mm \times 3000mm$	容积 5.3m³ 装球量 10T 处理量 8.84t/h 磨机转速 29.5r/min 功率电机 95kW
4	高堰式单螺旋分级机		$\phi 1500mm$	
5	搅拌槽	4	$\phi 1800mm$	
6	机械搅拌式浮选机	48	5A	有效容积 1.1m³
7	周边传动浓缩机	2	$\phi 18m$	
8	真空内滤式过滤机	4	20m²	

8.2　菱镁矿山环境污染控制与土地复垦技术

8.2.1　菱镁矿区土壤环境质量评价与复垦限制性因子识别

菱镁矿区采矿与矿产品加工活动，会产生大量的粉尘与废弃物，这些污染物通过多种方式进入土壤，对土壤质量造成严重的影响。研究发现，菱镁矿煅烧厂附近土壤普遍碱化（pH 值为 9.5）；矿区周围土壤有机质和速效磷含量明显降低。土壤中交换态镁含量高会促使土壤黏粒分散，分散的黏粒占据土壤孔隙，使得水力传导系数以及渗透速率降低。

菱镁矿区土壤质量下降问题至今未引起环境学家与政府部门的广泛关注，可能是由于以下两方面原因：（1）菱镁矿在世界上分布不均匀，造成人们对其开采活动所带来的土壤退化认识不足。全世界菱镁矿主要分布在中国（27%）、朝鲜（24%）和俄罗斯（22%），其中我国菱镁矿开采量占世界总量的 44%，而我国大部分菱镁矿集中在辽宁省海城与大石桥；（2）镁是土壤中存在的和植物所需的大量元素，过量镁对植物-土壤系统的危害性经常被人们忽视。近年来，随着镁产品需求增长与不合理的开发，我国菱镁矿区的土壤退化问题不断加剧，因此，菱镁矿区土壤质量问题应该引起人们足够的重视。

8.2.1.1 研究区域概况

A 调查范围与采样评价区域

调查区域为海城、大石桥等地的主要镁矿石开采加工企业及其周边地区，识别影响矿山区域生态环境改善的限制性因子，提出相应对策。主要企业包括：海镁集团、华宇集团、海城的青山集团（范峪）、后英集团、西洋集团、中兴矿业等企业，以及大石桥的腾飞、三才、平二房等地区。

评价区域选在海城金家堡——下房身矿段（见图8-1）此处是世界上最丰富的菱镁矿区之一，已探明储量为 8.61×10^8 t。矿区开采从20世纪30年代已经开始，至今已有80年历史。因为前期的菱镁矿资源开发规划不尽合理，土地复垦和环境保护工作没有及时到位，矿区周围环境污染严重，土壤普遍被一层白色矿粉结皮覆盖，大面积农田被迫弃耕，粮食和水果产量大幅度降低。

图8-1 采样点布置图

B 自然地理概况

气候：研究区域地理坐标 E 122°18′，N 40°28′，属暖温带大陆性季风半湿润气候区，四季分明，雨热同季，并受温带海洋性气候的影响。年平均气温8.4℃，无霜期175天左右。一月平均气温-10.6℃，最低气温-30℃；七月平均气温24.6℃，最高气温35℃。年降雨量750mm，多集中在七、八月份，平均日照为 2500~2800h，4 月份至 9 月份大于等于 10℃积温为 3353℃，无霜期为 151~168 天。夏季以东南风为主，温暖湿润；冬季，以西北风为主，西伯利亚寒潮濒临南侵，受高压控制，降水少，寒冷干燥。

地貌与土壤：研究区域地貌类型属低山丘陵地区，土壤类型主要是棕壤和草甸土。

8.2.1.2　评价指标体系

在对海城——大石桥菱镁矿区的自然地理、植被和生态、土地资源、矿产资源开发历史与现状进行全面调研的基础上，提出菱镁矿区土壤环境质量指标体系和评价标准（见表 8-3~表 8-5）。菱镁矿开采、运输和煅烧过程产生的粉尘污染和由此形成的板结层被列为最重要的土壤环境质量评价指标。

菱镁矿区土壤质量与修复效果评价指标体系包括：

（1）地形地貌因子：灌溉条件、覆土厚度、土层物质组成、板结层厚度、地面坡度。

（2）土壤物理性质：分散系数、初始入渗速度、孔隙度、容重。

（3）土壤化学性质：交换型镁含量、酸碱度、水溶性钙镁比、速效磷。

（4）生物因子：呼吸强度、纤维素酶、微生物总量。

采用逻辑信息分类法对上述指标进行标准化处理和量化分级，以辅助判定影响菱镁矿区土壤修复与植被快速建设的主要限制性因子，见表 8-2~表 8-4。

表 8-2　地形地貌条件与土壤物理性质评价分级

项　目	限制因素及分析指标	林地评价	草地评价	耕地评价
地形坡度/(°)	<3	1	1	1
	4~7	2	1	1
	8~15	3	1	1
	16~25	不或 3	2 或 3	不或 3
	25~35	不	2	3
	>35	不	2 或 3	不或 3
土壤质地	壤土	1	—	—
	黏土、砂壤土	2	—	—
	重黏土、砂壤土	3	—	—
	砾质、砂质	不	3	2 或 1
有效土层厚度	>0.80	1	1	—
	0.79~0.50	2	1	—
	0.49~0.30	3	1	—
	0.29~0.10	不	2	—
	<0.10	不	3	—

项 目	限制因素及分析指标	林地评价	草地评价	耕地评价
水文与排水条件	不淹没或者偶然淹没、排水条件好	1	1	1
	季节性淹没、排水条件好	2	2	2
	季节性长期淹没、排水条件差	3	3	3 或不
	长期淹没、排水条件很差	不	不	不

表 8-3 土壤酸碱度分级标准

分级	极强酸性	强酸性	酸性	中性	碱性	强碱性	极强碱性
pH 值	<4.5	4.5~5.5	5.5~6.5	6.5~7.5	7.5~8.5	8.5~9.5	>9.5

表 8-4 土壤有机质与营养元素分级标准

分级	有机质 /%	碱解氮 /mg·kg^{-1}	全磷 (P_2O_5)/%	速效磷 (P)/mg·kg^{-1}	全钾 (K_2O)/%	速效钾 /mg·kg^{-1}
丰	>4	>150	>0.1	>40	>2.5	>200
稍丰	3~4	120~150	0.08~0.1	20~40	2.0~2.5	150~200
中等	2~3	90~120	0.06~0.08	10~20	1.5~2.0	100~150
稍缺	1~2	60~90	0.04~0.06	5~10	1.0~1.5	50~100
较缺	0.6~1	30~60	0.02~0.04	3~5	0.05~1.0	30~50
极缺	<0.6	<30	<0.02	<3	<0.05	<30

8.2.1.3 评价方法

一般而言，土壤质量的评价可以用土壤物理、化学以及生物性质衡量。单变量方法对评价土壤质量具有一定的局限性，因此多变量分析方法，即同时考虑多种土壤性质并对其进行统计分析的方法被许多研究者应用于土壤质量评价工作中。综合考虑过量镁对土壤性质的潜在影响，本小节选取了 14 种土壤物理化学性质，采用多变量分析方法对菱镁矿区土壤质量进行评价。

A 采样

采样时间为 2007 年 8 月，17 个采样点位分别设置在矿区、排土场以及矿区周围农田（见图 8-2 和表 8-5）。采集土壤样品 160 个，对土壤理化性质指标及不同赋存形态镁含量进行了分析。

在取样点周围随机选择 5 个点，收集表层土壤（0~10cm）混合样，用作土壤化学性质分析，其中包括：总镁含量、pH 值、等量碳酸钙含量、交换态和水溶态钙镁含量、有机质、总磷和有效磷含量。另外每个点位用体积为 100cm^3 的不锈钢环刀收集未扰动土壤样品用作土壤物理性质分析，其中包括土壤容重、孔隙度以及土壤分散系数。

样品采集后用密封袋封装带回实验室进行分析。

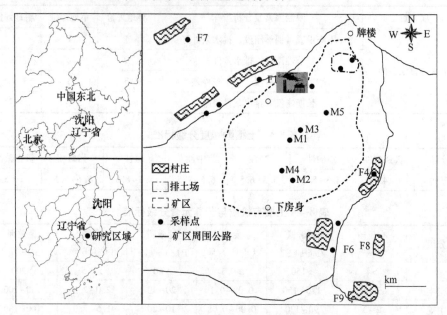

图 8-2　菱镁矿采样点布置图

表 8-5　采样点特征描述

采样点	地点	植被状况	管理措施
T1	排土场，矿区东北方向	少量草本科植物	无人管理
T2	排土场，矿区东北方向	裸地	无人管理
M1	矿石破碎场	裸地	曾被复垦
M2	矿石破碎场	少量柞树	曾被复垦
M3	矿山运输矿石路旁坡顶	裸地	曾被复垦
M4	矿山运输矿石路旁坡上	少量草本科植物	无人管理
M5	矿山运输矿石路旁坡底	少量草本科植物	无人管理
M6	矿区工厂，离煅烧厂 1.0km	刺槐以及玫瑰	专人管理
F1	农田，离煅烧厂 0.3km，离矿区约 0.2km	废弃	管理很少
F2	农田，离煅烧厂约 0.8km，离矿区约 0.6km	废弃	管理很少
F3	杨树林，离煅烧厂、矿区约 1.2km、0.8km	杨树林	专人管理
F4	农田，离煅烧厂 2.5km，离矿区约 0.2km	玉米	日常田间
F5	农田，离煅烧厂约 3.0km，离矿区约 0.8km	玉米	日常田间
F6	梨树林，离煅烧厂、矿区约 3.5km、1.2km	梨树	日常田间
F7	农田，离煅烧厂 2.0km，离矿区约 2.1km	玉米	日常田间
F8	梨树林，离煅烧厂、矿区约 3.8km、2.3km	梨树	日常田间
F9	农田，离煅烧厂约 4.5km，离矿区约 5.8km	玉米	日常田间

B 土壤理化性质分析

土壤 pH 值在 2.5 : 1 液土比条件下用雷磁 PHS-3B pH 测试仪测得；有机质测定采用重铬酸钾氧化法；等量碳酸钙采用气量法；有效磷含量和总磷含量用钼锑钪比色法。

水溶态钙离子和镁离子在 5 : 1 的液土比条件下用抽滤法获得；交换态钙离子和镁离子在中性条件下用 1mol/L 的醋酸铵提取，总镁离子采用三酸消煮法（中华人民共和国农业行业标准《土壤全量钙、镁、钠的测定》（NY/T 296—1995））；溶液中的钙、镁离子读取用原子吸收法测得（Varian AA-240）。

容重、总孔隙度和毛管孔隙度采用标准方法（ISSCAS，1978）。

黏粒分散系数采用 Pojasok 和 Kay（1990）建议的比浊法测定。

C 统计

为了避免各变量在数量级上的差异对数据分析产生影响，首先对土壤理化性质进行标准化。数据标准化使得变化幅度小的土壤理化性质的影响增加，而使变化幅度较大的土壤性质影响减弱。此外，数据标准化还使得不同变量无量纲化。主成分分析（principle factors analysis）是将多个指标转化为少数几个互相无关的综合指标的一种多元统计分析方法。它的本质是对高维变量系统进行最佳综合与简化降维，同时客观地确定各个指标的权重，避免主观随意性，因此采用主成分分析法是一种较为可行的评价方法。基于评价指标相关系数矩阵，经过方差最大化旋转后进行主成分分析。由因子荷载矩阵求得土壤各评价指标的公因子方差，其值大小表示该项指标对土壤质量总体变异的贡献。

采用判别分析中的逐步判别分析法，以 Wilks 的最小统计量进入函数，以判别函数中的变量 F 值作为筛选变量的判据，当 $F > 3.84$ 或 $F < 2.71$ 时，该变量被保留或被剔除。通过判别分析，对主成分分析所筛选出的表征土壤质量的主成分进一步分析，从而选择出在不同地区之间差异最大的主成分。同时，对构成各主成分的土壤理化性质指标进行进一步逐步判别分析，最终确定土壤质量评价指标的关键指标。研究中多元变化统计分析用 SPSS 11.5 完成。

8.2.1.4 评价区域土壤环境质量现状

A 土壤 pH 值

土壤 pH 值在 4 种土壤中显著不同。尾矿地土壤 pH 值最高，达到 10.3，其次是采矿废弃地，为 10.1，再次是受污染农田土壤，达 9.9，均呈强碱性，而未受粉尘污染的农田土壤 pH 值为 7.1，呈中性。与未受粉尘污染的农田土壤相比，矿区受污染的土壤 pH 值增加了 2.8 到 3.2 个单位（见表 8-7）。

B 土壤养分

土壤全量养分含量代表土壤长期的养分供应潜力，而速效养分含量则代表着短期的养分供应能力。与未受粉尘污染的土壤相比，受污染的土壤极其贫瘠，有机碳、全氮、全磷、矿质氮、速效磷含量都非常低（见表8-7）。尾矿地土壤有机碳含量最低（为6.57g/kg），未受粉尘污染的农田土壤有机碳含量最高，采矿废弃地与受污染农田土壤有机碳含量未见显著差异性。未受粉尘污染的农田土壤总氮、总磷含量最高，其次是采矿废弃地、受污染农田，尾矿地土壤最低。矿质氮含量在各种土壤中的差异性也十分显著，仍然是在未受粉尘污染的农田土壤中最高，尾矿地土壤中含量最低，而废弃地与受污染农田土壤中矿质氮含量无明显差异。未受粉尘污染的农田土壤速效磷高达144.94g/kg，高于受污染农田土壤的3.7倍，高于采矿废弃地38.83倍，高于尾矿地134.2倍。

C Mg^{2+}、Ca^{2+}含量

尾矿地土壤中水溶性Mg^{2+}含量最高（2.80cmol/kg），而未受粉尘污染的农田土壤中Mg^{2+}含量最低，为1.15cmol/kg；水溶性Ca^{2+}的情况正好相反，未受粉尘污染的农田土壤中水溶性Ca^{2+}含量最高，而尾矿地土壤中水溶性Ca^{2+}含量最低。水溶性Mg^{2+}、Ca^{2+}含量在这4种土壤中具有显著性差异（$P<0.05$）。土壤中的水溶性Mg^{2+}/Ca^{2+}在未受粉尘污染的农田土壤中最低，仅为2.7，而在尾矿地土壤中Mg^{2+}/Ca^{2+}（含量之比）高达25.4。在矿区3种受污染的土壤其水溶性Mg^{2+}/Ca^{2+}高于未受粉尘污染的农田土壤3.0~8.4倍，见表8-6。

表8-6   不同类型土壤（0~20cm）理化性质

采样点	水溶性 Mg^{2+}/cmol · kg^{-1}	水溶性 Ca^{2+}/cmol · kg^{-1}	pH 值	有机 C/g · kg^{-1}
尾矿地	2.80±0.20a	0.11±0.05d	10.3±0.0a	6.57±0.18c
废弃地	2.39±0.27b	0.22±0.06b	10.1±0.1b	12.87±0.27a
污染农田	2.18±0.19c	0.17±0.08c	9.9±0.0c	7.52±0.12b
无污染农田	1.15±0.14d	0.43±0.12a	7.1±0.0d	12.49±0.30a
采样点	总 N/g · kg^{-1}	总 P/g · kg^{-1}	矿质 N/μg · g^{-1}	速效 P/μg · g^{-1}
尾矿地	0.30±0.01d	0.37±0.01d	1.41±0.20c	1.08±0.06d
废弃地	0.72±0.01b	0.43±0.01b	5.90±0.40b	11.35±0.14c
污染农田	0.56±0.01c	0.40±0.01c	4.71±0.40b	38.83±1.20b
无污染农田	1.31±0.02a	0.94±0.01a	24.85±1.05a	144.94±2.57a

注：表中数据为9个重复的平均值±标准误差。在同一栏中不同字母表示平均值之间差异显著（$P<0.05$）。

矿区的尾矿地、废弃地和被污染农田受到菱镁矿煅烧厂排出的粉尘（主要成分为MgO、$MgCO_3$和$MgSO_4$）污染程度不同。粉尘不断地在土壤表面累积，在降水作用下形成一层致密的水泥状硬壳。$MgSO_4$和$MgCO_3$的溶解、水解使得土壤水溶性Mg^{2+}增加，从而使土壤水溶性Mg^{2+}/Ca^{2+}失调，而强碱性的MgO使土壤碱化。由于矿区尾矿地多离煅烧厂和采矿区的距离最近，土壤表面积累的粉尘较多，硬壳厚度较厚，污染最严重，土壤理化性质最差。所以矿区尾矿地在4个土

壤类型中 pH 值最大，水溶性 Mg^{2+} 含量最高（见表 8-7）。采矿废弃地由于其离煅烧厂和采矿区的距离较尾矿地远一些，所以受到的污染较尾矿地轻，而农田距煅烧厂和采矿区更远一些，所以土壤表面积累的粉尘更少一些，土壤表层结壳厚度更薄一些，受到的污染也更轻一些。可见，受污染的程度跟距煅烧厂和采矿区的距离有关。另外矿区内的所有土壤均呈强碱性，且水溶性 Mg^{2+} 含量较高，水溶性 Mg^{2+}/Ca^{2+} 均在 10 以上，而未受粉尘污染的土壤呈中性，水溶性 Mg^{2+} 含量较低，水溶性 Mg^{2+}/Ca^{2+} 仅为 2.7。所以，煅烧厂排出的含镁粉尘显著提高了土壤 pH 值。

D 土壤微生物

土壤微生物是土壤环境质量的重要指标，对各种环境因子的变化十分敏感，如物理性质发生改变、温度变化、土壤水分变化、pH 值发生改变及受到重金属污染、有机物污染及盐胁迫时，土壤微生物量及其活性以及群落结构都会发生显著变化。

矿区未受粉尘污染的农田土壤中微生物生物量碳和氮含量显著高于受粉尘污染的 3 种土壤，表明土壤 pH 值和土壤水溶性 Mg^{2+} 明显降低了受污染土壤中的土壤微生物量。尾矿地土壤中微生物生物量碳和氮含量最低，各种土壤中微生物生物量碳差异性显著，但采矿废弃地与受污染农田土壤微生物生物量氮差异性不显著，见图 8-3（a）。

未受粉尘污染的土壤其 N（有机氮）矿化速率达 $11.2\mu g/(g \cdot 30d)$，显著高于受污染的农田土壤（$4.8\mu g/(g \cdot 30d)$）、采矿废弃地（$4.5\mu g/(g \cdot 30d)$），尾矿地的 N 矿化速率最低，仅为 $0.4\mu g/(g \cdot 30d)$，如图 8-3（b）所示。采矿废弃地与尾矿地的土壤 N 矿化速率差异性不明显。N 矿化速率是反映土壤微生物活性的另一个重要指标。土壤微生物活性越高，土壤微生物对氮的分解能力越强，N 矿化速率就越高，土壤中矿质氮的含量也越高。

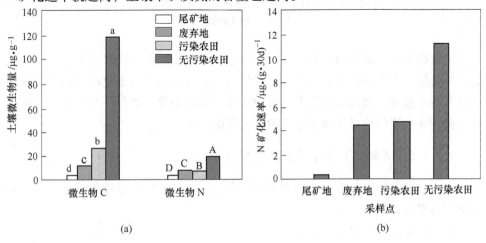

(a)   (b)

图 8-3 土壤微生物量（a）及有机氮矿化速率（b）（$n=9$，$P<0.05$）

通常，质量较好的土壤中含有较多的土壤微生物量及速效养分。受污染的土壤中矿质氮及速效磷养分含量较低，可能是由于在土壤高 pH 值和土壤水溶性 Mg^{2+} 条件下，土壤微生物生物量及活性较低，使得微生物对土壤氮素和磷素的分解受到影响。

土壤微生物呼吸速率在 4 种土壤中均表现为前 3 天的呼吸速率最大，此后在整个培养过程中逐渐降低，如图 8-4 所示。在整个培养过程中，未受粉尘污染的土壤，其微生物呼吸速率最稳定。采矿废弃地与受污染农田土壤微生物呼吸速率最高，且二者差异性不显著，而尾矿地土壤其微生物呼吸速率与未受污染的农田土壤微生物呼吸速率在培养的头三天差异性显著，之后则无显著差异。土壤微生物代谢熵则在 4 种土壤中差异性均显著（见图 8-4）未受粉尘污染的农田土壤微生物代谢熵 < 受污染的农田 < 采矿废弃地 < 尾矿地。

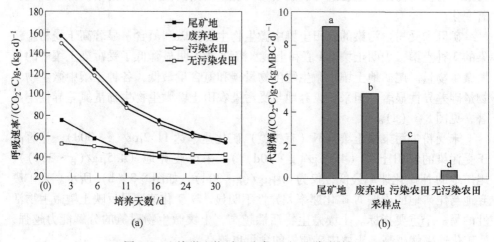

图 8-4 土壤微生物呼吸速率（a）和代谢熵（b）

MBC—土壤生物量 C

土壤微生物代谢熵（qCO_2）就是反映微生物对碳利用效率的重要指标。受粉尘污染最严重的尾矿地土壤微生物呼吸速率仅在头三天与未受粉尘污染的农田土壤有微小差异，而此后的培养过程中均未见显著差异。此外，所有受污染的土壤其微生物代谢熵均显著高于未受粉尘污染的农田土壤。

8.2.1.5 菱镁矿区土壤质量的关键因子识别

本小节中采用主成分分析和判别分析方法对菱镁矿区土壤质量的关键因子和关键指标进行识别。

A 土壤质量因子主成分分析

对 14 种土壤理化性质进行相关性分析，产生的 92 对相关关系中有 53 对达到显著或极显著水平（见表 8-7），表明评价区域土壤性质可以基于相关性提取主成分。

从土壤质量参数的公因子方差可以看出 4 个主成分特征值均大于 1（见表 8-9），可以解释大于 90% 的总镁、土壤 pH 值、交换态镁、交换态钙、容重、总孔隙度、毛管孔隙度、黏粒分散系数、有效磷、有机质和总磷含量的变异性，大于 80% 的等量碳酸盐的变异性；以及大于 70% 的水溶态镁和水溶态钙的变异性。由此可见 4 个主成分可以解释绝大部分土壤属性指标的变异性。

以主成分因子特征值的大小进行排序。第一个主成分可以解释 43% 的总变化。它与总镁、等量碳酸盐和交换态镁的因子荷载大于 0.9；与容重、水溶态镁以及黏粒分散系数的因子载荷大于 0.65；并与总孔隙度和毛管孔隙度之间具有较高的负载荷（-0.81 和 -0.88）。菱镁矿区粉尘以氧化镁为主，低温煅烧条件（850~900℃）煅烧而得的氧化镁具有较高的活性，它能吸收空气中的二氧化碳形成碳酸镁。所以土壤表面的粉尘在自然条件下，碳酸镁含量逐渐增加。碳酸镁与氧化镁的溶解将使得土壤中总镁、水溶态镁、交换态镁以及等量碳酸盐含量增加。四个土壤质量参数的变化趋势基本一致，而且它们之间呈现出极显著相关性（$P<0.05$，见表 8-9）。随雨滴的击打与过量交换态镁离子的存在，土壤表面黏粒分散。由于这些小粒径镁粉尘颗粒在雨水冲刷作用下逐渐占据土壤孔隙，使得土壤孔隙度下降。并且镁粉尘颗粒的密度（2.96~3.58g/cm）大于典型土壤密度（2.60~2.75g/cm），因此造成土壤容重增加。由于第一个因子中所有的土壤质量因子均与总镁含量呈极显著相关性（$P<0.01$，见表 8-9），可以把它定义为"镁因子"。

第二个主成分解释了总变化的 26.19%。它与 pH 值具有较高的正载荷（0.84），而与水溶态钙和交换态钙具有较高的负载荷（-0.84，-0.94，见表 8-9）。因为水溶态钙和交换态钙均与 pH 值具有显著相关性（$P<0.01$），所以这个因子被定义为"pH 因子"。通常情况下，pH 值升高将促使钙离子与土壤中的 $Al(OH)_3$ 发生共沉淀，导致土壤溶液中的钙镁离子降低。但是本小节土壤溶液中的镁离子并没有随 pH 值上升而降低。通过表 8-7 可以看出土壤溶液中的镁离子与土壤中总镁含量、可溶性碳酸盐、pH 值呈极显著正相关（$P<0.01$），这表明土壤中总镁含量尤其是碳酸镁含量上升，在降雨过程中发生溶解，促使土壤溶液中镁离子上升。镁溶解的速度高于其沉淀的速度。因此，水溶态和交换态镁与"pH 因子"具有较低的正载荷。

第三个主成分解释了总变化的 13.04%（见表 8-9）。它与有机质具有较高的正载荷（0.81），与有效态磷含量则呈现出较高的负载荷（-0.84）。因为有机质和有效态磷均可以作为土壤肥力的参数，所以这个因子被命名为"土壤肥力因子"，奇怪的是它们与第三个因子的载荷截然相反。这与影响土壤中有效态含量

表 8-7　14 种土壤理化性质的相关性系数 （n=17）

	Mg_t	TCO_3	Mg_w^{2+}	Mg_{ex}^{2+}	BD	TP	CP	CD	pH 值	Ca_w^{2+}	Ca_{ex}^{2+}	AP	OM	P_t
Mg_t	1.00													
TCO_3	0.89②	1.00												
Mg_w^{2+}	0.71②	0.66②	1.00											
Mg_{ex}^{2+}	0.95②	0.88②	0.74②	1.00										
BD	0.91②	0.84②	0.77②	0.92②	1.00									
TP	-0.90②	-0.84②	-0.78②	-0.91②	-1.00②	1.00								
CP	-0.94②	-0.85②	-0.76②	-0.90②	-0.97②	0.97②	1.00							
CD	0.80②	0.72②	0.71②	0.84②	0.90②	-0.90②	-0.89②	1.00						
pH	0.58①	0.52②	0.73②	0.66②	0.83②	-0.83②	-0.71②	0.77②	1.00					
Ca_w^{2+}	-0.50①	-0.45	-0.37	-0.59①	-0.70②	0.70②	0.60②	-0.75②	-0.72②	1.00				
Ca_{ex}^{2+}	-0.38	-0.31	-0.60①	-0.45	-0.64②	0.65②	0.54②	-0.63②	-0.79②	0.80②	1.00			
AP	-0.33	-0.38	-0.54①	-0.30	-0.45	0.46	0.50①	-0.61②	-0.38	0.24	0.37	1.00		
OM	0.03	0.08	0.22	0.14	0.10	-0.10	-0.09	0.35	0.10	-0.21	-0.11	-0.47	1.00	
P_t	0.33	0.18	0.21	0.32	0.37	-0.37	-0.35	0.37	0.35	-0.33	-0.18	0.01	0.39	1.00

注: 1. Mg_t, 总镁含量; 2. TCO_3, 等量碳酸盐; 3. Mg_w^{2+}, 水溶态镁; 4. Mg_{ex}^{2+}, 交换态镁; 5. BD, 容重; 6. TP, 总孔隙度; 7. CP, 毛细管孔隙度; 8. CD, 黏粒分散系数; 9. Ca_w^{2+}, 水溶态钙; 10. Ca_{ex}^{2+}, 交换态钙; 11. AP, 有效磷; 12. OM, 有机质; 13. P_t, 总磷。
①显著性相关 （$P<0.05$）。
②极显著相关 （$P<0.01$）。

的因素有关。不少研究报道指出有效态磷含量随有机质和总磷含量增加而增加。但是也有研究者证明随着土壤中石灰含量和 pH 值增加，有效态磷含量则呈现下降的趋势。在本小节中有效态磷含量与 pH 值、TCO$_3$、总磷以及有机质并没有显著相关性（$P > 0.05$，见表 8-8）。土壤中有效磷含量与其他理化性质相互作用机理复杂，随着土壤性质的改变而有所不同，这将需要进一步研究。

第四个因子中仅包括了总磷含量，因为它的特征值大于 1，而且解释了总变化的 9.02%，所以被保留下来，将之定义为"总磷因子"。

B　土壤质量的关键因子与关键指标识别

将三个不同功能区，即排土场、矿区、农田作为分组变量，在将 4 个因子经过正交旋转后得到的得分因子作为依变量进行逐步判别分析。分析结果显示可以得到两个判别函数，分别解释了 90.10% 和 9.90% 的总变化（见表 8-9）。"镁因子""pH 因子"和"肥力因子"被判别为最重要的土壤质量因子（见表 8-9），而"总磷因子"的 F 值（根据 Wilks' lambda 方法计算得到）小于 2.71 而未被包含在判别三个功能区的土壤质量因子之中。

表 8-8　根据菱镁矿区三个不同区域划分的四个因子及各因子中土壤理化性质的旋转后因子载荷和公因子方差

土壤理化性质	因子				公因子方差
	1	2	3	4	
总镁含量	0.96	0.20	0.05	0.14	0.97
土壤 pH 值	0.44	0.84	0.11	0.08	0.91
等量碳酸盐	0.92	0.12	0.14	0.02	0.88
水溶态镁	0.66	0.39	0.38	-0.03	0.73
水溶态钙	-0.22	-0.84	-0.07	-0.13	0.78
交换态镁	0.95	0.19	-0.16	0.00	0.96
交换态钙	-0.22	-0.94	-0.13	-0.09	0.96
土壤容重	0.81	0.54	0.14	0.12	0.99
总孔隙度	-0.81	-0.47	-0.14	-0.12	0.99
毛管孔隙度	-0.88	-0.39	-0.18	0.10	0.96
黏粒分散系数	0.67	0.53	0.39	0.17	0.92
有效磷	-0.28	-0.23	-0.85	0.22	0.90
有机质	-0.09	0.01	0.81	0.49	0.91
总磷	0.17	0.21	0.04	0.92	0.93
特征值	6.05	3.07	1.83	1.26	—
变化/%	43.19	26.19	13.04	9.02	91.44

表 8-9   不同功能区上逐步判别分析结果

项 目		判别函数		项 目		判别函数	
		1	2			1	2
判别因子	显著性	<0.001	<0.001	判别土壤质量参数	显著性	<0.001	<0.001
	特征值	31.13	3.42		特征值	14.88	2.5
	变量解释/%	90.1	9.9		变量解释/%	85.60	14.40
	标准相关系数	0.98	0.88		标准相关系数	0.97	0.85
因子与判别系数	因子1：Mg	1.27	-0.06	参数与判别系数	总镁	1.26	0.32
	因子2：pH	-0.36	-1.26		水溶态钙	0.59	0.91
	因子3：肥力	-0.46	1.44		有效磷	-0.32	0.95

　　土壤质量因子在实际工作中并不能直接测得，因此矿区活动对土壤质量因子的影响必须根据监测组成因子的土壤理化性质变化来推断。用同样的分组变量，以"镁因子""pH 因子"和"肥力因子"中的 13 种土壤理化性质作为依变量进行逐步判别分析，以期找出可用来判别土壤质量因子的重要判别指标。结果显示两个判别函数可用总镁、水溶态钙和有效态磷含量通过表 8-8 中的判别系数计算而得。它们分别解释了 85.60% 和 14.40% 的总变化。用这两个判别函数可以将本小节中三个不同的功能区明显地划分出来，如图 8-5 所示。

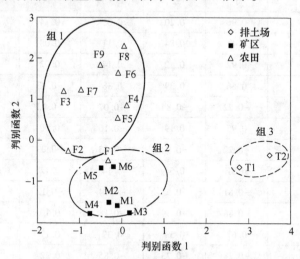

图 8-5   三个功能区中环境质量因子权重最大的土壤质量指标得分分布图

　　从图 8-5 中可以看出，组 1 包括了所有的农田点位，说明在这个组中，土壤质量相对较好。在这个组中，判别函数 1 的数值均小于 0。而判别函数 2 的数值普遍大于 0，除了 F1、F2 点判别函数 2 的数值低于 0，因此与组 2 非常接近。组

2 中包括了矿区中所有的点，土壤质量相对较差。参照图 8-1 和表 8-2 中可以推断，由于 F1、F2 点离煅烧厂距离较近，土壤质量与矿区中的相似，土壤退化较为严重。这与前人的研究结果相符。而组 3 与其他两个组明显区分开来。由于土壤中总镁含量高达 200g/kg，引起的土壤质量退化程度是三个区域中最为严重的，因此判别函数 1 的取值超过 2，而且判别函数 2 的值也低于 0。

与其他相关的研究相比，本研究没有发现仅用一种土壤质量参数就可以反应菱镁矿区土壤质量状况。相反，三个土壤质量指标可用来反应土壤质量特征。它们分别为：总镁、水溶态钙和有效磷含量。Lima 等人的研究结果同样表明，区域性土壤质量应该选用多个土壤质量参数加以评价。到目前为止，世界上在组成土壤质量的土壤理化性质和对土壤质量指标的解释这两方面并未形成共识。这可能是因为土壤质量的定义尚未完善，而且在不同的地区中的土壤状况千差万别（本小节选取菱镁矿区作为研究对象）。

菱镁矿区的土壤质量退化主要表现在 pH 值升高，水溶态和交换态镁钙比增加，容重和黏粒分散系数的增加以及土壤孔隙度和有效态磷含量的下降。应用逐步判别分析方法发现除了总磷含量，其他各项理化性质均可以作为反映土壤质量退化的参数。而土壤中总镁、水溶态钙和有效磷含量可以反映土壤质量大部分特征，为快速监测和评价菱镁矿区土壤质量提供依据。

本小节所采用的主成分分析方法和最小数据集的建立避免了选择土壤质量参数的随意性。这一方法的应用为土壤质量评价提供先期的预警工具。

8.2.2 菱镁矿区土地复垦技术对策

8.2.2.1 土壤污染等级分类

以研究区域土壤质量主要限制因子——"镁因子""pH 因子"和"肥力因子"为指标，对典型矿区的土壤质量开展评价分类，进而提出不同污染程度的土地利用对策。

（1）轻度污染区域：离菱镁矿开采、冶炼较远，受镁粉尘污染干扰少。板结层厚度 1~3cm，pH 值为 8.1~8.6，全镁含量为 20~35g/kg，作物减产量小于 40%。

（2）中度污染区域：镁粉尘排放强度稍低的区域。板结层厚度为 3~5cm，pH 值为 8.7~8.9，全镁含量为 35~60g/kg，作物减产量为 40%~60%。

（3）重度污染区域：大型菱镁矿开采、冶炼、运输途中及其尾矿堆积地。板结层厚度大于 5cm，pH>8.9，全镁含量大于 60g/kg，农作物很难生长。

8.2.2.2 不同立地条件土地复垦适宜性评价与对策

菱镁矿区土地复垦适宜性评价应将影响土壤质量的主要限制因子同一般矿山

的复垦限制因子相结合，在此基础上提出菱镁矿山土地复垦技术与对策。

A　采矿区平台和坑底

坑底地势低，排水和交通不便，也不适于常规模式的土地复垦。采矿区平台和坑底土地复垦适宜性评价与对策见表 8-10。

表 8-10　采矿区平台和坑底土地复垦适宜性评价与对策

项　目	适宜性	主要限制因子	技　术　对　策
林地评价	<3 年　3 或 2 等	Mg 和 pH 因子 灌溉条件	先平整，然后根据土源情况全面或局部覆土植树，初期需要灌溉，稳定后可依靠自然降水生长
	3~5 年　2 等		
	>5 年　1 等		
耕地评价	<3 年　不宜	Mg 和 pH 因子 覆土厚度 灌溉条件 土壤肥力	菱镁矿排土场表面砾石较多、覆土土源有限，除了少量表土以外均为生土，需要时间进行土壤肥力的恢复。所以，耕地可作为最终复垦方向，前期为过渡性林草用地
	3~6 年　3 等		
	6~10 年　2 等		
	>10 年　1 等		
草地评价	<3 年 3 等或 2 等	Mg 和 pH 因子 灌溉条件	进行简单整治和少量覆土后，选择绿肥牧草，适时耕种；采用混播技术，适时施肥，可靠率压青；如有退化，可再次播种
	>3 年 1 等		

B　采矿区边坡

采矿区边坡表土地复垦适宜性评价与对策见表 8-11。

表 8-11　采矿区边坡土地复垦适宜性评价与对策

项　目	适宜性	主要限制型因子	技　术　对　策
林地评价	2 等或 3 等	地形坡度 Mg 和 pH 因子 灌溉条件	地形坡度很难控制，土源数量有限，为防止滑坡和水土流失，不宜大面积覆土，主要通过鱼鳞坑、穴植等方式栽植灌木和藤本植物
耕地评价	不适宜	地形坡度	不予考虑
草地评价	2 等或 3 等	地形坡度 Mg 和 pH 因子 灌溉条件	边坡坡度很难控制，一般在 45°以上，大面积覆土会造成水土流失，可采用水平阶地整治等方式，适时播种

8.2.2.3　板结土壤复垦技术与对策

板结土壤是指菱镁矿区土壤与大气降尘在潮湿环境条件下发生物理化学反应形成的致密土壤。板结土壤面积在菱镁矿区的占比大于 50%，但其理化性质优于表层水泥样结壳土壤。

A　菱镁矿区板结土壤的成因

菱镁矿区板结土壤渗透速度相对于原始土壤大幅降低，其板结程度不仅与粉尘沉降量有关，还与当地的地形条件和植被覆盖有关。通过物相检索与形态学观察，对菱镁矿煅烧厂附近的板结土壤进行分析，结果显示沉积型板结土壤不仅是由物理作用引起的，化学反应也至关重要。在板结土壤形成初期，土壤中的氧化镁粉尘吸收空气中的二氧化碳和水构成板结的基本物质，包括氧化镁、碳酸镁、氢氧化镁和碱式碳酸盐等，导致了土壤板结层的形成。

降雨过程大大促进了板结土壤的形成速率，显著降低土壤渗透性。在降雨发生初期，具有良好结构的土壤渗透速率高。但随着降雨的进行，土壤发生熟化并分散，降低了孔隙空间，促使了结构型和沉积型结皮的形成。随着孔隙空间的减少，渗透速率一直下降，直至结皮形成后为土壤最终渗透速度。

B 板结土壤改良剂的使用

常用的板结土壤复垦技术包括：

（1）生物方法：增加植被覆盖度或苗床抚育，发挥植被的生态补偿功能，阻挡粉尘进入土壤，控制板结层形成。

（2）物理方法：深耕松土。

（3）化学方法：投加土壤改良剂，延缓板结层形成，为生物修复提供保障。

本小节通过测量板结土壤的形成过程中渗透速率随时间变化量化土壤板结程度，在干湿交替条件下，研究了不同土壤改良剂对土壤渗透性能的影响，发现聚丙烯酰胺对板结土壤的改良效果最好，为缓解结皮形成提供技术保障。

聚丙烯酰胺（PAM）作为土壤结构改良剂，可以增加土壤表层颗粒间的凝聚力，维系良好的土壤结构，防止板结土壤形成，增加土壤的入渗率，减少地表径流以及防止土壤流失。它被广泛应用于土壤改良与水土流失。实验证明：PAM对抑制土壤板结效果最好，经过两次干湿交替后，土壤最终渗透速度达到 1.2mm/min，几乎与对照的最终渗透速度相当（1.52mm/min）。

以磷石膏（$Ca(H_2PO_4)_2$）为改良剂，土壤渗透速度随干湿交替次数上升而增加，说明磷石膏具有潜在的改良效果。但是磷石膏与 PAM 联合施加对板结土壤渗透的改良效果最差。土壤最终渗透速度仅为 0.33mm/min，甚至比未加任何改良剂的最终渗透速度（0.43mm/min）还低。

磷石膏价格低廉，是一种在盐碱地改良中使用最为广泛的土壤改良剂。虽然施加磷石膏对土壤结皮具有一定的抑制作用，但是随着硫酸根的输入反而会促进菱镁矿区土壤中特有的结皮发育。

8.2.2.4 排土场贫瘠土壤肥力改良修复对策

针对试验地土壤氮磷养分不足的问题，采用增施有机肥（猪粪）的办法。与水溶性 Ca^{2+} 相比，菱镁矿粉尘污染土壤 Mg^{2+} 含量较高，致使土壤中水溶性 Mg^{2+}、Ca^{2+} 比例失调，植物在吸收养分时会对 Ca^{2+} 产生拮抗，这也是菱镁矿粉尘污染土壤上植物生长的限制因子，加入一定量的钙质改良剂磷石膏，以增加土壤中 Ca^{2+} 含量，协调 Ca^{2+}/Mg^{2+} 值。另外，有机肥中游离的有机酸及磷石膏中残余的酸能在一定程度上中和土壤碱性。因此，试验地基质改良措施为：混合施用猪粪和磷石膏（种植时每穴施用有机肥 1kg 和磷石膏 0.5kg）进行基质改良后土壤养分大大提高，水溶性 Ca^{2+}/Mg^{2+} 比例适中，能为植物提供良好的生长环境，试验地改良后土壤理化性质见表 8-12。

表 8-12　试验地改良后土壤理化性质　　　　　　（mg/g）

pH 值	有机质	总 N	速效 K	无机 N/$\mu g \cdot g^{-1}$	微生物 C/$\mu g \cdot g^{-1}$
8.68±0.10	26.42±1.76	0.40±0.07	137.54±10.20	6.08±0.61	4.98±0.87
总 P	水溶性 Mg	水溶性 Ca	水溶性 Mg/Ca	速效 P/$\mu g \cdot g^{-1}$	微生物 N/$\mu g \cdot g^{-1}$
0.64±0.07	0.14±0.04	0.10±0.03	1.40±0.08	7.87±1.54	2.30±0.46

8.2.3　适宜性复垦植物筛选与复垦效果评价

菱镁矿开采对海城、大石桥矿区的地貌、土地和植被造成了严重破坏，原生植被所剩无几，次生植被发育差，覆盖率低，植物种类少，群落结构简单，稳定性差。主要植被类型为杨树、刺槐、榆树、沙棘等常见的人工林，复垦造林成活率低、林木生长慢。因此，筛选适宜性复垦植物，提高造林成活率和林木生长量、加快植被恢复速度，成为矿区生态环境建设的一个迫切需要。

8.2.3.1　菱镁矿区主要耐性优势种植物

矿区主要草本植物有芒颖大麦草、大油芒、拂子茅、芦苇、地肤、豆茶决明、紫花苜蓿和沙打旺等，主要木本植物有紫穗槐、胡枝子、酸枣、野生沙果、山荆子、榆树、刺槐、杨树和落叶松等。

用于复垦植被快速建设的植物种类应具备生长快、根系发达、容易栽培等特点。地肤和豆茶决明均为一年生草本植物。地肤通常为 50~150cm 高，豆茶决明通常为 30~60cm 高。且二者分布较广，容易种植；具有很强的生态适应性，对贫瘠、干旱、强碱性土壤具有很强的耐受能力；能生长在路边、河边、田间等；生长较快，且生物量较大。芒颖大麦草是菱镁矿区另一种常见植物，根系较深、耐盐碱、耐干旱，生长较快，常用来修复盐碱地，能适应的土壤类型范围较广。因此，这几种植物很可能是潜在的镁富集植物，对于矿区土壤中过量镁的去除有重要作用。

（1）芒颖大麦草（hordeum jubatum），多年生丛生禾草。原产北美及欧亚大陆的寒温带，我国东北为逸生，生长于林下、路旁或田野。

复垦评价：生长速度快，株高 30~60cm，冠径 30cm。生长期为 8 至 9 周；

小穗由绿色逐渐转为亮黄色和玫红色，密集丛生，长芒状，叶片绿色，是理想的景观植物和干花材料。

（2）大油芒（spodiopogon sibiricus），多年生根茎禾草，具有粗壮较长的根茎，秆直立，刚硬，高100～150cm左右。属中宽叶禾草。喜生于向阳的石质山坡或干燥的沟谷底部。

复垦评价：生长迅速，特别在阳坡或草甸草原，可以形成小片单优种群落。在森林区的阳坡，森林破坏和撂荒后可以大量生长，成为植被演替的先锋群落阶段——根茎禾草阶段。对土壤要求不严，在干旱贫瘠的土壤上生长也良好，耐盐碱性差，再生性强，返青早。植株高大，产量很高，每公顷可产青草 3.75×10^3 ～ 5.475×10^3 kg。大油芒是一种比较高大的饲草，可以放牧也可收割，营养成分中等。

（3）拂子茅（calamagrostis epigeios），禾本科拂子茅属，多年生丛生禾草。欧亚大陆温带地区皆有分布，生于潮湿地及河岸沟渠旁，海拔160～3900m。山坡路旁潮湿地。耐长时间炎热，在湿润排水良好的土壤中生长旺盛。

复垦评价：茎秆直立，株高80～150cm，在园林景观中可以单株、小片或盆栽种植，均有很好的效果，在秋冬季节效果非常突出。可作路边拐角处的景观装点用，效果较好。

（4）芦苇（phragmites australis），禾本科芦苇属植物，具横走的根状茎，在自然生长环境中，以根状茎繁殖为主，根状茎具有很强的生命力，能较长时间埋在地下，一旦条件适宜，仍可发育成新枝。也能以种子繁殖，种子可随风传播。对水分的适应幅度很宽，从土壤湿润到长年积水，从水深几厘米至1m以上，都能形成芦苇群落。

（5）地肤（kochia scoparia），藜科地肤属一年生草本植物，株高30～150cm，叶嫩绿色至红色，原产欧洲及亚洲中部和南部地区。

复垦评价：极耐炎热，耐干旱、盐碱、瘠薄，对土壤要求不严，种子发芽迅速，整齐，极易自播繁衍。有较优良的园艺学特性，可修剪成各种几何造型进行布置，盆栽地肤可用于装饰室内外景观。

（6）豆茶决明（cassia nomame），豆科决明属，一年生草本，分布于低海拔地区山坡草地或松林下。

（7）刺槐（robinia pseudoacacia），落叶乔木。原产北美的树种，垂直分布最高可达海拔2100m。1877年后引入中国，因其适应性强、生长快、繁殖易、用途广而受到欢迎。刺槐系喜光及温暖湿润气候树种，在年平均气温8～14℃，年降雨量500～900mm的地方生长良好，干形较通直，对土壤要求不高。

复垦评价：对土壤酸碱度不敏感，含盐量0.3%以下的盐碱土上都能正常生长发育。具有一定的抗旱能力（如在石质山地，抗旱性超过臭椿，在沙荒地区超过杨）。水平根系分布较浅，多集中于表土层 5～50cm 内，放射状伸展，交织成网状。多以水土保持林、防护林、薪炭林、矿柱林树种应用。刺槐形态变异丰富，尤其是在立地条件差、环境污染重的地区绿化，这是不可缺少的园林绿化树种。

（8）杨（populus），杨柳科杨属植物落叶乔木的通称。全属有 100 多种，分布在欧洲、亚洲、北美洲的温带寒带以及地中海沿岸国家。

复垦评价：杨树是用材林、防护林和四旁绿化的主要树种；叶是良好的饲料；木材可作为民用建筑、人造板及纤维用材。具有速生、适应性强、分布广、容易无性繁殖等特点，因而广泛用于集约栽培。大量早育出来的优良杨树品种，对栽培条件的改善反映很灵敏，可大幅度提高生产力，对解决木材短缺起着很大作用。

（9）榆（ulmus pumila），榆科榆属植物，落叶乔木。产于我国东北、华北、西北、华东等地区。阳性树种，喜光，耐旱，耐寒，耐瘠薄，不择土壤，适应性很强。根系发达，抗风力、保土力强。萌芽力强，耐修剪。生长快，寿命长。

复垦评价：榆树是良好的行道、庭荫树、防护林等绿化树种；材质优良，嫩果和幼叶可食用或作饲料。对土壤要求不严，生长迅速。叶面滞尘能力强，对氟化氢及烟尘有较强的抗性。主要采用播种繁殖，也可用分蘖、扦插法繁殖。扦插繁殖成活率高，达 85% 左右，扦插苗生长快。

（10）酸枣（ziziphus jujuba），是鼠李科植物，落叶灌木或小乔木。

复垦评价：暖温带阳性树种，喜温暖干燥气候，耐旱，耐寒，耐碱。适于向阳干燥的山坡、丘陵、山谷、平原及路旁的砂石土壤栽培，不宜在低洼水涝地种植。对土壤要求不严，除沼泽地和重碱性土外，平原、沙地、沟谷、山地皆能生长，对酸碱度的适应范围在 pH 值为 5.5～8.5 之间，以肥沃的微碱性或中性沙壤土生长最好。根系发达，萌蘖力强，耐烟熏，不耐水雾。

（11）野生沙果（malus asiatica），蔷薇科苹果属的植物，落叶小乔木。普遍分布于中国大陆的黄河和长江流域一带，生长于海拔 50m 至 1300m 的地区，常生长在山坡、平地和山谷梯田边，生食味似苹果，变种颇多，可用嫁接、播种、分株等法繁殖，是中国的特有植物。

（12）山荆子（malus baccata），蔷薇科苹果属落叶乔木。原产华北、西北和东北，山区随处可见，在杂木林中常有成片分布。

复垦评价：山荆子分布很广，变种和类型较多喜光，耐寒，耐旱，深根性，寿命长，适宜在花岗岩、片麻岩山地和淋溶褐土地带利用。山荆子树姿较美观，抗逆能力较强，生长较快，遮阴面大，春花秋果，可用作行道树或园林绿化树种。

8.2.3.2 复垦植物对镁污染土壤的改良效果

2005年春季，项目组在海城范家峪村的弃耕地（因菱镁矿粉尘污染）营造酸枣、榆和刺槐等人工林，林冠郁闭后，于2008年和2009年两次采集林冠下土壤（冠幅下表层0~20cm）及入侵的草本植物，进行分析测定，比较不同植物对菱镁矿粉尘污染土壤质量的修复改良效果，验证其用于菱镁矿粉尘污染废弃地植被恢复的可行性。

2008年春季，项目组完成二次造林。造林树种保留了刺槐，同时引种了火炬树，造林密度为火炬树2.5m×3.0m，刺槐2.0m×2.0m。火炬树、刺槐的成活率均在90%以上。

（1）样品采集。每个样地的采样范围均为15m×15m，分别采集3个混合样品，每个混合样包括9棵树冠福下表层0~20cm土壤。为比较矿区林地的土壤性质，对矿区附近的天热林地土壤也进行了取样分析。

（2）测定指标。测定指标包括土壤pH值、有机碳、总氮、总磷、矿质氮、速效磷、水溶性Mg^{2+}、水溶性Ca^{2+}、微生物量碳和氮；植物地上部分碳、氮、磷、钙、镁。

（3）土壤的修复效果评价。地肤、豆茶决明、芒颖大麦草能够大量吸收镁粉尘污染土壤中的Mg元素；酸枣、刺槐能吸收大量Mg元素，且主要富集在叶片中；在造林初期（4~5年），酸枣、榆树和刺槐人工林中土壤TOC、TN、土壤微生物生物量C、N均有所增加，表明酸枣、榆树和刺槐用于菱镁矿粉尘污染废弃地的植被恢复是可行的，刺槐对土壤养分和微生物生物量的增加效果最显著；火炬树、刺槐土壤在造林第一年至第二年间，土壤微生物生物量C和N均显著增加，火炬树也是菱镁矿粉尘污染土壤的有效修复植物；植物对矿区废弃地土壤的恢复具有一定效果，其过程一般较长。

8.2.4 菱镁矿土地复垦项目案例

项目执行期间先后在海城华宇铧子峪矿区、水泉滑石矿区、岫岩偏岭福利镁粉矿区、岫岩隆道矿业菱镁矿矿区及岫岩益佳宁矿业菱镁矿矿区开展典型菱镁矿开采破坏、占压和污染土地的复垦工作，累计复垦土地面积186.57hm²，平整石方量239800m³，土方量121230m³，客土土方量28320m³。现以典型菱镁矿区——海城华宇铧子峪矿区菱镁矿土地复垦项目为例，详述复垦工作的方法、技术、措施及复垦效果。

8.2.4.1 海城华宇矿产品有限公司

海城华宇矿产品有限公司菱镁矿矿区位于辽宁海城市区东南18km，北距鞍山市约55km。所属行政区域：辽宁海城八里镇铧子峪村和范峪村。矿区至海城、大石桥市有县级以上公路相通，有专线铁路经营口大石桥与长大线相接，交通方便。矿区面积74.48hm²，矿区范围由6个拐点圈定，开采深度为330~110m标高。地理坐标：E 122°42′30.46″~22°43′23.78″，N 40°42′19.17″~40°423′48.14″。

开采矿种为菱镁矿和滑石矿，保有储量2.67×10⁸t，年产菱镁矿1.0×10⁶t，剥岩1.40×10⁶t，是全省菱镁矿主要供矿基地之一。开采方式：西侧露天开采菱镁矿，东侧地下开采菱镁矿和滑石，兼有落天开采和地下开采特点。

A 气候

研究区域地理坐标 E 122°18′，N 40°28′，属暖温带大陆性季风半湿润气候区，四季分明，雨热同季，并受温带海洋性气候的影响。年平均气温8.4℃，无霜期175天左右。一月平均气温-10.6℃，最低气温-30℃；七月平均气温24.6℃，最高气温35℃。年降雨量750mm，多集中在七、八月份，平均日照为2500~2800h，4至9月份不小于10℃积温为3353℃，无霜期为151~168d。夏季，以东南风为主，温暖湿润，冬季，以西北风为主，西伯利亚寒潮濒临南侵，受高压控制，降水少，寒冷干燥。

B 地貌

该矿区属辽东山底剥蚀构造丘陵区。属剥蚀构造丘陵分布在矿区绝大部分区域，丘顶圆顶状或长垣状。南部地形原始状态保存完好，中部及北部因露天采矿和排岩，地貌已经受到影响和破坏。

C 土壤

项目所在地区土壤类型以棕壤为主，土层较薄，有效土层厚度约为20cm，有机质含量为1.0%~1.2%，其次为草甸土，草甸土主要分布在沿河冲击平原地区。

D 植被

矿区主要次生自然植被类型以杂类草草甸为主，有少量灌木分布。由于土层较薄，很难有大量乔木树种发育。

E 土地利用现状

项目区土地面积80.74hm²，其中矿区占地74.48hm²，矿区外开采土地6.268hm²。原土地利用类型为独立工矿用地6.17hm²，特殊用地19.23hm²，荒草地55.35hm²。

2008年，海城华宇矿产品有限公司进行大规模的矿山改造：用潜孔钻和多功能挖掘机替代手持式凿岩机和普通自卸车；开采方式全部为露天开采；矿床开拓采用公路开拓；扩大排岩场，加宽排岩运输道路；矿山剥岩段高坡陡改为阶梯开采；露天采矿场防排水改造；主要污染源、污染物的治理；完善劳动安全措施等内容。

海城市八里镇铧子峪村，在离矿区 1km 处作为排岩场，在排岩场和污染地恢复植被面积 10hm²，种植刺槐，树苗成活率 50%。

8.2.4.2 采矿工艺

A 露天开采

根据矿床赋存特点，设计矿山采用纵采方式，沿主矿体走向挖掘，向两侧扩帮的采矿方法。按上下台阶的超前关系，从上至下逐层次开采，直至境界露天矿底。采矿自始至终遵循采剥并举，剥离先行的原则。开采台阶高度 10m，并段后为 20m。

露天采矿对土地破坏方式主要是露天采坑对土地的挖损和剥离表土对土地的占压，此外运输过程修建的临时道路也压占相当数量的土地。露天采矿根本上改变了原有的地形地貌和矿区的生态系统。

B 地下开采

地下开采采用无底柱分段崩落法采矿，后退式回采方式，矿块内由上向下、由外而内后退式回采。

开采过程中由于井口和巷道的建设对土地造成破坏，主要破坏方式为挖损和塌陷。地层中的矿体和地层结构破坏后，可能会引起地表塌陷。平行矿脉先采上盘，后采下盘。

8.2.4.3 土地破坏情况

A 露天采场

海域华宇矿产品有限公司菱镁矿前期有多家民营采矿点进行无序开采，采场最低标高 110m，最高 190m。破坏区域开采点多且分布零散，破坏严重。

矿区部分：根据现场勘测确定，因挖损造成破坏的土地面积 35.478hm²，原土地利用类型为独立工矿用地 3.485hm²，特殊用地 13.703hm²，荒草地 18.280hm²。被破坏的土地最大挖损高差达到 92.4m，最小高差 2.4m。

矿区范围以外部分：因前期的无序开采，矿物范围以外的矿产资源也被开采，根据现场勘测确定，因挖损造成破坏的土地面积 6.268hm²，原土地利用类型为荒草地。

B 临时道路

海域华宇矿产品有限公司菱镁矿为满足运输要求修建临时道路连接采场和现

有公路，临时道路全长 8209m，路面宽度 5m，共计破坏土地 4.094hm²。矿区范围内 6974m，占用土地 3.478hm²，以压占方式破坏土地 0.6175hm²；矿区范围外 1235m，占用土地 0.6175hm²。

C　表土临时堆放场

表土临时堆放场位于矿区东南，场地面积 0.4125hm²，所占土地为已挖损土地。因项目区土皮较薄（15~20cm）因此不分熟土和生土，均视为熟土使用。表土剥离后集中堆放，总计剥离表土面积 9.3529hm²。

D　临时废石场

海域华宇矿产品有限公司菱镁矿剥离的岩石为白云大理岩，岩石硬度较好，经破碎可用做建筑材料，当地建材市场供不应求，所需碎石场容积很少。临时废石场比零碎石表土临时堆放场场地面积共 1.4472hm²，所占土地为已挖损土地。

8.2.4.4　生态环境影响分析

A　矿石开采对地表植被影响分析

矿区在建设和运营期间，不可避免地会破坏动植物的生活环境，削弱原有生态系统功能，尤其是降低地表的蓄水保土能力，加剧水土流失。

地表植被剥离使植被丧失殆尽，生态系统组成和结构发生改变。矿区开发活动所产生的噪声、振动会使矿区附近动物发生迁徙。由于植物生态的破坏，区内目前植被的覆盖率下降，也没有大型野生动物存在。

B　水土流失

由于地表和土层扰动剧烈，局部岩土裸露，有可能引发局部的水土流失。

C　地下开采引发的地表塌陷

地下开采在地下形成采空区，采空区岩石可能因失去原有平衡引起周围岩层发生变形、破坏和崩落，导致地表产生陷落和移动。采矿地表塌陷问题在平原地区出现较多，影响较大；山区金属矿的开采，由于岩性较好，出现较少。

地下开采部分属于小型矿山，矿体较窄，采取上部岩石强度较高，层理、解理不十分发育，水文地质构造较好，不致产生重大的地质灾害。即使矿区开采后引起周围岩层稍有变化，地貌有局部改观，由于矿区周围均为山地，没有永久性建筑物，不会造成严重的后果和损失。

8.2.4.5　土地复垦可行性评价

矿区待复垦土地的适宜性评价，是在对评价土地总体质量调查和破坏土地情况统计与预测基础上进行的，根据调查和统计资料确定复垦土地的合理利用方式，从而为采取相应的复垦措施提供依据。

A　土地复垦适宜性评价原则

最佳效益原则：筛选产生经济、生态和社会三大效益高度统一的复垦土地单元类型。

综合分析与主导因素相结合的原则：影响待复垦土地利用方式的因素很多，包括自然条件、土壤性质、地表破坏状况和资金投入量等因素，但各种因素对土地复垦利用方式的影响程度不同，应选择主导因子作为评价的主要依据。

因地制宜以农用地优先的原则。

B　土地复垦单元划分

由于土地复垦适宜性评价时在当前对将来破坏的土地进行评价，评价时段与土地利用现状时段不一致，因此在划分评价单元时不能以土地利用现状作为依据；其次，矿山开采对土地原始地貌造成破坏，原来的土壤状况和土壤类型等将发生变化。

根据以上分析，在对本项目进行土地复垦适宜性评价，划分评价单元时应当以土地破坏类型、限制性因素和人工复垦整治措施等为划分依据，将评价单元划分为露天采场边坡、露天采场平台、运输道路、临时表土堆放场、临时废石场、井口、沉陷区等评价单元。

C　土地适应性评价标准

根据《中国 1∶100 土地资源图》东北地区耕地、林地及草地主要限制因素，通过实地调查验证，制定待复垦矿区的土地等级标准，确定适宜性评价因子为坡度、土壤质地、有效土层厚度、水文与排水条件见表 8-13。

表 8-13　菱镁矿项目土地耕地、林地及草地评价等级标准

限制因素及分级指标		灌木林地评价	旱地评价	有林地评价
坡度/(°)	<5	1	1	1
	5~25	1	2	1
	25~45	2	3	2
	>45	3	不	3
土壤质地	壤土、沙壤土	1	1	1
	岩土混合物	2 或 3	3	2 或 3
	砂土、砾质	3	不	不
	石质	不	不	不

限制因素及分级指标		灌木林地评价	旱地评价	有林地评价
覆土厚度/mm	500 以上	1	1	1
	300~500	1	2	1
	300 以下	2 或 3	3 或不	2 或 3
灌溉条件	有稳定灌溉条件	1	1	1
	灌溉水源保证差	2	1	2
	无灌溉水源	3	3	3
排水条件	不淹没或偶然淹没，排水好	1	1	1
	季节性短期淹没，排水较好	2	2	2
	季节性长期淹没，排水较差	3	3	3
	长期淹没，排水很差	不	不	不

注：表中未填的，表示该因子或因子等级与相对应的复垦模式影响不大。

D 参评单元土地质量描述

参评单元土地质量描述见表 8-14。

表 8-14 参评单元土地复垦适宜性评价

评价单元	影响因子			灌溉条件	排水条件
	坡度/(°)	地表组成物质	覆土厚度/cm		
临时道路	5~35	砂土	0		好
井口	90	裸岩	0		好
露天采场平台	<5	裸岩	0	无灌溉水源	好
露天采场边坡	60~65	裸岩	0	无灌溉水源	好
临时表土堆放场	<5~35	裸岩	0	无灌溉水源	良好
临时废石堆放场	<5~35	裸岩	0	无灌溉水源	好
沉陷区	<5~35	沙壤土	15~20	无灌溉水源	较差

E 参评单元土地复垦方向确定及可行性评价

将项目区土地评价单元与限制因素的等级标准进行对比分析，得到各参评单元土地复垦适宜性评价结果，分别见表 8-15 和表 8-16。

表 8-15　评价单元的复垦方向及土地限制型

序号	位置	标高/m	评价单元		
			土地限制型	复垦措施	复垦后适应性
1	露天采场平台	240~120	岩石裸露，无土层	采场平台全面覆土，覆土厚度为30cm，穴状覆土，种植灌木，林间种草。前期人工灌溉，植被稳定后可依靠自然降水生长	耕地适宜性等级为不，林地适宜性为2或3，草地适宜性等级为适宜
2	露天采场平台	100~60	岩石裸露，无土层，80m以下部分土地形成深坑，排水较差	80~60m部分用废石填平后全面覆土，覆土厚度30cm，穴状覆土，种植灌木，林间种草。前期人工灌溉，植被稳定后可依靠自然降水生长	耕地适宜性等级为不，林地适宜性为2或3，草地适宜性等级为适宜
3	露天采场边坡	240~100	岩石裸露，无土层	岩石结构稳定，不易发生坍塌等地质灾害，不复垦	耕地适宜性等级为不，林地适宜性为不，草地适宜性等级为不
4	露天采场边坡	80~60	岩石裸露，无土层，80m以下部分土地形成深坑，排水较差	80~60m部分用废石填平后全面覆土，覆土厚度30cm，穴状覆土，种植灌木，林间种草。前期人工灌溉，植被稳定后可依靠自然降水生长	耕地适宜性等级为不，林地适宜性为2或3，草地适宜性等级为适宜
5	临时表土堆放场		为已挖损土地，岩石裸露，无土层	堆置的临时表土用于其他复垦单元复垦后，全面覆土，覆土厚度30cm，穴状覆土，种植灌木，林间种草。前期人工灌溉，植被稳定后可依靠自然降水生长	耕地适宜性等级为不，林地适宜性为2，草地适宜性等级为不
6	临时废石场		为已挖损土地，岩石裸露，无土层	全面覆土，覆土厚度为30cm，穴状覆土，种植灌木，林间种草。前期人工灌溉，植被稳定后可依靠自然降水生长	耕地适宜性等级为不，林地适宜性为2，草地适宜性等级为不
7	临时道路		路面砂土，砾石多，路面以下为沙壤土	表面砾石全面覆土，覆土厚度30cm，穴状覆土，种植灌木，林间种草。前期人工灌溉，植被稳定后可依靠自然降水生长	耕地适宜性等级为不，林地适宜性为2，草地适宜性等级为不

表 8-16　评价单元土地复垦方向

序号	复垦单元	复垦方向	面积/hm²
1	露天采场平台（标高 240~120m）	灌木林地	3.2902
2	露天采场平台（标高 100~60m）	灌木林地	15.7877
3	露天采场边坡（标高 240~100m）	不复垦	5.6175
4	露天采场边坡（标高 80~60m）	灌木林地	26.7202
5	临时表土堆放场	灌木林地	0.4125
6	临时废石场	灌木林地	1.4472
7	临时道路	灌木林地	0.8379
合计	复垦面积		48.5193
	预防控制面积		14.3124
	不复垦面积		5.6175

F　项目区灌木林地复垦标准

覆土厚度为自然沉实土壤 0.3m 以上，覆土后场地平整，地面坡度不超过 10°；复垦结束 3 年后植树成活率达 80%，植物郁闭度在 40%以上。

8.2.4.6　复垦措施

A　表土剥离

地表土壤是经过长期腐质化过程形成的，是深层土所不能替代的，对于植物的生长有着重要的作用。表土的临时存放必然会影响到土壤容重、水分等理化性状。本项目开采过程中剥离的废弃物以砾石为主，地表土层瘠薄、土量较少。因此复垦过程中必须进行表土覆盖，所以表土剥离是本项目复垦工作的重要预防控制措施。

矿山开采过程中剥离表土平均厚度为 0.17m，面积为 9.3529hm²，表土量为 $1.59 \times 10^4 m^3$，存放于项目影响区外，作为后期土地复垦的部分土源。

采矿剥离物的排土工作次序：将粒径较大的岩石堆放在排土场底部，粒径较小的废渣堆放在平台和边坡。

B　对地面沉陷的预防措施

矿山开采是在各水平间留设矿柱。

矿山建设过程中和结束后简历塌陷、沉陷等灾害观测点，及时掌握地面沉陷速率，闭坑后在地表设置危险标志，确保人身、财产安全。

通过对原采空区的实际经验和当地岩层的特征分析，上述措施有效地控制了地表沉陷的发生，避免因地表沉陷造成的土地破坏面积 14.2145hm²。

C　工程技术措施

针对露天采场的特殊性，复垦工作每完成3个台阶即可开始。主要措施包括削坡工程、回填工程、土地平整和客土。

削坡：坡脚处建挡土墙，防止塌方和碎落，坡度小于40°。

回填：采坑底进行部分回填，保证坑底平台复垦后不发生长期淹水。根据两个采坑的开采次序，在西采坑闭坑后，将东采坑的剥离废石运往西采坑进行回填，以减少排土场占地和复垦成本。

土地平整：回填工程结束后，对坑底平台地表进行土地平整。

客土：客土区平台或穴栽坑底铺一层黏土，然后在上面客土，同时增施保水剂，提高土壤的持水能力。

D　排土场复垦措施

排土场复垦分为边坡复垦和平台复垦。

平台复垦：由于排土场平台的客土多为生土，所以需要通过种植适生性与耐性较强的固氮树种，混播草种等，逐渐改良土壤的理化特性，培肥土壤。

边坡复垦：为了减轻排土场边坡的水土流失，在排土场坡脚处建挡土墙，防止岩石碎落，造成二次植被破坏。

E　平硐口复垦措施

本项目滑石矿采用地下开采方式开采，闭坑后矿体开拓形成的平硐口，通过洞口回填封堵和土地平整后进行复垦。

封堵长度不小于20m，封堵材料选择开采排弃的废石。

硐口封堵后，进行土地平整与客土，根据其立地条件采取合适的复垦措施。

F　生物复垦措施

复垦的工程技术措施用以满足复垦生物措施的要求，而生物措施则可保障工程技术措施更具有长效性。生物复垦的终极目标是通过植被重建的方式改良培肥土壤。

选择抗性强的先锋植物种类，尤其是适生的原生树种，在提高其成活率的前提下不断培肥土壤。

（1）乔木树种：刺槐、旱柳、榆树、杨树。

（2）灌木树种：紫穗槐、胡枝子、连翘、丁香。

（3）藤本植物：三叶地锦、五叶地锦。

（4）草本植物：紫花苜蓿、沙打旺、早熟禾等。

根据排土场边坡的坡度、坡向及土壤条件选择适生植物，尤其是藤本植物，采取鱼鳞坑客土的方式种植。

通过增施土壤改良剂、人工肥和保水剂等措施改良土壤，提高复垦植被成活率。

G 工程实施

林地：有林地块包括排土场平台、采场平台和道路，总面积为 48.5193hm²，选择的复垦灌木种类为紫穗槐，坑穴规格为 0.5m×0.5m×0.5m，株行距为 2m×2m，设计种植刺槐 121298 株。林下播种草本植物，防治水土流失。

树坑周围筑高于根茎 10~15cm 的浇水堰，并及时浇水，浇水应缓浇慢渗，一次浇透。植树后在树坑表面覆盖切断的作物秸秆，秸秆在使用前用有机肥与复合肥混合液浸泡，此方法对定植坑穴起到保肥、保水、防止杂草的作用。

种草：在林地树冠郁闭前，林木之间空地播种绿肥牧草植物沙打旺好紫花苜蓿，播种前用细齿耙拉松表土，草籽条带均匀播撒，覆土厚度为 1~3cm，播撒后立即进行滚压。

藤本植物：平台近边坡 0.5m 处采用扦插法种植藤本植物五色地锦，株距为 1.5m，种植长度为 4697m，共 3132 株。

灌水定额：乔木灌水定额为 156L/m²。灌木灌水定额为 156L/m。种植当年平均每年灌水 3 次，一年后依靠自然降水。

水土保持工程措施：挡土墙基部为 0.2m 的碎石垫底，顶部水泥砂浆压顶，下底宽 0.8m，上部宽 0.4m，平均高度 1.0m。

9 结 论

对低品位菱镁矿石进行工艺矿物学研究、除杂提纯及综合利用的工艺及机理研究、在菱镁矿区资源开发集中地区开展矿山镁粉矿区结皮形成机理的研究、土壤结皮破壳剂研究、菱镁矿区土壤环境质量评价与复垦限制性因子识别、对污染矿区废弃地的复垦及绿化等研究，结论如下：

（1）对辽宁海城菱镁矿石性质研究表明，海城菱镁矿石的矿物组成以菱镁矿为主，含量少量杂质矿物，如滑石、白云石、石英、斜绿泥石、磷灰石等，其中的独立铁矿物极少，分别为黄铁矿及其风化产物褐铁矿，以及磁黄铁矿、磁铁矿和赤铁矿。菱镁矿中存在类质同象状态的铁，Fe_2O_3 含量变化范围在 0.21% ~ 0.63%。

（2）菱镁矿石除硅。首先，对胺类捕收剂体系下含硅矿物的浮游行为进行了研究，考察了 LKD 体系下，滑石、石英、蛇纹石 3 种含硅矿物浮选行为及含硅矿物浮游速度的数学模拟。结果表明，滑石、石英、蛇纹石适宜的 pH 值均为 5.5，分别在 1min、7min、7min 内时，回收率达 90%、90%、50% 以上。浮游速度公式比较表明，3 种单矿物随着时间的增加，浮游速度都减慢。其中滑石的浮游速度最大，石英次之，蛇纹石的浮游速度最小；六偏磷酸钠对三种矿物的抑制作用由大到小的顺序次为滑石、蛇纹石及石英；水玻璃对三种矿物的抑制作用由大到小依次为滑石、石英及蛇纹石。其次，进行了菱镁矿和石英浮选行为对比研究，结果表明，当 pH = 5~6 时，石英的上浮率最高。在 pH = 5~6 的条件下，十二胺作捕收剂时，水玻璃和六偏磷酸钠会抑制石英上浮，促进菱镁矿上浮。

再次，对辽阳二旺镁矿、辽阳吉美矿业有限公司、海城华宇耐火材料有限公司及海城镁矿耐火材料总厂矿石进行浮选条件试验，并海城镁矿耐火材料总厂不同硅含量原矿进行研究。结果表明：

（1）以辽宁科技大学研制捕收剂 LKD 为捕收剂，对二旺镁矿原矿中 MgO 含量为 95.53%、SiO_2 含量为 0.85% 的菱镁矿石，在磨矿细度 -0.074mm 约 70%，采用单一反浮选流程，可获得 SiO_2 含量为 0.17%、品位为 97.31%、产率为 78.86% 的浮选精矿；对辽阳吉美矿业有限公司原矿中 MgO 含量为 94.83%、SiO_2 含量为 1.24% 的菱镁矿石，在磨矿细度 -0.074mm 约 72%，采用单一反浮选流程，可获得 SiO_2 含量为 0.28%、品位为 97.24%、产率为 68.72% 的浮选精矿；

对海城华宇耐火材料有限公司原矿中 MgO 含量为 93.06%、SiO_2 含量为 1.94% 的菱镁矿石，在磨矿细度-0.074mm 约 70%，采用单一反浮选流程，可获得 SiO_2 含量为 0.20%、品位为 97.25%、产率为 70.37% 的浮选精矿；对海城镁矿耐火材料总厂 MgO 含量为 92.48%、SiO_2 含量 1.65% 的菱镁矿原矿，在磨矿细度 -0.074mm 约 70%，采用单一反浮选流程，可获得 SiO_2 含量为 0.18%、品位为 97.16%、产率为 71.22% 的浮选精矿。

(2) 以十二胺为捕收剂对海城镁矿耐火材料总厂原矿分别为 MgO 含量为 95.11%、93.95%，SiO_2 含量分别为 0.76%、1.14% 的 2 个不同质量菱镁矿原矿，在磨矿细度 - 0.074mm 约 70%，采用单一反浮选流程，可获得 SiO_2 含量为 0.13%、0.11%，品位为 97.41%、97.50%，产率为 61.18%、62.43% 的浮选精矿。对海城镁矿耐火材料总厂不同原矿品位及 SiO_2 含量矿石进行了试验研究，研究结果表明，若精矿质量达到 SiO_2 含量小于 0.20%，精矿品位（MgO 含量%）大于 97%（IL=0）的质量标准，原矿 SiO_2 含量对最终精矿产率有重要影响，当 SiO_2 含量在 0.73%~1.8% 时，随原矿 SiO_2 含量增高，精矿产率降低，二者呈近似线性关系。原矿品位不同，适宜磨矿细度为、pH 值、调整剂用量均变化不大，而捕收剂用量对分选指标影响较大。随着捕收剂用量增加，精矿产率不断降低，二者在捕收剂用 70~200g/t 区间内亦呈近线性关系。因此，由原矿中 SiO_2 含量，可以得出获得 SiO_2 含量小于 0.20%，精矿品位（MgO 含量%）大于 97% 浮选精矿的产率指标，并由产率可以获得分选的药剂制度及工艺条件。对于 SiO_2 含量大于 2.0% 的高硅矿，采用单一反浮选流程及目前药剂制度，无法获得 SiO_2 含量小于 0.2% 的脱硅效果。当 SiO_2 含量 1.8%~2.6% 时，精矿中 SiO_2 含量一般在 0.26% 左右，此时精矿产率仍可达 70% 以上；当 SiO_2 含量 2.6%~3.5% 时，精矿中 SiO_2 含量可达 0.4% 左右，此时精矿产率指标约为 65%，再继续增大捕收剂用量，降低精矿产率，精矿中 SiO_2 含量变化不大。

(3) 以菱镁矿和白云石 2 种单矿物入手，进行了 LKD、油酸钠、RA-715 三个捕收剂体系反浮选除钙试验研究，同时针对两种矿物与酸的溶解速率不同，进行了酸浸除钙试验研究。并根据单矿物试验结果进行了菱镁矿石试验。单矿物试验和混矿试验结果表明，在 LKD、油酸钠、RA-715 三种捕收剂情况下，均可实现菱镁矿和白云石的浮选分离，但分离效果不尽相同。以 LKD 作捕收剂辅以六偏磷酸钠和水玻璃为调整剂时，浮选分离两种矿物的效果较其他两种药剂体系效果具有明显优势；单矿物酸浸试验结果显示，菱镁矿和白云石在相同酸性环境下浸出的速率具有明显差距，这就为酸浸除钙提供了可行性的依据。在 pH=1~2，矿浆浓度 20%，搅拌转数 700 r/min，酸浸 3min 时，白云石的浸出率要比菱镁矿的浸出率高 20%。因此，可以选择在酸性条件下进行两种矿物的浸出分离；海城镁矿耐火材料总厂 CaO 含量 0.91%，SiO_2 含量 1.17% 的菱镁矿石浮选试验结果表明，3 种药剂体系中 LKD 除硅除钙效果较为理想，硅的脱除率为 85%，钙的脱除率为 25%；相比而言钙的脱除效果并不理想，但浮选酸浸工艺可明显地提高钙的脱除效果，使该的脱除率提高到 45.36%。在单一反浮选试验基础上还进行了硅钙的异步浮选脱除试验探究，在以 LKD 反浮选脱硅后，更换捕收剂（油酸钠或 RA-715）及浮选 pH 值进行进一步脱钙可行性研究。此方法虽可以提高钙的脱除率，但相比浮选—酸浸联合流程，精矿各项指标相差甚远。最终确定以 LKD 反浮选结合酸浸工艺（包括先反浮选后酸浸和先酸浸再反浮选两种工艺）可以很好地对菱镁矿进行脱硅脱钙。经捕收剂 LKD 用量 150g/t，六偏磷酸钠和水玻璃分别 150g/t 和 1500g/t 一次粗选二次精选反浮选后，辅以 pH = 1 ~ 2 的盐酸 40min 酸浸，最终可获得精矿 MgO 品位为 97.61%，CaO 含量为 0.53%，菱镁矿精矿产率 70.53% 的良好指标。

（4）菱镁矿与褐铁矿单矿物可浮性差异研究表明，当 pH 值为 11.5 时，两种捕收剂条件下菱镁矿与褐铁矿之间都存在较大的可浮性差异。以 LKD 作为捕收剂时，几种调整剂的加入并没有进一步增大这种差异，但水玻璃在维持这种可浮性差异上的效果最好；以油酸钠作为捕收剂时，3 种调整剂中只有水玻璃的加入可以进一步增大这种差异。人工混合矿试验结果说明水玻璃可以作为此条件下两种矿物分离的调整剂；在油酸钠为捕收剂时的纯矿物试验中，当 pH 值为 9.5 时，在单矿物浮选试验中羧甲基纤维素钠可以有效增大菱镁矿与褐铁矿之间的可浮性差异，因而推测可以实现菱镁矿的反浮选除铁，但在人工混合矿试验中并没有出现预想的结果，这可能是混矿后两种矿物溶解在矿浆中的离子相互影响造成的；在菱镁矿石的浮选提纯试验中，正浮选阶段以 LKD 和油酸钠作为捕收剂时可以一定程度降低精矿中 Fe_2O_3 的含量，且使 MgO 品位达到很高标准，但以 LKD 作为捕收剂时药量消耗较大，且精矿产率较低，因此，正浮选阶段利用油酸钠作为捕收剂效果较好。此时可得到 MgO 品位 97.92%，Fe_2O_3 含量 0.38%，产率 74.98% 的精矿；单矿物的人工混合矿试验中，菱镁矿与褐铁矿几乎可以完全分离，但在菱镁矿石的浮选除铁提纯中，精矿中的 Fe_2O_3 含量最低只降到 0.38%，这可能是由于菱镁矿石中铁的存在形式比较复杂，以类质同象铁为主。菱镁矿浮选精矿磁选试验表明，琼斯型强磁场磁选机和高梯度强磁场磁选机对菱镁矿浮选精矿中所含的杂质铁都具有去除效果，但高梯度磁选机的除铁效果更佳。CRIMM DCJB70-200 型实验室电磁夹板强磁选机是最适合的机型，最佳聚磁介质为 1.5mm 棒间距的钢棒，当矿浆浓度为 23%、背景磁场强度为 641kA/m 时，可获得产率大于 80%、Fe_2O_3 含量为 0.34% 的磁选精矿。对海城镁矿耐火材料总厂矿石（A 号矿）联合流程试验表明，以浮选和磁选处理菱镁矿石都有除硅降铁的作用，但浮选以除硅为主，磁选以降铁为主。以实验室试验结果来看，浮选和磁选的处理顺序对除硅降铁效果没有明显影响，都能达到对 SiO_2 的去除率

90%左右，对 Fe_2O_3 的去除率在55%左右，最终精矿的产率为80%左右。

　　(5) 采用 X 射线衍射、表面电性和红外光谱等相应的检测分析，研究了菱镁矿石除杂机理。通过对石英与 LKD 作用前后的动电位测定可知，LKD 的作用使得石英的零电点由 pH＝2.7 移至 pH＝3.5。并且随着 LKD 用量增大，石英 ζ 电位升高得越多；说明胺类捕收剂通过物理吸附可明显改变石英的表面电位。蛇纹石表面荷正电，零电点高。故胺类捕收剂在正常 pH 下对蛇纹石无捕收作用，因此需要加入调整剂，改变蛇纹石表面电性，从而将其捕收；通过对滑石与 LKD 作用前后的动电位测定可知，当 pH＝2.1 时，滑石动电位为零，在 pH 为 5.5 时测得其 ζ 电位为-14.78mV。滑石与用量为 1×10^{-4} mol/L 的 LKD 作用后，零电点为 5.1，并且滑石 ζ 电位整体向碱性方向移动，这说明了 LKD 在滑石表面存在静电吸附。加入胺类捕收剂 LKD 用量为 1×10^{-3} mol/L，pH 值为 5.5 时，其 ζ 电位为 8.27，LKD 较易使滑石的 ζ 电位升高，捕收效果显著。通过对石英纯矿物与 LKD 作用前后的红外光谱分析可知，石英的各峰位均未发生位移，说明胺类阳离子捕收剂与石英作用的方式不存在特性吸附，而是胺类阳离子与外电层的 H^+ 发生交换吸附形成不牢固的静电吸附或分子吸附，因此石英表面电性对可浮性起决定作用。通过对蛇纹石纯矿物与 LKD 作用前后的红外光谱分析可知，新出现的 765.94cm^{-1} 和 696.07cm^{-1} 的峰值是 Si-O-Si 对称伸缩振动的吸收峰；500.07cm^{-1} 和 456.26cm^{-1} 的峰值是 Si—O 弯曲振动的吸收峰。但在 pH 为 5.5 时胺类捕收剂及蛇纹石均带有正电荷，出现新的吸收峰说明药剂与蛇纹石分子之间存在化学吸附。通过滑石纯矿物与 LKD 作用前后的红外光谱分析可知，新出现 2926.08cm^{-1} 和 2858.42cm^{-1} 的峰值是 N—H 伸缩振动的吸收峰；489.84cm^{-1} 的一个峰值是 Si—O 的弯曲振动的吸收峰。药剂吸附后 Si—O 的弯曲振动峰从 489.84cm^{-1} 变为 471.33cm^{-1}，均发生了红移，即振动减弱，引起滑石表面裸露在外的 Si—O 的伸缩振动，说明滑石表面存在氢键作用，减弱了 Si—O 的弯曲振动效应，滑石与捕收剂 LKD 作用后既存在物理吸附又存在化学吸附，使滑石更加疏水，从而滑石的回收率很高。由于叔胺基团的电负性大于十二胺所含的伯胺基团的电负性，所以在以物理吸附为主的捕收过程中，含叔胺的 LKD 的反浮选效果更好。

　　1) 溶液化学平衡计算可得出在酸性条件下白云石的溶解度明显大于菱镁矿的，为菱镁矿酸浸除钙提供了理论依据。而药剂与矿物的电动电位及红外光谱试验表明，捕收剂 LKD（胺类阳离子捕收剂）与菱镁矿/白云石以物理吸附为主，不存在化学吸附。而六偏磷酸钠和水玻璃与矿物（菱镁矿/白云石）表面既存在物理吸附又存在化学吸附。

　　2) 菱镁矿浮选精矿细粒级中的杂质铁含量高的原因是存在相对更多的独立铁矿物。磁选过程并没有把独立铁矿物完全从精矿中去除，磁选精矿中还是有少量的含杂质高而铁低的褐铁矿，而且含有类质同象状态的铁的菱镁矿也有部分进入到最终精矿中。红外光谱试验说明，油酸钠在菱镁矿表面会发生化学吸附，在褐铁矿表面不会发生化学吸附，这与碱性条件下对菱镁矿正浮选分离两种矿物的试验结果一致。

(6) 对菱镁矿区土壤结皮的形成进行了实验室室内动态模拟，对土壤结皮随时间变化的形成过程进行了详细分析，结果表明，菱镁矿区土壤结皮的形成主要是由 MgO 粉尘沉降在地面，从而形成坚实的土壤结皮，只有在镁尘中含有氧化镁粉尘时，结皮才能随时间变化，在自然环境中逐步生成碳酸镁、氢氧化镁、碱式碳酸盐、硫氧镁化合物等物质，这些物质与氧化镁一起维持着相对稳定的比例，共同构成了结皮。随着镁尘中氧化镁粉尘比例的减小以及菱镁石粉尘比例的增加，结皮中由 MgO 反应生成的物质的相对含量开始减少。镁粉尘中菱镁石粉末的加入对结皮形成并没有抑制与促进作用。结皮组分随时间变化试验表明，形成坚硬稳定结皮的时间约为 5 周。其整个形成过程是动态的、连续的。在结皮形成的前两周是 MgO 和空气中的 CO_2 以及水分别生成 $MgCO_3$ 和 $Mg(OH)_2$ 的过程。在结皮形成的 3~5 周是结皮趋于坚硬稳定的一个时期，第四周和第五周中出现 3.1.8 相硫氧镁水合物形成网状、针柱状结构，阻断物质向下迁移，使得结皮下层有足够的时间趋于稳定。3~5 周结皮中也是结皮中碱式碳酸镁不断增加。结皮形成的 6~8 周是结皮的稳定时期，这一时期，3.1.8 相硫氧镁水合物水解消失，硫镁水合物、碱式碳酸镁增加。结皮更见坚实。热力学计算数据也印证了上述实验中结皮随时间变化的生成物质的先后顺序，虽结皮形成过程中的反应经计算常温下大部分为放热反应，且 ΔG 都为负，可以认为都可以发生反应，但是生成 $MgCO_3$ 和 $Mg(OH)_2$ 更易发生，其次为生成碱式碳酸镁反应。而其他微量物质如 $MgCO_3 \cdot 3H_2O$ 仅在 20~30℃ 下可以自发进行，这也解释了为何仅在第四周检测到微量的 $MgCO_3 \cdot 3H_2O$。3.1.8 相硫氧镁水合物易水解不稳定，促进了唯一的吸热反应 $MgSO_4 \cdot 6H_2O$ 的生成。通过结皮形成动态过程的研究，发现菱镁矿区土壤结皮的形成是一个连续的、动态的过程。氧化镁、碳酸镁和氢氧化镁是前期结皮发育的基本物质，而在结皮形成中期，水纤菱镁矿的出现是结皮趋于紧密坚硬的重要组分，另外中期 3.1.8 相硫氧镁水合物的出现，也给土壤结皮提供了稳定的发展空间。结皮发育后期水纤菱镁矿和硫镁水合物的不断增多，结皮朝着更稳定的方向发展。通过对菱镁矿区周围污染土壤表面形成的结皮进行物相分析和微观形态的分析，土壤表层在初期会形成 2~3mm 的薄层，这种薄层具有更大的密度和更小的孔隙，导水性能很差，显著地减少土壤的入渗率和增加土壤地表的径流量，结皮形成的初期是氧化镁吸收二氧化碳和水的过程，它们形成结皮的基本物质：MgO、$MgCO_3$、$Mg(OH)_2$ 和 $Mg(OH)_2CO_3$。这些物质构成了结皮的表层，随着粉尘的沉降和降雨过程，大致化学平衡的改变，是结皮中出现镁水泥物质——硫氧镁水合物。镁水泥物的形成和土壤孔隙度的不断降低，结皮上层的物质不断被阻碍向下迁移，结皮的中间层不断变厚，硫氧镁水合物会在土壤水分上升的作用下分解，水菱镁石的含量增加。

（7）对辽宁省鞍山市菱镁矿区周围污染土壤进行调查，了解镁在土壤中的物理化学变化，通过形成的结皮的结构和成分的特点，研究并筛选有效的破壳剂。通过扫描电镜（SEM）的照片，充分表明菱镁矿区周围土壤表层结皮的结构形态和添加各种破壳剂之后结皮物相和微观结构形态的变化。从柠檬酸、PAM、石膏和硫酸铵对土壤结皮的改良的实验结果分析来看，添加柠檬酸的土柱渗透性能最好，即柠檬酸对抑制土壤结皮形成的效果最好，经过三次干湿交替后，土壤的最终渗透速度和空白对照土壤渗透速度相当。其次是 PAM，土壤的渗透速度随着干湿交替的进行而逐渐地升高，上升速速较为平缓。PAM 不仅能有效稳定土壤结构，还能形成新的团聚体，PAM 在水的润湿下发生反应，形成黏絮丝状结构缓冲雨滴对土壤表面的冲击，并且抑制土壤团聚体的物理-化学分散，因此增加土壤的入渗能力，降低土壤的地表径流。

（8）菱镁矿新建与整合矿山土地复垦的须考虑 Mg、pH 值和肥力因子对复垦效果的影响，筛选合适的土壤改良剂如 PAM，消除土壤板结，实现菱镁矿复垦技术与一般矿山技术的有机结合；地面塌陷和露采边坡是菱镁矿山土地复垦的两个难点，加强塌陷监测和预留塌陷检测治理资金，加强露采边坡生物与工程技术优选，可较好解决上述问题；由于菱镁矿山复垦周期较长，必须注意表土的剥离与保护问题。

参 考 文 献

[1] 鲍荣华，郭娟，许容，等．中国菱镁矿开发居世界重要地位 [J]．国土资源情报，2012（12）：25-30.

[2] 全跃．镁质材料生产与应用 [M]．北京：冶金工业出版社，2008，31-33.

[3] 袁好杰．耐火材料基础知识 [M]．北京：冶金工业出版社，2009，50-53.

[4] A. E. C. Botero, M. L. Torem, L. M. S. de Mesquita. Surface chemistry fundamentals of biosorption of Rhodococcus opacus and its effect in calcite and magnesite flotation [J]. Minerals Engineering, 2008, 21 (1)：83-92.

[5] 周旭良．菱镁矿热选机理研究 [D]．鞍山：辽宁科技大学，2007.

[6] 张文韬．鞍钢大石桥镁矿华子峪矿等外品镁矿石浮选提纯研究 [J]．武汉科技大学学报（自然科学版），1978，(3)：1-13.

[7] 王金良，孙体昌，刘一楠．调整剂在菱镁矿石英反浮选分离中的作用研究 [J]．中国矿业，2008，17 (10)：60-64.

[8] 魏茜，刘忠荣，易运来．某菱镁矿提纯试验研究 [J]．矿产保护与利用，2012 (6)：32-34.

[9] 周文波，张一敏．调整剂对隐晶质菱镁矿与白云石分离的影响 [J]．矿产保护与利用，2002，(5)：21-23.

[10] O·康加尔，等．菱镁矿和碳酸钙镁石的可浮性 [J]．国外金属矿选矿，2007 (6)：34-38.

[11] 徐和靖，李新泉．用浮选柱分选菱镁矿 [J]．国外选矿快报，1996 (1)：12-18.

[12] 付亚峰，印万忠，肖烈江，等．辽宁海城某低品级菱镁矿脱硅脱钙除铁试验 [J]．现代矿业，2013 (7)：21-25.

[13] 朱京海，巩宗强，李锐，等．辽宁省菱镁矿区生态修复研究 [J]．环境保护与循环经济，2013 (7)：47-51.

[14] 姜国斌．镁粉尘对土壤污染程度的等级划分 [J]．北方环境，2005，30 (1)：28-33.

[15] 刘绮，梁惠枫．辽宁省东南部山区采矿-煅烧活动的生态影响及对策 [J]．辽宁城乡环境科技，1997，17 (5)：42-46.

[16] 刘绮，宁晓宇，赵昕．辽宁东部山区土壤污染状况与防治对策研究 [J]．应用生态学报，1998，9 (1)：101-106.

[17] Machin J, Navas A. Soil pH changes induced by contamination by magnesium oxides dust [J]. Land Degradation & Development, 2000, 11 (1)：37-50.

[18] 杨丹，曾德慧．含镁粉尘对菱镁矿区土壤性质的影响 [J]．土壤通报，2010，41 (5)：1216-1221.

[19] Joshi A. Impact of magnesite industry on some environmental factors of Chandak area of Pithoragarh district in central Himalaya [J]. Journal of Environmental Biology, 1997, 18 (3)：213-218.

[20] Shariatmadari H, Mermut A R. Magnesium and silicon-induced phosphate desorption in smectite-, palygorskite-, and sepiolite-calcite systems [J]. Soil Sciences Society of America Journal,

1999, 63: 1167-1173.

［21］Robson D B, Knight J D, Farrell R E, et al. Natural revegetation of hydrocarbon-contaminated soil in semi-arid grasslands ［J］. Canadian Journal of Botany, 2004, 82: 22-30.

［22］程琴娟, 蔡强国, 李家永. 表土结皮发育过程及其侵蚀响应研究进展 ［J］. 地理科学进展, 2005 (4): 114-122.

［23］Aggasi M J, Morin, Shainberg. Effect of raindrop impact emerge and water salinity on infiltration rates of sodic soils ［J］. Soil Soc Am. J. 1985, 49: 186-190.

［24］蔡强国. 黄土高原小流域侵蚀产沙过程与模拟 ［M］. 北京: 科学出版社, 1998.

［25］卜崇峰, 蔡强国, 张兴昌, 等. 黄土结皮的发育机理与侵蚀效应研究 ［J］. 土壤学报, 2009, 46 (1): 16-23.

［26］付莎莎. 菱镁矿山土壤镁污染机理研究 ［D］. 北京: 中国科学院, 2009.

［27］焦阳. 构树在菱镁矿高镁污染地区的应用研究 ［D］. 沈阳: 沈阳化工大学, 2014.

［28］刘庆. 菱镁矿镁粉尘污染土壤结皮的特征及影响因素的研究 ［D］. 沈阳: 沈阳农业大学, 2011.

［29］模拟降雨下黄土表土结皮的侵蚀响应 ［J］. 水土保持学报, 2013 (4): 73-77.

［30］Gal M, Arkan L, Shainberg I, et al. The effect of exchangeable Na and phoshogypsum on the structure of soil crust-SEM observation ［J］. Soil Science Society of America Journal, 1984, 48: 872-878.

［31］李加宏. 镁质盐渍土危害作物生长机理的初步研究 ［J］. 土壤通报, 1997, 28 (6): 246-247.

［32］Wolt J D, Adams F. Critical levels of soil- and nutrient-solution calcium for vegetativegrowth and fruit development of Florunner peanuts ［J］. Soil Science Society of America Journal, 1979, 43: 1159-1164.

［33］吴金焱, 朱书全. 氯氧镁水泥及其制品的研发进展 ［J］. 中国非金属矿工业导刊, 2006, 52: 15-18.

［34］Holden N M, Ward S M. Quantification of water storage in fingers associated with preferential flow in milled peat stock piles ［J］. Soil Sci. Soc. Am. J. 1999, 63: 480-486.

［35］Quirk J P, Schofield R V. The effect of electrolyte concentration on soil permeability ［J］. Soil Sci. 1955, 6: 163-178.

［36］Mcneal B L, Layfield D A, Norvell W A, et al. Factors influencing hydraulic con- ductivity of soils in the presence of mixed salt solutions ［J］. Soil Sci. Soc. Am. Proc. 1968, 32: 187-190.

［37］Shainberg I, Warrington D N, Nengasamy P. Water quality and PAM interactions in reducing surface sealig ［J］. Soil Sci. 1990, 149: 301-307.

［38］Keren R, Shainberg I. Effect of dissolution rate on the efficiency of industrial and mined gypsum in improving infiltration of a sodic soil ［J］. Soil Sci. Soc. Am. J. 1981, 45: 103-107.

［39］Miller D E, Burke D W. Influence of soil bulk density and water potential on Fusarium root rot of beans ［J］. Phytopathology. 1974, 64: 526-529.

［40］LI C G, LU Y X. The mechanism of the interaction between phosphate modifiers and minerals ［J］. International Journal of Mineral Processing, 1983 (10): 219-235.

［41］Ma L P，Ning P，Zheng S C，et al. Reaction Mechanism and Kinetic Analysis of the Decomposition via a solid-syate Reacion ［J］. Industrial and Engineering chemistry Research，2010，49 （8）：3597-3602.

［42］张一敏. 低品级菱镁矿提纯研究 ［J］. 金属矿山，1990 （10）：39-42.

［43］孙体昌，王金良，邹安华，等. 辽宁某菱镁矿可选性研究 ［J］. 金属矿山，2007，（10）：68-71，74.

［44］王金良，孙体昌，刘一楠. 调整剂在菱镁矿石英反浮选分离中的作用研究 ［J］. 中国矿业，2008，17 （10）：60-64.

［45］朱建光. 浮选药剂 ［M］. 北京：冶金工业出版社，1992：115-129.

［46］李强，印万忠，马英强，等. 含镁碳酸盐矿物溶解度模拟计算及对浮选过程的影响［J］. 东北大学学报，2011，9 （32）：1348-1351.

［47］钟宣. 浮选药剂的结构与性能-浮选药剂性能的电负性计算法 ［J］. 有色金属 （冶炼部分），1975，（4）：44-51.

［48］聂长明. 基团电负性的计算 ［J］. 中南工学院学报，2000，14 （1）：42-48.

［49］王淀佐，胡岳华. 浮选溶液化学 ［M］. 长沙：湖南科学技术出版社，1988.

［50］夏启斌，李忠，邱显扬，等. 六偏磷酸钠对蛇纹石的分散机理研究 ［J］. 矿冶工程，2002，22 （2）：51-54.

［51］Svoboda J，Fujita T. Recent developments in magneticmethods of materrial separation ［J］. Mineral Engineering，2003，16 （9）：785-792.

［52］李强，印万忠，马英强，等. 含镁碳酸盐矿物溶解度模拟计算及对浮选过程的影响［J］. 东北大学学报 （自然科学版），2011，32 （9）：1348-1351.

［53］程琴娟，蔡强国. 模拟降雨下黄土表土结皮的侵蚀响应 ［J］. 水土保持学报，2013 （4）：73-77.

［54］Demediuk T，Cole W F. A study on magnesium oxysulphates ［J］. Australian Journal of Chemsitry，1957，10 （2）：287-294.